ITAT 教育部实用型信息技术人才培养系列教材

尹新梅 等编著

3ds Max
三维建模与动画设计
实践教程

U0132258

清华大学出版社

北　　京

内 容 简 介

本书遵循读者学习 3ds Max 三维设计的规律，从基础知识出发，通过实例，由浅入深、循序渐进地介绍 3ds Max 9 中的常用概念和基本操作。全书共 12 章，内容涵盖 3ds Max 9 概述、基本操作、简单三维模型的创建、三维模型的修改、使用二维图形创建与编辑模型、复合对象创建与编辑、材质的制作应用、灯光与摄像机、环境和特殊效果、动画初步制作、粒子系统、效果图的制作等。

本书从学习软件基本操作入手，采用"零起点学习软件操作技巧、典型实例提高软件驾驭能力、应用实战提升专业水平——应用拓展达到举一反三的学习效果"这一写作思路，全面详细地向读者介绍 3ds Max 9 软件的典型功能与应用实战技能，可作为培训机构、中职、高职以及艺术类院校的 3ds Max 培训教材。

本书配套光盘包含本书中所有实例的贴图文件和 3ds Max 源文件，以方便读者练习与使用。

图书在版编目（CIP）数据

3ds Max 三维建模与动画设计实践教程 / 尹新梅等编著. —北京：清华大学出版社，2011.6
ISBN 978-7-302-25514-7

Ⅰ. ①3… Ⅱ. ①尹… Ⅲ. ①三维动画软件，3ds Max－教材 Ⅳ. ①TP391.41

中国版本图书馆 CIP 数据核字（2011）第 087949 号

责任编辑：冯志强
责任校对：徐俊伟
责任印制：王秀菊

出版发行：清华大学出版社   地   址：北京清华大学学研大厦 A 座
　　　　　http：//www. tup. com. cn   邮   编：100084
　　　　　社 总 机：010-62770175   邮   购：010-62786544
　　　　　投稿与读者服务：010-62795954，jsjjc@tup. tsinghua. edu. cn
　　　　　质 量 反 馈：010-62772015，zhiliang@tup. tsinghua. edu. cn

印 刷 者：清华大学印刷厂
装 订 者：三河市李旗庄少明装订厂
经   销：全国新华书店
开   本：185×260 印 张：28.75 字 数：718 千字
版   次：2011 年 6 月第 1 版   印 次：2011 年 6 月第 1 次印刷
印   数：1～4000
定   价：45.00 元

产品编号：036175-01

随着房地产业、影视广告动画以及三维游戏市场持续升温，市场需要装饰设计与效果制作、影视制作、三维动画制作与游戏开发等方面的从业人员越来越多。这些行业不仅收入高，而且前景十分看好。因此，室内装饰设计、动画制作、影视广告制作类的专业培训班以及全国大中专院校的此类专业越来越受学生们的追捧。

本书主要从 3ds Max 软件的实际应用出发，以基础知识作为铺垫，再通过大量实例的制作讲解各种工具与命令的综合使用方法，并在课后结合互动练习对重要知识点进行巩固。以"零起点学习软件操作技巧、典型实例提高软件驾驭能力、应用实战提升专业水平——应用拓展达到举一反三的学习效果"这一写作思路，全面详细地向读者介绍 3ds Max 9 软件的典型功能与应用实战技能。

全书共 12 章，第 1 章　走进 3ds Max，介绍 3ds Max 9 的强大功能、应用领域以及工作环境；第 2 章　对象的基本操作，介绍 3ds Max 9 的常用工具技能技巧；第 3 章　简单三维模型的创建，主要介绍如何使用基本三维体、扩展体创建三维模型；第 4 章　三维模型的修改，主要介绍如何使用修改面板来编辑三维模型；第 5 章　使用二维图形创建与编辑三维模型，主要介绍如何编辑修改二维图形以及如何将二维图形编辑成三维体；第 6 章　复合对象的创建与编辑，主要介绍创建与编辑复合模型的几种常用方法；第 7 章　材质应用，主要介绍常见材质的制作方法与技巧；第 8 章　贴图应用，主要介绍三维模型常见的贴图方法；第 9 章　灯光与摄像机的应用，主要介绍常用灯光的制作技巧；第 10 章　渲染与环境，主要介绍如何渲染场景，如何制作一些场特效；第 11 章　动画制作，主要介绍三维动画制作方法与常规动画制作技巧；第 12 章　室内装饰设计与效果图表现，主要介绍室内效果图的制作方法和技巧，该案例涉及建模、材质编辑、灯光布置、相机创建、渲染和后期处理整个流程。

本书不同于市场上一般的完全手册等基础类图书，也不同于实例堆砌的图书，而是一本与行业实际应用紧密结合的实战性图书。实用性是本书的最大特色！本书对于初中级读者，或者想通过本书快速提高自己的实战应用水平的读者来说具有很强的参考价值，也可供各级培训学校作为教材使用。

本书配套的光盘包括本书案例和练习题的源文件及素材文件、贴图材质源文件，以方便读者练习和参考。

本书由尹新梅主编，参与编写的其他人员有李彪、朱世波、蒋平、王政、杨仁毅、陈冬、邓春华、邓建功、何紧莲、施亦东、王榆升、戴礼荣和曾守根等。在此向所有参与本书编写工作的人员表示由衷的感谢，更要感谢购买本书的读者，你们的支持是我们前进的最大动力。由于软件更新速度很快，编者的水平有限，因此书中难免会出现疏漏，欢迎各位读者朋友热心指正。

作　者

2010 年 12 月

目录

V

第 1 章　走进 3ds Max

 学习目标

　　3ds Max 是一款优秀的三维建模和动画制作软件，广泛应用于电脑游戏、建筑效果图制作、工业造型、科技教育以及军事模拟等领域。本章将了解 3ds Max 的应用、工作环境、文件管理以及视图操作等基础知识。

 要点导读

1. 3ds Max 概述
2. 3ds Max 的应用领域
3. 3ds Max 9 的工作环境
4. 3ds Max 9 文件管理
5. 3ds Max 9 视图控制
6. 效果图制作流程
7. 案例详解——自定义工作环境

 精彩效果展示

1.1 3ds Max 概述

3ds Max 的全称是 3D Studio Max，是目前全球应用最广泛，用户最多的三维建模、动画、渲染软件，它完全满足制作高质量动画、最新游戏、设计效果等领域的需要，其前身为运行在 DOS 系统下的 3DS。由著名的 Autodesk 公司麾下的 Discreet 公司多媒体分部推出。其最佳运行环境为 Windows 操作系统和 Mac 操作系统，其版本已从早期的 1.0 发展到目前的 2011 版本，中文版 3ds Max 9 一直深受广大用户的喜爱。

1999 年 Autodesk 将 Discreet Logic 并购，将原来下属的 Kinetix 公司并入，成立了 Discreet 公司。伴随着这次合并，由原 Kinetix 公司麾下的 3ds Max 系列软件的设计者组成的编程团体也随之加入了 Discreet 公司，为公司注入了新的活力。

当最流行版本 3D Studio Max 9 于 2007 年 10 月闪亮登场时，其发展已经 10 年有余。在三维制作软件中，这是一个非常成功的产品。3D Studio Max 一路升级，增添了许多新的功能，使其性能产生了质的飞跃。从最开始的简单的三维动画制作、模型渲染到被广泛地应用到影视广告制作、建筑装饰巡游与效果图制作、电脑游戏角色动画制作及其他的各个方面，3D Studio Max 已经成为三维动画制作软件中不可缺少的应用工具。

1.2 3ds Max 的应用领域

3ds Max 是当今世界上应用领域最广，使用人数最多的三维动画制作软件，为建筑表现、场景漫游、影视广告、角色游戏、机械仿真等行业提供了一个专业、易掌握和全面的解决方案。3ds Max 9 支持大多数现有的 3D 软件，并拥有大量第三方的内置程序。Discreet 开发的 Character Studio 是一个为高级角色动画及群组动画提供理想扩展方案的插件。3ds Max 同时与 Discreet 的最新 3D 合成软件 Combustion 完美结合，从而提供了理想的视觉效果、动画及 3D 合成方案。

三维动画主要应用在电脑游戏、电影制作、工业制造行业、电视广告、科技教育、军事技术、科学研究等领域。

1. 电脑游戏

许多电脑游戏中大量地加入了三维动画的效果。细腻的画面、宏伟的场景和逼真的造型，使游戏的欣赏性和真实性大大增加，使得 3D 游戏的玩家愈来愈多、市场不断壮大。同时也带动了持续不断的三维学习与应用热潮，促进了三维技术的发展。如比较经典的网络游戏"魔兽世界"中的动画效果，以及该游戏中部分角色的设计就使用了大量的三维技术。

2. 电影制作

现代大型电影的制作大都使用 3D 技术，如科幻电影《阿凡达》中的人物，以及影片中塑造的多种类型的角色形象和虚拟场景的制作都使用了特技效果，使影片中的每个动作都呈现出很好的连贯性，包括人物和动物的表情、眼神、衣物的飘动、肌肉的伸缩等，都达到了相当高的水平。它给人们带来强大的视觉冲击与震撼，让人们感受到它无穷的魅力，该电影中的部分场景设计和人物形象设计如图 1-1 和图 1-2 所示。

图 1-1   图 1-2

3. 工业制造行业

工业产品的设计、改造离不开 3D 模型的帮助。例如，在汽车工业中 3D 动画的应用尤为显著，3ds Max 在工业产品造型设计方面也大有用途。图 1-3 所示的是汽车 3D 造型。

图 1-3

4. 电视广告

3D 动画的介入使电视广告变得五彩缤纷、活泼动人。它不仅使制作成本比真实拍摄低，还显著地提高了广告的收视率。

5. 科技教育

教育资料一般都比较枯燥无味，容易使学生失去兴趣。将 3D 动画引入到课堂教学，可以明显提高学生的学习兴趣，教师们也可以从烦琐的实物模型中解脱出来

6. 军事技术

三维技术应用于军事、航空航天有很长的历史，如最初导弹飞行的动态研究，以及

爆炸后的轨迹。若进行真实的实验，将造成极大的浪费，而计算机动画则可帮助科研人员真实地以运动学、动力学、控制学等出发模拟各种行为。图 1-4 所示为利用 3ds Max 模拟飞行。

图 1-4

7．建筑装饰

三维还广泛地应用于建筑装饰等方面，如在建筑设计中常会运用 3D 软件制作与表现建筑外观和虚拟场景，即用计算机静态或动态画面的方式模拟建成后的建筑物真实场景，以达到吸引购房者购买的欲望的目的；后者就是通常所说的巡游动画，它分为室内和室外漫游。

在装饰设计中也常运用 3D 软件表现装修设计效果。图 1-5 和图 1-6 所示为利用 3D 创建出来的建筑静态场景和室内装修效果图。

图 1-5   图 1-6

8．科学研究

这是计算机动画应用的一大领域，利用计算机可以模拟出物质世界的微观状态，分子、原子的高速运动，还可用于交通事故分析、生物化学研究和医学治疗等方面。如交通事故的事后分析，研究事故原因以及如何避免；在医学方面，可以将细微的手术过程放到大屏幕上，进行观察学习，这极大地方便了学术交流和教学演示。

1.3　3ds Max 9 的工作环境

3ds Max 9 的工作环境必须由优良的硬件配置和稳定的运行系统驱动作为基础,有了这些基础后才能流畅地运行 3ds Max 9 应用程序,从而进一步对 3ds Max 9 的各项功能进行深入的了解。

1.3.1　环境配置

环境配置是指电脑硬件配置(特别是 CPU 的选择,它是计算机的心脏部位,其主频直接影响软件的运行速度,一般推荐 Pentium 4 或者更高的配置)和系统驱动应用程序 Windows 的选择与安装,只有稳定的系统驱动对硬件进行有效的支持,才能充分发挥硬件的工作效率,从而最大化地提高工作效率。

1. 硬件环境配置

一般运行 3ds Max 9 的建议最低要求配置如下。
- ❑ **CPU**　奔腾 3 以上及 AMD 系列
- ❑ **内存**　1GB 以上的硬盘交换空间(推荐 2GB)
- ❑ **显卡**　64MB,1024 × 768 × 16 位色分辨率,支持 OpenGL 和 Direct3D 硬件加速
- ❑ **光驱**　CD-ROM
- ❑ **输入设备**　三键鼠标、键盘
- ❑ **其他**　声卡和音箱

2. 最佳软件环境配置

有了硬件的支持后,还必须选择一个稳定的操作平台来运行 3ds Max 9。该软件所需要的操作系统为 Windows XP Professional/ Windows 2000 Professional,版本要求如下。
- ❑ **版本**　SP2/SP4
- ❑ **DirectX 版本**　9.0c
- ❑ **IE 版本**　6.0

1.3.2　用户界面

配置好硬件与软件后就可通过安装盘安装 3ds Max 9 应用软件。完成安装后桌面上将出现 G 图标,双击此图标即可进入该应用程序的启动画面,如图 1-7 所示。

稍等片刻后弹出"欢迎屏幕"对话框,单击 关闭 按钮,进入 3ds Max 9 的工作界面,该工作界面由标题栏、菜单栏、工具栏、命令面板、视图窗口、状态栏、视图控制区等部分组成,如图 1-8 所示。

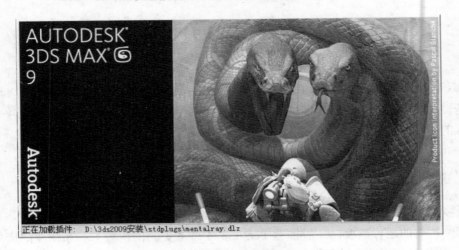

正在加载插件： D:\3ds2009安装\stdplugs\mentalray.dlz

图 1-7

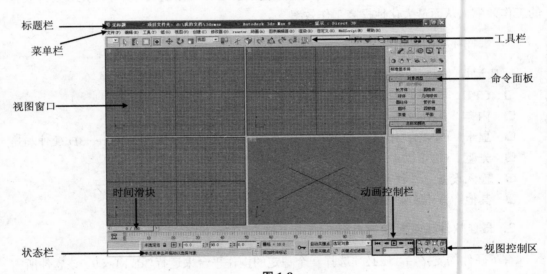

图 1-8

1. 标题栏

标题栏位于整个窗口的最顶端，显示 3ds Max 软件的名称以及当前窗口编辑的文件名。如果启动时未指定打开一个文件，那么软件将自动以"无标题"为标题新建一个文件，标题栏的右侧分别是"最小化"、"最大化"和"关闭"按钮，如图 1-9 所示。

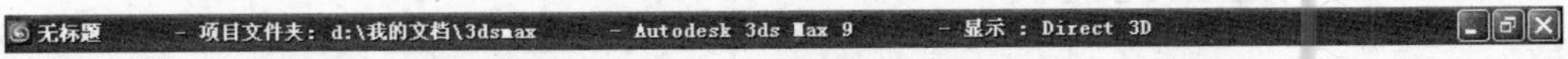

![图1-9 标题栏，显示"无标题 — 项目文件夹：d:\我的文档\3dsmax — Autodesk 3ds Max 9 — 显示：Direct 3D"]

图 1-9

2. 菜单栏

菜单栏位于标题栏的下面，它才算是组成 3ds Max 界面的真正元素。它集成了 3ds Max 9 系统下的所有操作命令，并按一定的编组方式分门别类地归结在不同的菜单项中。分别由文件、编辑、工具、组、视图、创建、修改器、角色、reactor（反应堆）、动画、图表编辑器、渲染、自定义、MAXScript 和帮助等菜单项组成，执行菜单命令，会出现下拉菜单，如图 1-10 所示。

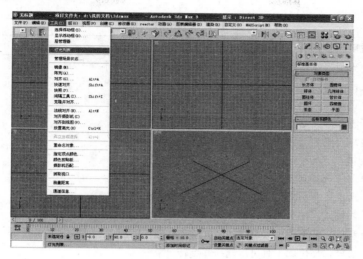

图 1-10

> **提 示**
>
> 　　菜单命令名称后的英文标识是该菜单命令的快捷按钮，根据显示的快捷按钮在键盘上执行操作即可对选择对象执行其对应的菜单命令。

3．工具栏

　　工具栏位于菜单栏的下方，如图 1-11 所示，它是使用频率最高的操作工具，也是常用菜单命令的快捷按钮形式，单击相应的按钮即可执行相应的命令。

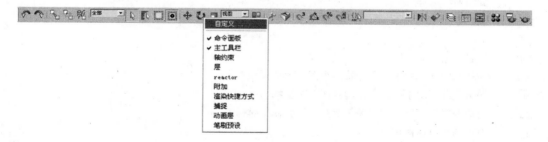

图 1-11

> **提 示**
>
> 　　通常情况下，在 1280×1024 分辨率下工具栏中的工具才可以完全显示。当工具栏处于低分辨率时，可以将鼠标放在工具栏的空白处，待光标变成 标记时，按住左键不放左右拖动工具栏可显示遮挡的工具并进行相应工具的选择。
> 　　在主工具栏的空白处右击，会显示如图 1-11 所示的快捷菜单，在弹出的快捷菜单中选择相应的工具栏名称选项，可以打开相应的浮动工具栏。

熟练掌握这些工具的使用方法和技巧可大大提高工作效率。各工具按钮简介如表 1-1 所示。

表 1-1　工具按钮简介

按钮	功能说明
	取消上一步操作
	取消上次"撤销"的操作，即重做
	选择并链接，在制作动画时用于将子物体与父物体链接
	断开子物体与父物体的链接
	将物体绑定到空间扭曲
	选择物体
	按物体名称选择物体
	选择区域，还有 ◯ ◸ ◯ ◻ 等几种形状的选择区域
	窗口选择模式，还有 ◉ 交叉选择模式
	选择并移动，使用此工具可以选择并移动对象
	选择并旋转，使用此工具可以选择并旋转对象
	选择并均匀缩放，按住该按钮不放，显示"选择非等比缩放按钮" 和"选择并挤压按钮"
	修改操纵器
	使用轴点中心，按住该按钮不放，显示"使用选择中心按钮" 和"使用权变换坐标中心按钮"，用于确定操作几何体的中心
	三维捕捉开关按钮，按住该按钮不放，显示"二维捕捉开关按钮" 和
	角度捕捉，可以确定多数功能的增量旋转
	百分比捕捉，可通过指定的百分比增加对象的缩放
	微调器捕捉，可以设置系统所有微调器的单位
	编辑命名选择
	镜像
	对齐
	层管理器
	曲线编辑器，用于打开"轨迹视图"对话框
	图解视图，用于打开"图解视图"对话框
	材质编辑器，用于打与关闭"材质编辑器"对话框
	渲染场景对话框按钮
	快速渲染，按住该按钮不放显示 按钮

4. 视图窗口

视图窗口是用户的主要工作区，所有对象的编辑操作都在这里完成。默认情况下为 4 个视图窗口，分别是顶视图、前视图、左视图、透视图，如图 1-12 所示。

在所有视图中只可能有一个视图是当前激活视图，激活视图具有黄色边框，是用户正在操作的工作区域。另外，4 个视图是可以相互转换的，当在激活视图中按 T 键即可将该视图转换成顶视图，按 F 键即可将该视图转换成前视图，按 L 键即可将该视图转换成左视图，按 P 键即可将该视图转换成透视图，按 B 键即可将该视图转换成底视图，按 U 键即可将该视图转换成用户视图，按 C 键即可将该视图转换成相机视图。

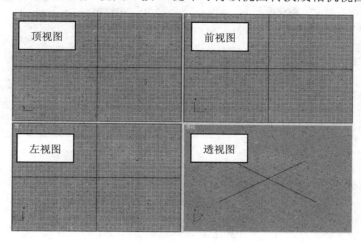

图 1-12

! 提 示

视图中必须创建了摄像机，才可将当前视图切换为相机视图，否则该操作无效。

另外，用户也可以在视图窗口的左上角的视图名称上右击，在弹出的快捷菜单中选择"视图"菜单下的子菜单选项，如图 1-13 所示。

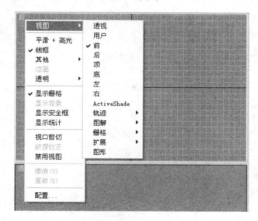

图 1-13

根据需要，用户还可以改变视图窗口的布局，如将四视口视图设置成三视口视图，其操作方法如下。

01 选择"自定义"菜单下的"视口配置"选项命令，弹出"视口配置"对话框，选择"布局"选项卡，如图 1-14 所示。

02 在"布局"选项卡下方，选择"顶"、"前"、"左" 3 个视图，单击"确定"按钮，完成视图设置，如图 1-15 所示。

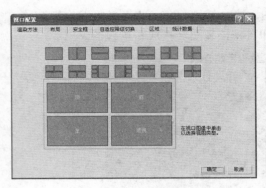
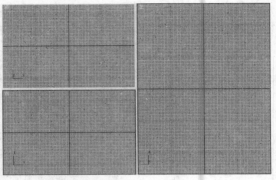

图 1-14   图 1-15

5. 命令面板

命令面板位于界面右侧,它是 3ds Max 9 的核心部分,它包括场景中建模和编辑物体的常用工具及命令。分别由 、、、、和 面板组成,单击相应的面板图标即可进行面板间的切换,图 1-16 所示的依次是"创建命令面板"、"修改命令面板"、"层级命令面板"、"运动命令面板"、"显示命令面板"和"工具命令面板"。

创建命令面板

修改命令面板

层级命令面板

运动命令面板

显示命令面板

工具命令面板

图 1-16

> **提示**
>
> 命令面板中名称前的"+"或"−"号的横条状矩形框叫卷展栏,"+"号表示该卷展栏处于收缩状态,"−"号表示该卷展栏是展开的,直接单击它即可在"+"与"−"之间进行切换,即进行收缩或展开卷展栏操作。

6. 时间滑块

时间滑块用于控制动画在视图中显示指定帧的状态，如图1-17所示。

图 1-17

7. 状态栏

状态栏中的 X:、Y:、Z: 数值框用于显示当前选择对象所在的位置以及当前物体被移动、旋转或缩放后的数值，当场景中没有选择对象时，则 X:、Y:、Z: 数值框只显示光标所在位置的坐标值，如图1-18所示。另外，若要对对象进行坐标变换，可以直接在数值框中输入参数变换对象坐标。

图 1-18

> **提 示**
>
> 单击 按钮使其切换成 状态，用于世界坐标与相对坐标之间的切换。单击 按钮使其切换成 状态，用于选定对象锁定与解锁之间的切换，选定对象处于锁定状态时，所有操作只针对锁定对象，其他没被锁定的对象不能进行选择、移动等操作。

8. 动画控制栏

动画控制栏中的各按钮用于设置关键帧和控制动画播放，如图1-19所示。

图 1-19

9. 视图控制区

视图控制区位于用户界面的右下角，它有两种模式，为普通视图时，视图控制工具栏如图1-20所示；为摄像机视图时，工具栏如图1-21所示。使用这些按钮可以控制视图中所显示图形及视图自身的大小和角度,熟练运用这些工具按钮将大大提高工作效率。

图 1-20   **图 1-21**

视图控制区各个工具按钮的功能简介如表1-2所示。

表 1-2　视图控制区工具按钮功能简介

按钮	功能说明
🔍	放大或缩小当前激活的视图区域
⊞	放大或缩小所有视图区域
⊡	将所有可见对象在当前活动的视图窗口中居中显示，按住该按钮不放显示 ⊡ 按钮
⊡	用于将激活视图中的选择对象以最大方式显示
⊞	将所有视图缩放到合适的范围，按住该按钮不放显示 ⊞ 按钮
⊞	同时将 4 个视图拉近或推远
▣	缩放视图中的指定区域，当激活视图为透视图时，该按钮切换为 ▷ 按钮
▷	缩放透视图中的指定区域
✋	沿着任何方向移动视窗，但不能拉近或推远视图
⟳	围绕场景旋转视图，按住该按钮不放显示两个形状完全相同，但颜色不同的 ⟳ 和 ⟳ 按钮
⟳	该按钮是黄色的，用于围绕选择的对象旋转视图
⟳	该按钮是黄色的，用于围绕子对象旋转视图
⧉	在原视图和满屏之间切换激活的视图

1.3.3　设置系统单位

单位是三维世界中非常重要的度量工具，主要有米、厘米、毫米以及英制等。当单位设置好后，系统中的模型以及变量都通过该单位进行显示并进行尺寸度量。

3ds Max 9 中有两种单位：绘图单位和系统单位。绘图单位是制作三维造型的依据，系统单位是进行模型转换的依据。

设置系统单位的具体操作如下。

01 执行"自定义"→"单位设置"菜单命令，在弹出的"单位设置"对话框中选择 公制 选项下拉列表框中的 毫米 选项，将绘图单位设置为毫米，如图 1-22 所示。

> **提示**
>
> "单位设置"对话框用于确定建模单位显示的方式，这是制作三维造型的依据。显示单位比例有 4 种方式，分别是 公制 、 美国标准 、 自定义 、 通用单位 。

02 单击 系统单位设置 按钮，弹出"系统单位设置"对话框，选择 系统单位比例 下拉列表框中的 毫米 选项，将系统单位设置为毫米，如图 1-23 所示。

> **提示**
>
> "系统单位设置"对话框用来进行模型转换，只有在创建场景或导入无单位的文件之前才可以更改系统单位。

03 最后单击 确定 按钮，返回"单位设置"对话框，再单击该对话框中的 确定 按钮，完成绘图单位与系统单位的设置。

图 1-22　　　　　　　　　　　　　　　　图 1-23

1.3.4　文件路径配置

在制作效果图时，通常需要从 A 电脑将模型复制到 B 电脑，此时赋好材质的模型复制到 B 电脑用 3D 软件打开时，模型的材质路径会丢失，此时需要将模型的材质一同复制到 B 电脑再重新指定材质路径，这是个很费时的操作，通过"归档"命令，用户可以轻松地解决以上问题，具体操作方法如下。

01 执行"文件"→"归档"菜单命令，系统弹出"文件归档"对话框，如图 1-24 所示。

02 单击保存在(I)：栏后的 archives 路径选项框，指定归档文件的保存位置。

03 在文件名(N)：栏后的名称框中给文件命名，如图 1-25 所示。

04 最后单击 保存(S) 按钮，系统自动进行文件路径配置保存。

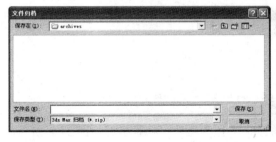

图 1-24　　　　　　　　　　　　　　　　图 1-25

1.4　文件管理

文件管理是指"新建"、"重置"、"打开"、"保存"和"合并"等基本文件命令的运用，它是 3ds Max 文件管理必不可少的一项操作，几乎贯穿于整个操作过程。

单击菜单栏中的文件(F)菜单，即可展开下拉菜单命令选项，该下拉菜单中包括所有的文件管理命令，如图 1-26 所示。

> **！提 示**
>
> 菜单命令选项后有小黑三角形的菜单命令是菜单组，单击该菜单命令可展开下拉子菜单选项。

下面对"新建"、"重置"、"打开"、"保存"和"合并"命令进行讲解。

1.4.1 新建文件

为了规范地创建场景对象，在创建对象之前通常会进行新建文件操作，即新建一个空白场景，具体操作步骤如下。

01 执行"文件"→"新建"菜单命令，系统弹出"新建场景"对话框，提示用户是否保存当前场景，如图 1-27 所示。

02 根据需要选择选项。

03 单击 **确定** 按钮，就创建了一个新的场景。

图 1-26

> **！提 示**
>
> 通过"新建"命令创建的场景继承了前一文件的系统设置，如单位设置、视图窗口设置等。

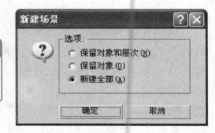

图 1-27

1.4.2 重置文件

"重置"命令会清除场景中的所有数据、恢复系统的默认设置，丢弃用户在当前场景中的设置，其效果与重新启动 3ds Max 系统相同。

1.4.3 打开文件

若要对以前保存过的场景进行预览或修改，此时必须在 3ds Max 应用程序中将文件打开，具体操作步骤如下。

01 执行"文件"→"打开"菜单命令，系统弹出"打开文件"对话框，如图 1-28 所示。

02 单击 查找范围(I): 栏后的 scenes 路径选项框，找到要打开文件的保存位置。

03 在预览框中选择要打开的文件，如图 1-29 所示。

04 最后单击 打开(O) 按钮即可。

图 1-28

图 1-29

14

1.4.4 保存文件

在创建对象的过程中经常会对已创建好的文件进行保存，以便日后进行调用，同时也可避免断电或误操作导致文件丢失，具体操作步骤如下。

01 执行"文件"→"保存"菜单命令，将弹出"文件另存为"对话框，如图 1-30 所示。

02 单击保存在(I): 栏后的 [scenes] 路径选项框，指定要保存的路径。

03 在文件名(N): 栏中输入要保存的文件名称，如图 1-31 所示。

04 完成后单击 保存(S) 按钮即可。

图 1-30

图 1-31

> **提 示**
>
> 执行"保存"命令后对视图、对象、系统单位、捕捉方式、对象材质、灯光等进行的一系列设置一同被保存在*.max 格式的文件中。
>
> （1）另存为——同其他软件相似，将场景以不同名称或不同路径进行保存。
>
> （2）保存副本为——使当前场景以另一名称复制保存。
>
> （3）保存选定对象——用来把场景中处于选择状态的对象保存到一个新的 3ds Max 文件中。

1.4.5 合并文件

在 3ds Max 的建模过程中常会使用"合并"命令，合并以前创建好的模型到当前场景中，从而避免重复建模的烦琐操作，也可提高工作效率，特别是对于很大场景的建模，通常是先由不同的创建者分成几个部分进行局部场景创建，最后通过"合并"命令再将几个不同场景合并成一个更大的场景，具体操作步骤如下。

图 1-32

01 执行"文件"→"合并"菜单命令，将弹出"合并文件"对话框，如图 1-32 所示。

02 单击查找范围(I): 栏后的 [scenes] 路径选项框，找到要合并文件的保存位置。

03 选择要合并的文件，如图 1-33 所示。再单击 [打开(0)] 按钮，弹出"合并"对话框，如图 1-34 所示。

图 1-33　　　　　　　　　　　　　　　　　　图 1-34

> **! 提　示**
>
> [全部(A)] 按钮用于选择列表框中的所有选项；[无(N)] 按钮用于取消选项的选择；[反转(I)] 按钮用于选择列表中没有选择的剩余选项。在选择列表框中的选项时，可按住 Ctrl 键单击选项进行叠加选择或取消单个选择的选项。

04 在"合并"对话框列表中选择要合并的选项，单击 [确定] 按钮即可。

> **! 提　示**
>
> 当合并对象与当前场景中的对象出现重名或材质重名的现象时，会弹出相应对话框让用户选择。

当有重名对象时，会弹出如图 1-35 所示的"重复名称"对话框，其中各选项按钮的含义如下。

❑ [合并]　在后面文本框中输入一个新名字，并以此名字进行合并。

❑ [跳过]　忽略当前重名对象，不合并到当前场景中。

❑ [删除原有]　合并对象，并删除当前场景中的重名对象。

❑ [自动重命名]　将以添加序号的方式为合并对象自动命名。

❑ □ 应用于所有重复情况：　勾选该复选框时，每个重名对象都会按照第一个处理的方式进行默认处理。

当对象的材质出现重名时，会弹出如图 1-36 所示的对话框，其中各按钮的用法与"重复名称"对话框中对应的选项相似，在此不再重复。

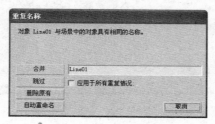

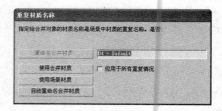

图 1-35　　　　　　　　　　　　　　　　　　图 1-36

1.4.6　导入文件

文件菜单中的"导入"命令用于将非 3ds Max 格式文件导入到 3ds Max 文件中使用。常用的导入文件格式有 3D Studio Mesh（*.3DS）、Adobe Illustrator（*.AI）、AutoCAD（*.DWG）。

根据 AutoCAD 平面图用 3ds Max 软件创建三维模型则是常用到的方法，即导入 AutoCAD（*.DWG）格式文件进行模型，大家应熟练掌握并灵活运用，导入的具体操作步骤如下。

01 执行"文件"→"导入"菜单命令，将弹出"选择要导入的文件"对话框，如图 1-37 所示。

02 单击 查找范围(I): 栏后的 scenes 路径选项框，找到要导入文件的存放位置。

03 在 文件类型(T): 下拉框中选择 AutoCAD 图形 (*.DWG,*.DXF) 选项，如图 1-38 所示。

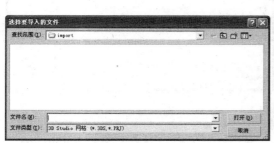

图 1-37

图 1-38

04 在文件列表框中选择要导入的文件，单击对话框中的 打开(0) 按钮，弹出"导入选项"对话框，如图 1-39 所示。

05 根据需要勾选选项，再单击 确定 按钮，CAD 图就导入到 3D 场景中了。

1.4.7　文件链接管理器

"文件链接管理器"命令是在导入 AutoCAD 文件时用来设置信息的，其功能是通过对话框使 AutoCAD 文件在 3ds Max 和 AutoCAD 软件中进行同步以便为其添加更多的注释信息，导入的 AutoCAD 文件在场景中是不能删除的。

01 执行"文件"→"文件链接管理器"菜单命令，将弹出"文件链接管理器"对话框，如图 1-40 所示。

图 1-39

02 选择 文件... 选项卡，选择要导入的文件打开即可。

图 1-40

1.4.8 导出文件

3ds Max 可以将文件导出并保存为其他兼容软件的格式，如 3D Studio Mesh（*.3DS）、Adobe Illustrator（*.AI）、Lightscape（*.LP）等。若后期要选择 Lightscape 渲染软件渲染模型，就可将场景导出为 Lightscape（*.LP）格式，具体操作步骤如下。

01 执行"文件"→"导出"菜单命令，将弹出"选择要导出的文件"对话框，如图 1-41 所示。

02 单击 保存在 (I)： 栏后的 export 路径选项框，指定导出文件的保存位置。

03 在 保存类型 (T)：栏后的下拉列表框中选择 Lightscape 准备 (*.LP)选项。

04 在 文件名 (N)：栏后的名称框中给导出的文件命名，如图 1-42 所示。

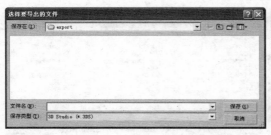

图 1-41

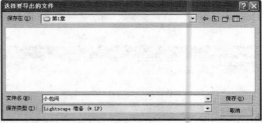

图 1-42

05 再单击"选择要导出的文件"对话框中的 保存(S) 按钮，弹出"导入 Lightscape 准备文件"对话框，如图 1-43 所示。

06 根据需要设置选项后，单击 确定(O) 按钮，完成导入操作，接下来就可通过 Lightscape 软件打开导出的文件进行渲染了。

1.4.9 文件归档

"归档"命令用来将当前编辑的场景生成压缩文件存盘，归档的内容包括场景应用的材质贴图、贴图的位置，以及与当前场景相关的所有文件的压缩格式。

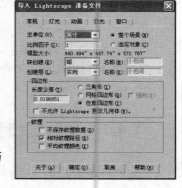

图 1-43

1.4.10 摘要信息

"摘要信息"命令用来显示当前场景中的所有相关信息，如对象个数、对象的顶点数等信息，不同的帧可能有不同的概要信息，如图 1-44 所示。

18

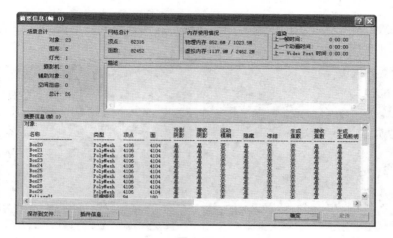

图 1-44

1.5 视图控制

在创建模型的过程中，通常需要对视图或视图内的显示信息进行放大、缩小或推移、旋转等操作。熟练地使用这些操作工具在创作作品时会有事半功倍的效果，下面采用举例的方式讲解常用视图缩放的用法。

1. 缩放单个视图窗口

放大或缩小某一视图中的场景显示时所用的工具为 🔍（缩放工具），该工具有利于在某一视图中观察模型的细部或整体而不影响其他视图的显示效果，操作方法如下。

激活 🔍 按钮后在视图中向上拖动光标为放大，反之则缩小，如图 1-45、图 1-46 所示为对场景进行放大的效果（摄像机视图模式下对摄像机进行推移，其效果与 🔍 缩放工具一样），快捷键为 Alt+Z。

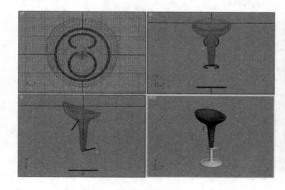

图 1-45

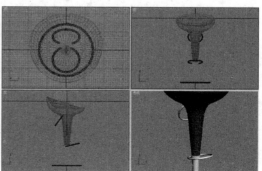

图 1-46

2. 缩放所有视图

放大或缩小所有视图中的场景显示时所用的工具为 🔲（缩放所有视图），该工具用于控制所有视图中的模型显示效果，操作方法如下。

激活 ⊕ 按钮后在某一视图中向上拖动光标，其他视图同时放大，反之则同时缩小，如图 1-47、图 1-48 所示。

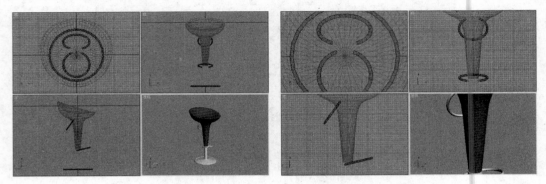

图 1-47   图 1-48

3. 最大化显示单个视图

最大化显示某一视图中的场景时所用的工具为 ⊡ （最大化显示），该工具用于控制单个激活视图中的模型最大化显示效果，操作方法如下。

激活 ⊡ 工具按钮，当前视图最大化显示场景，如图 1-49、图 1-50 所示，快捷键为 Ctrl+Alt+Z。其下拉按钮 ⊡ （最大化显示选定对象）用于最大化显示激活视图中所选择的对象，如图 1-51、图 1-52 所示。

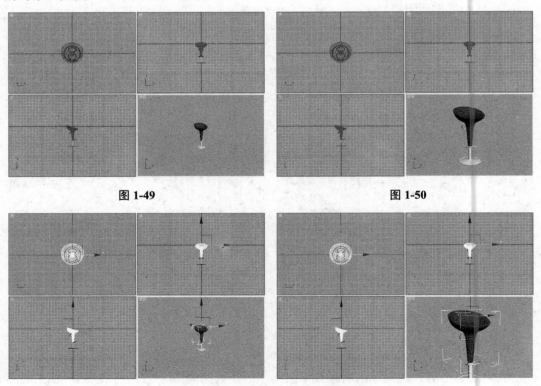

图 1-49   图 1-50

图 1-51   图 1-52

4．所有视图最大化显示

最大化显示所有视图中的场景时所用的工具为 （所有视图最大化显示），该工具用于控制所有视图中的模型最大化显示效果，操作方法如下。

激活 工具按钮，所有视图最大化显示场景，如图 1-53、图 1-54 所示，快捷键为 Shift+Ctrl+Z。其下拉按钮 （所有视图最大化显示选定对象）用于最大化显示所有视图中所选择的对象，如图 1-55、图 1-56 所示，快捷键为 Z。

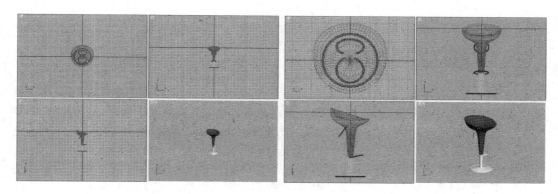

图 1-53　　　　　　　　　　　　　　　图 1-54

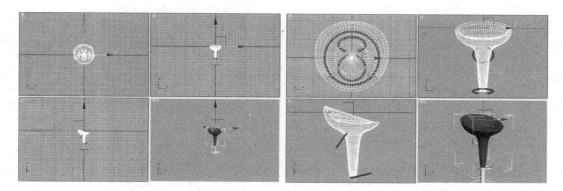

图 1-55　　　　　　　　　　　　　　　图 1-56

以上 4 个按钮功能近似，是视图控制中最易混淆的功能，读者可按自己的需要决定将侧重点放在视图或选择物体上进行操作。总之，要熟练使用还需要多做练习。

5．缩放区域工具

对视图中的场景进行有选择的区域放大时所用的工具为 （缩放区域工具），该工具用于单个视图中的框选区域放大或缩小显示效果，操作方法如下。

激活 工具按钮，以框选方式对单个视图（透视图除外）进行区域放大，以便观察模型的细节部分，如图 1-57 和图 1-58 所示，快捷键为 Ctrl+W。

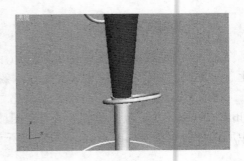

图 1-57 图 1-58

1.6 建筑效果图制作流程

传统的建筑效果图制作过程是根据建筑的平面图、立面图和剖面图在头脑中建立整个建筑的形体以及场景，然后选择一个合适的角度，根据几何画法，制作成透视图，再使用手绘工具绘制出来。由于建筑结构的形态千变万化，很多局部细节很难用手绘来表现，这样绘制一幅建筑效果图需要大量时间，而且修改非常不方便，也不可能达到精美的装饰效果。而使用电脑绘制的建筑效果图不仅速度快、形体结构精确，而且可以很方便地从不同角度，使用不同材质、不同灯光等装饰效果方面来表现，给客户完美的视觉享受。

使用电脑制作建筑效果图可以通过图 1-59 所示的 5 个方面来完成。

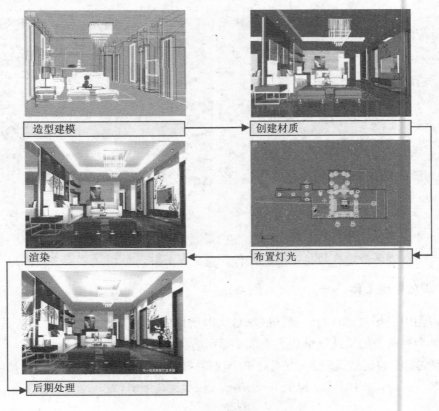

图 1-59

1．造型建模

造型建模是制作效果全过程的基础，如果造型建模不正确，后面的所有工作将付之东流。因此，在造型阶段最重要的是准确，必须在理解图纸的基础上，严格按照设计图使用正确的建模方法进行模型的创建。

2．创建材质

完成了建筑对象的形状后，接着为建筑模型赋予适当的材质，如大理石的地面、布艺的沙发、玻璃质感的茶几等，这样才能表现出建筑效果图的真实质感。不过，要制作出逼真的高质量级的建筑效果图，需要制作人员对材质的感觉和经验的积累。

3．布置灯光

灯光与阴影在建筑效果图中起着至关重要的作用，质感通过照明得以体现，建筑外观和层次、建筑物的表面明暗关系以及细节都是通过灯光和阴影的关系来刻画的。值得注意的是在处理光线时一定要注意阴影的方向问题，因为场景中不只有一盏灯，要注意灯光的颜色和灯光之间的相互影响。

4．渲染

渲染其实就是一个长时间的等待过程，它是利用渲染器对赋有材质和灯光的场景进行综合处理的一个过程。渲染之前必须设置好材质、灯光以及相机的参数。3ds Max 具有自带的渲染器——MentalRay，还有第三方开发的渲染器，比较流行的有 VRay、Lightscape、FinalRender 等。各个渲染器都有自己的优缺点，用户可以根据需要选择合适的渲染器。

5．后期处理

在 3ds Max 中完成绘制工作后，还需要对建筑效果图进行后期处理，以达到最佳的视觉效果，让建筑效果看上去更接近真实环境。后期处理的工作不仅包括天空、地面、道路、人物、植物、汽车等人造景观的制作，还包括处理渲染后的效果图中的一些缺陷。总之后期处理的目的是使效果变更加完美。

1.7　案例详解——自定义工作环境

现代社会越来越流行个性化，人性化的风格，3ds Max 9 也不例外，用户可以随意设置软件界面的颜色、布局类型，也可以将功能菜单命令设置成自己习惯的快捷键，这些人性化的设计可以让用户更加方便、轻松地使用 3ds Max 软件。本例将介绍设置视图的背景颜色和快捷键的方法。

操作步骤

1．自定义视图背景颜色

用户可以将视图背景颜色设置成自己喜欢的颜色，操作方法如下。

01 执行"自定义"→"自定义用户界面"菜单命令,即可弹出"自定义用户界面"对话框,如图 1-60 所示。

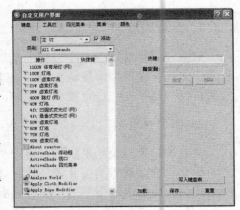

通过该对话框,用户可以自定义软件的界面颜色、布局以及快捷键设置等。"自定义用户界面"对话框中各选项卡的含义如下。

- ❑ 键盘 选择该选项卡,即可进入设置快捷键的界面。

- ❑ 工具栏 选择该选项卡,即可进入编辑现有工具栏或创建自定义工具栏的界面。

图 1-60

- ❑ 四元菜单 选择该选项卡,即可进入创建自己的四元菜单集或可以编辑现有四元菜单集的界面。

- ❑ 菜单 选择该选项卡,即可进入自定义软件中使用的菜单、编辑现有菜单或创建自己的菜单以及自定义菜单标签、功能和布局的界面。

- ❑ 颜色 选择该选项卡,即可进入自定义软件界面的外观、调整界面中几乎所有元素的颜色以及自由设计自己独特的风格的界面。

02 选择 颜色 选项卡,在"元素"栏右侧的下拉框中选择"视口"选项,然后在"元素"栏下面的列表框中选择"视口背景"选项,如图 1-61 所示。

03 选择"元素"栏右侧的颜色框按钮,在弹出的"颜色选择器"对话框中设置视口背景的颜色参数,如图 1-62 所示。

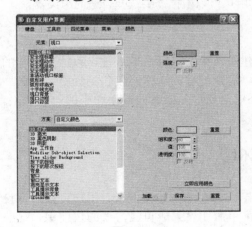

图 1-61

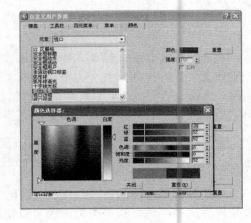

图 1-62

04 设置完成后,单击"颜色选择器"对话框中的"关闭"按钮,然后再单击"立即应用颜色"按钮,即可看到软件的视口背景变为用户设置的颜色,如图 1-63 所示。

2. 自定义快捷键

在 3ds Max 中可以自定义一些快捷键,自定义快捷键后可大大提高工作效率,其操作方法如下。

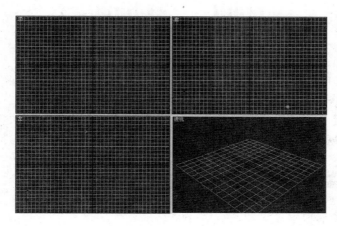

图 1-63

01 执行"自定义"→"自定义用户界面"菜单命令,在打开的"自定义用户界面"对
话框中选择 键盘 选项卡,在"组"栏右侧的下拉列表框中选择"主 UI"选项,然
后在"类别"栏右侧的下拉列表框中选择 All Commands 选项,再在"类别"栏下方
的列表中选择"捕捉"选项,如图 1-64 所示。

02 完成上面的设置后,在对话框中"热键"右侧的输入框中输入要定义的快捷键,如
P 键,然后单击"指定"按钮,即可将键盘上的 P 键设置为"捕捉"命令的快捷键,
如图 1-65 所示。最后关闭对话框就可以应用自定义的快捷键了。

图 1-64

图 1-65

归 纳 总 结

　　本章主要介绍 3ds Max 的应用领域、3ds Max 9 的工作界面、文件管理、视图控制
等基本操作,通过本章的学习,读者熟悉了 3ds Max 9 的工作环境以及对视图的操作,
为进一步深入学习 3ds Max 9 打下基础。

互 动 练 习

1．选择题

（1）将顶视图切换为用户视图是按（　　）。

　　A．F 键　　　　　　　B．C 键　　　　　　C．B 键　　　　　　D．U 键

（2）在系统默认情况下视图窗口为（　　）个。

　　A．1　　　　　　　　B．3　　　　　　　　C．2　　　　　　　　D．4

（3）关于工具栏中的　按钮说法正确的是（　　）。

　　A．三维捕捉工具

　　B．二维捕捉工具

　　C．单击该按钮可打开"栅格和捕捉设置"对话框

　　D．对齐工具

2．上机题

将光盘中的 CAD 平面图形（素材与源文件\第 1 章\素材）导入到 3ds Max 9 的顶视图中作为背景。

操作提示

01 首先将 3ds Max 系统单位设置成毫米。

02 执行菜单栏中的"视图"→"视图背景"命令，打开"视图背景"对话框，设置参数选项，然后在"背景源"选项栏中单击 文件... 按钮，打开配套光盘中"素材与源文件\第 1 章\平面图.jpg"文件，如图 1-66 所示。

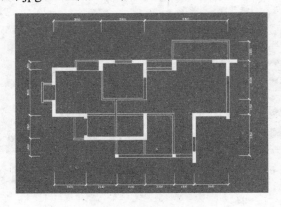

图 1-66

! 提示

　　载入的图片通常在激活的视图中进行显示，因此要在顶视图中载入平面图时，应先单击顶视图，视图边框出现黄色框表明当前视图为激活状态。

第 2 章　对象的基本操作

 学习目标

　　前面已经熟悉了 3ds Max 9 的工作环境和文件管理等基础知识，本章将介绍熟练掌握 3ds Max 中的对象的选择、旋转、移动、复制、对齐以及群组等基本操作。

 要点导读

1. 认识 3ds Max 中的对象
2. 选择、移动与旋转对象
3. 复制对象
4. 对齐对象
5. 辅助操作
6. 组的操作
7. 案例详解——制作博古架

 精彩效果展示

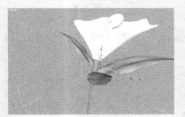

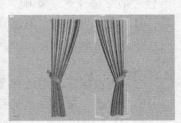

2.1 认识对象

在掌握 3ds Max 对象的操作之前，先了解下对象的概念和基本属性。3ds Max 具有面向对象的特性，所有工具、命令都是作用于对象的。通过创建面板下的几何体层级面板和样条线层级面板可以创建最基本的标准几何体、扩展几何体和各种二维几何图形。

2.1.1 对象的概念

通过创建命令面板在视图中创建的物体称为对象，对象可以是三维模型、二维图形及灯光等。每个对象都有自身特点和相关的参数，通过调整相关的参数可创建同一对象的不同形态及效果。

2.1.2 对象的基本属性

创建的每个对象除了具有自己特定的属性外，还具有与自然属性、视图显示、渲染环境、材质贴图等相关的属性。选中场景中的对象，执行"编辑"→"对象属性"菜单命令即可打开"对象属性"对话框，如图 2-1 所示。

1. "常规"标签

（1）"对象信息"选项组

用来显示对象的名称、颜色、位置、面数、材质名称等信息。

（2）"交互性"选项组

❑ **隐藏** 勾选该复选框，隐藏当前选定的对象，需要取消隐藏时可以在显示命令面板中取消该对象的隐藏状态。

❑ **冻结** 勾选该复选框，冻结当前选定的对象。

（3）"显示属性"选项组

勾选"透明"复选框，使当前选定的对象透明显示，不会对最终渲染产生影响，如图 2-2 所示。

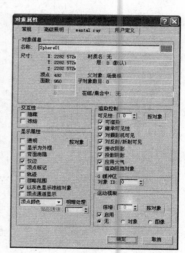

图 2-1

❑ **显示为外框** 勾选该复选框，将当前选定的对象显示为长方体，可以降低场景显示的复杂程序，加快视图刷新的速度，如图 2-3 所示。

❑ **顶点标记** 勾选该复选框，在当前对象的表面显示节点的标记，如图 2-4 所示。

❑ **轨迹** 勾选该复选框，显示对象的运动轨迹，如图 2-5 所示。

（4）"渲染控制"选项组

设置对象是否参与渲染、接受或投射阴影、是否使用大气效果等。

图 2-2

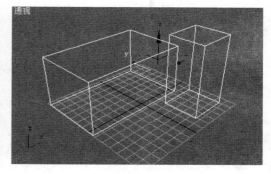

图 2-3

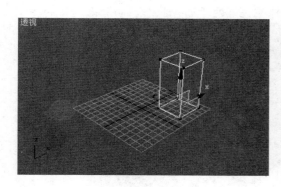

图 2-4

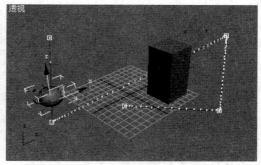

图 2-5

（5）"G 缓冲区"选项组

"对象通道"指定当前选定对象 G 缓冲通道的号码，具有 G 缓冲通道的对象可以被指定渲染合成效果。

2．"高级照明"标签

该标签用于设置对象的高级灯光属性。

3．mental ray 标签

该标签用于控制 mental ray 渲染器的渲染功能。

4．"用户自定义"标签

该标签可以输入自定义的对象属性或对属性进行注释。

2.2 变换对象

变换对象主要是指对对象进行选择、移动、旋转或缩放操作，主要练习工具栏中 ▨（选择）、✛（移动）、↻（旋转）、▨（缩放）工具的使用方法。

2.2.1 选择对象

选择对象是创建和编辑 3ds Max 9 对象的前提和基础，单击工具栏中的 ▷ 按钮可以选择对象。

使用 ▷ 按钮选择对象的操作步骤如下。

01 启动 3ds Max 9 软件，打开"配套光盘\第 2 章\素材库\柜子.max"文件，单击工具栏中的 ▷ 按钮，它将变为黄色 ▷ 按钮，表示处于被激活状态。

02 把光标移动到柜子上单击即可选择柜子对象，此时柜子模型将以白色线框显示，在透视图中，被选择物体会被白色外框包围，如图 2-6 所示。

03 接着单击视图中的装饰碗模型，此时装饰碗模型处于选择状态，而原来选择的柜子模型选择撤销，如图 2-7 所示。

图 2-6   图 2-7

> **⚠ 提示**
>
> 在不同的显示模式下被选中对象的显示状态各不相同。在"线框"模式下选中的对象以白色线框显示，在"平滑高光"模式下所选对象的外侧会出现白色边框。

04 单击视图中没有物体的地方，此时将取消物体的选择状态，视图中没有任何物体被选择，如图 2-8 所示。

05 按住键盘上的 Ctrl 键并依次单击对象即可选择多个对象，如图 2-9 所示。

图 2-8   图 2-9

下面再介绍其他几种选择对象的方法。

1. 按名称选择

工具栏上的按钮是"按名称选择"工具按钮，单击该按钮，打开"选择对象"对话框，如图 2-10 所示。

"选择对象"对话框中列出了视图场景中所有物体名称，选择名称列表框中的[柜子]选项，单击 选择 按钮，即可选择视图中名称为"柜子"的对象。

图 2-10

> ！ **提 示**
>
> 当场景中的物体很多时用此选择方式非常方便，但最好在创建物体时给物体命名，这样便于选择。单击该按钮可弹出"选择对象"对话框，按键盘上的 H 键也可弹出该对话框。

2. 区域选择

单击工具栏中的按钮即可弹出列表，该列表中的按钮用于在场景中拖动鼠标定义一个区域来对物体进行选择，这个区域有矩形、圆形、围拦、套索、笔刷 5 种。

[01] 启动 3ds Max 9 软件，打开"配套光盘\第 2 章\素材库\装饰瓶.max"文件，单击工具栏中的按钮，再单击按钮，如图 2-11 所示，在视图中拖动鼠标会出现矩形选择框，此时包含在矩形框内的对象被选中。

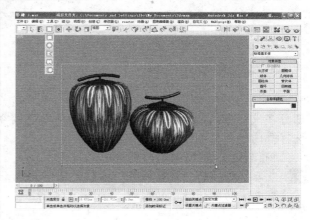

图 2-11

❏ （**矩形区域选择**）以矩形的方式拉出选择框。

❏ （**圆形区域选择**）以圆形的方式拉出选择框。

❏ （**围拦区域选择**）以手绘多边形的方式拉出选择框。

❏ （**套索区域选择**）以自由手绘的方式围出选择框。

❏ （**笔刷区域选择**）以笔刷的方式围出选择框。

[02] 单击按钮，在视图中拖动鼠标，会出现圆形选择框，如图 2-12 所示。

[03] 当工具栏上的按钮处于激活状态并单击按钮，在视图中拖动鼠标并单击鼠标，会出现手绘多边形选择框，如图 2-13 所示。

[04] 当工具栏上的按钮处于激活状态并单击按钮，在视图中拖动鼠标，会以自由手绘的方式围出选择框，如图 2-14 所示。

[05] 当工具栏上的按钮处于激活状态并单击按钮时，在视图中拖动鼠标，会以笔刷选择的方式来选择对象，如图 2-15 所示。

| 图 2-12 | 图 2-13 |

图 2-14　　　　　　　　　　　　　　　　图 2-15

3. 窗口/交叉方式选择

当使用 ▣（窗口方式）选择对象时，只有完全包含在选择框内的物体才能被选择，部分在选择框内的物体则不被选择。当使用 ▣（交叉方式）时，与选择框相交或包含在选择框内的物体都会被选择。

窗口/交叉选择的操作步骤如下。

01 当工具栏上的"选择对象"按钮 处于激活状态时，使用交叉方式进行选择，在视图中拖动鼠标拉出矩形框，如图 2-16 所示。

02 在交叉方式选择模式下，处于选择区域内或与选择区域相交的物体都能被选中，如图 2-17 所示。

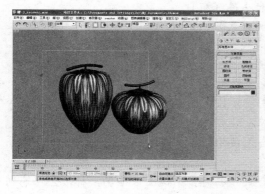

图 2-16　　　　　　　　　　　　　　　　图 2-17

03 当工具栏上的"选择对象"按钮 🔲 处于激活状态时,单击 🔲 按钮,切换选择方式为窗口方式,在视图中拖动鼠标拉出矩形框,如图 2-18 所示。

04 可以看到在窗口方式选择模式下,只有完全包含在选择框内的物体才会被选中,如图 2-19 所示。

图 2-18

图 2-19

2.2.2 移动对象

位于工具栏中的 ✛ (移动)按钮不仅可对选择对象进移动,也可作为选择工具选择对象,该工具按钮与位于工具栏中的 🔲 按钮的区别是前者既可以选择对象也可以移动对象,而后者则只能选择对象。

移动对象的操作步骤如下。

01 单击工具栏中的 ✛ 按钮,按钮将变为黄色,表示处于被激活状态。

02 单击如图 2-20 所示的装饰碗模型,可以看到视图中的选择物体上有一个由 X、Y、Z 组成的坐标轴,人们就是靠这个坐标轴来移动物体的。

03 将光标放在坐标轴的 X 轴上,这时 X 轴的颜色变成黄色,表明该轴被激活,然后拖动鼠标即可将选择的物体沿 X 轴方向移动,这种方法同样适用于 Y、Z 轴方向的移动,如图 2-21 所示。

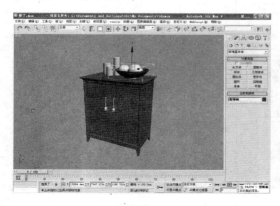

图 2-20

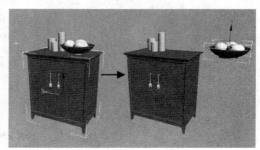

图 2-21

提示

将鼠标移动到 ✛ 按钮上右击，即可弹出一个"移动变换输入"对话框，如图 2-22 所示。在此对话框中可以输入参数来进行精确的移动操作，如图 2-23 所示。

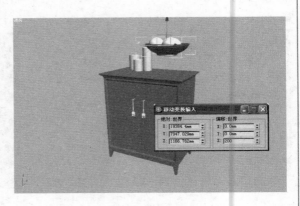

图 2-22

图 2-23

2.2.3 旋转对象

旋转工具用于选择对象并对它进行旋转操作。单击工具栏中的"旋转"按钮 ↻，视图中即可显示出旋转 Gizmo。

旋转对象的操作步骤如下。

01 打开"配套光盘\第 2 章\素材库\台灯.max"文件，单击工具栏上的 ↻ 按钮，视图中即可出现旋转 Gizmo，它由红色的 X 轴、绿色的 Y 轴、蓝色的 Z 轴形成坐标系，如图 2-24 所示。

02 利用鼠标移动旋转 Gizmo 上的 X、Y、Z 轴即可按选择轴向旋转对象，如图 2-25 所示。

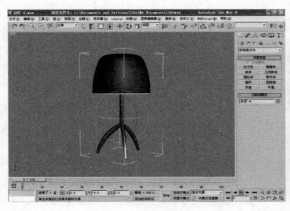

图 2-24

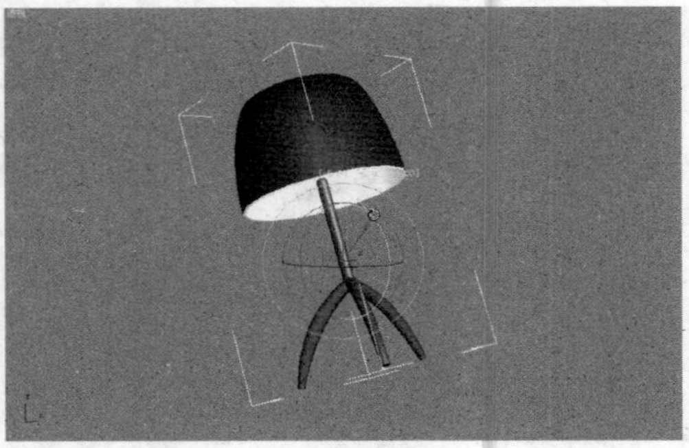

图 2-25

提 示

　　将鼠标移动到 按钮上右击，即可弹出一个"旋转变换输入"对话框，如图2-26所示。在此对话框中可以输入参数来进行精确的旋转操作，如图2-27所示。

图 2-26

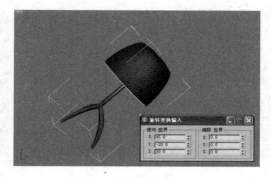

图 2-27

2.2.4　缩放对象

　　缩放工具用于选择并缩放对象。单击工具栏中的"缩放"按钮 ，将光标放在要缩放的对象上单击时，光标变成 状态。

　　缩放对象的操作步骤如下。

01 单击工具栏上的 按钮，视图中即可出现缩放Gizmo。它由红色的 X 轴、绿色的 Y 轴、蓝色的 Z 轴形成坐标系，如图2-28所示。

　　选择并缩放物体共有3种方法。

- □ 选择并均匀缩放　该按钮沿3个坐标轴方向等量缩放对象，并保持对象的原有比例，这是一种三维变化，它只改变对象的体积而不改变其形状。

- □ 选择并非均匀缩放　根据所激活的坐标轴约束以非均匀的方式缩放对象，是一种二维变化，它使对象的形状和体积都发生变化。

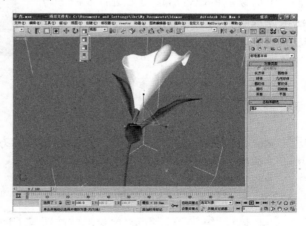

图 2-28

- □ 选择并挤压　根据所激活的坐标轴约束来挤压对象，使对象在某一坐标轴上缩小，而同时在另两个坐标轴上放大（反之亦然），挤压物体只改变物体形状而总体积保持不变。

02 将鼠标移动到透视图中缩放Gizmo的 X 坐标轴上，当 X 坐标轴呈黄色显示时即可被激活，拖动鼠标即可沿着 X 坐标轴缩放物体，如图2-29所示。

03 按 Ctrl+Z 组合键回到上一步操作。将鼠标移动到透视图中缩放 Gizmo 的 *XZ* 坐标轴上，使 *XZ* 坐标轴之间的三角形呈黄色显示，拖动鼠标进行缩放操作即可沿 *XZ* 轴方向改变图形比例，如图 2-30 所示。

图 2-29

图 2-30

04 按 Ctrl+Z 组合键回到上一步操作。将鼠标移动到透视图中缩放 Gizmo 的中心位置，拖动中心的三角形，*X*、*Y*、*Z* 轴 3 方向同时改变比例，如图 2-31 所示。

2.3 复制对象

当需要在场景中创建大量相同的对象时，为了提高创建速度，通常采用先创建其中一个对象，再通过对该对象进行复制的方法来完成其余相同对象的创建，常用的复制方法有克隆复制、镜像复制、间隔复制和阵列复制。

图 2-31

2.3.1 克隆复制

克隆复制是人们用得最多的一种复制对象的方法，3ds Max 中用于复制对象的命令位于"编辑"菜单下的"克隆"命令中。

克隆对象的操作步骤如下。

01 在场景中选择要复制的对象。

02 执行"编辑"→"克隆"命令或按快捷键 Ctrl+V，弹出"克隆选项"对话框，如图 2-32 所示。

❑ **复制** 该选项表明复制所得的物体与原物体之间是相互独立的，对其中一个物体进行修改时，都不会相互影响。

❑ **实例** 该选项表明复制所得的物体与原物体之间是相互关联的，对其中一个物体进行修

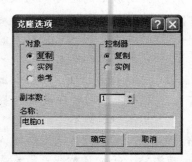

图 2-32

36

改时，都会相互影响同时发生变换。

❑　　⦿ 参考　　该选项表明复制所得的物体与原物体之间是参考关系单向关联，当对原物体进行修改时，复制物体同时会发生变换，当对复制物体进行修改时，原物体则不会受到影响，仅作为原形态的参考。

03　选择相应选项后单击"确定"按钮，即可完成物体的复制。

下面介绍几种常用的克隆复制方法。

1. 使用"移动"工具 ✛ 复制对象

其操作方法如下。

01　打开"配套光盘\第 2 章\素材库\复制工具.max"文件。

02　在视图中选择笔记本模型并按住 Shift 键不放，然后利用"移动"工具在前视图中沿 X 轴向右拖动笔记本模型，如图 2-33 所示，即可弹出"克隆选项"对话框，如图 2-34 所示。

图 2-33　　　　　　　　　　　　　　　　图 2-34

03　在对话框中设置副本数:的数值为 3，复制物体与原物体的关系为 ⦿ 实例 选项，如图 2-35 所示。单击 确定 按钮，视图中即会出现复制的 3 个笔记本模型，如图 2-36 所示。

图 2-35　　　　　　　　　　　　　　　　图 2-36

2. 使用"旋转"工具 ↻ 复制对象

在建模的过程中常遇到以某对象为圆心进行环形复制的情况，如制作与圆桌配套的椅子，此时就可通过调整对象轴的位置来进行复制，操作方法如下。

01 打开"配套光盘\第 2 章\素材库\旋转复制.max"文件。

02 在视图中选择椅子模型，单击命令面板中的层次图标 ，打开层次命令面板，单击 —— 调整轴 卷展栏中的 仅影响轴 按钮，如图 2-37 所示。再利用移动工具在顶视图中将椅子模型的轴心调整到桌子模型中心的位置，如图 2-38 所示。

图 2-37

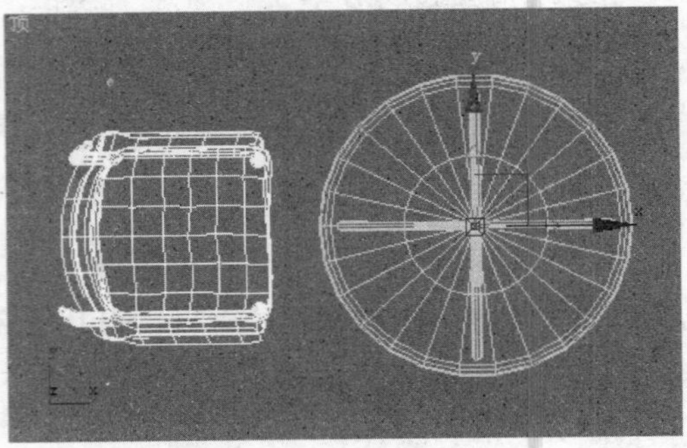

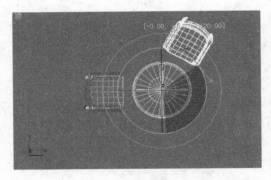

图 2-38

03 单击 —— 调整轴 卷展栏中的 仅影响轴 按钮，退出当前命令，单击工具栏中的"旋转"工具，并按住 Shift 键不放，将椅子模型在顶视图中沿 Z 轴方向向右旋转 120°，如图 2-39 所示，松开鼠标即可弹出"克隆选项"对话框，如图 2-40 所示。

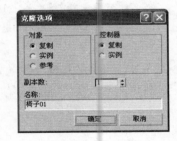

图 2-39

图 2-40

04 在该对话框中设置副本数: 的数值为 2，复制物体与原物体的关系为 ⊙ 实例 选项，如图 2-41 所示。单击 确定 按钮，视图中即会出现复制的两个椅子模型，在透视图中的效果如图 2-42 所示。

3. 使用"缩放"工具 复制对象

其操作步骤如下。

01 打开"配套光盘\第 2 章\素材库\缩放复制.max"文件。

02 在视图中选择五角星框模型并按住 Shift 键不放，利用"缩放"工具在视图中均匀缩放模型，如图 2-43 所示，并在弹出的"克隆选项"对话框中勾选 ⊙ 复制 选项即可，如图 2-44 所示。

图 2-41

图 2-42

图 2-43

图 2-44

2.3.2 镜像复制

镜像复制用于将选择对象沿设置的坐标轴方向进行移动或复制操作，其操作步骤如下。

01 打开"配套光盘\第 2 章\素材库\镜像复制工具.max"文件，如图 2-45 所示。

在前视图中选择窗帘模型，单击工具栏中的"镜像"工具 ，弹出如图 2-46 所示的"镜像"对话框。

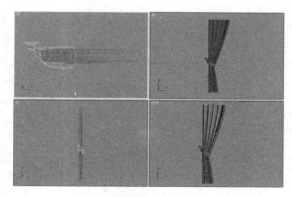

图 2-45

图 2-46

- **镜像轴:选项组** 用来设置镜像的轴向,系统提供了 X、Y、Z、XY、YZ 和 ZX 6 个选项。偏移指镜像对象轴心点与原始对象轴心点之间的偏移距离。
- **偏移:栏** 用于设置镜像物体和原始物体轴心点之间的距离。
- **克隆当前选择:选项组** 用于设置是否克隆及克隆的方法。
- **☑ 镜像 IK 限制 复选框** 勾选该复选框,则当单轴镜像几何体时,几何体的 IK 约束也将被一起镜像。

02 在"镜像"对话框中设置 偏移:参数为 1200,选择 ⦿ 实例 选项,如图 2-47 所示,即以 X 轴为镜像轴,在偏移 1200 的地方再复制一个窗帘模型,镜像复制后在透视图中的效果如图 2-48 所示。

图 2-47

图 2-48

> **提示**
>
> 在"镜像"对话框中若选择 ⦿ 不克隆 选项,物体则不进行复制,仅执行镜像命令。

2.3.3 间隔复制

间隔工具位于"附加"工具栏,可以通过执行"自定义"→"显示 UI"→"显示浮动工具栏"菜单命令显示。主要用于以当前物体为参考,通过拾取路径的方式沿路径进行一系列复制操作,其操作步骤如下。

01 打开"配套光盘\第 2 章\素材库\间隔工具.max"文件。在工具栏空白处右击,在弹出的快捷菜单中选择 附加 选项,如图 2-49 所示,即可打开"附加"工具栏,按住"阵列"工具 💠 不放即可显示下拉工具组图标,如图 2-50 所示。

图 2-49

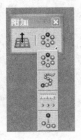

图 2-50

02 在视图中选择茶壶模型，在"附加"工具栏中按住"阵列"工具不放，选择下拉工
具组中的"间隔复制"工具 ，弹出"间隔工具"对话框，单击该对话框中的
拾取路径 按钮，在视图中单击样条线作为路径，并勾选 ☑ 计数: 选项，设置参数
为 20，如图 2-51 所示，结果如图 2-52 所示。

图 2-51

图 2-52

03 勾选"间隔工具"对话框中的 ☑ 跟随 选项与 ⊙ 中心 选项，如图 2-53 所示，此时
的效果如图 2-54 所示。

图 2-53

图 2-54

2.3.4 阵列复制

阵列主要用于以当前物体为参考，进行大规模的有规则的复制操作，其操作步骤
如下。

01 启动 3ds Max 9，打开"配套光盘\第 2 章\素材库\阵列.max"文件，选择场景中的球
体对象，单击"附加"工具栏中的"阵列"按钮，或执行"编辑" → "阵列"菜单
命令，都将弹出"阵列"对话框，如图 2-55 所示。

02 首先设置 阵列维度 选项组中的 ⊙ 1D 复制的 数量 值为 3，设置 增量行偏移 栏中的
Y 值为 500，然后在 增量 栏设置 移动 栏左侧的 Z 为 500，表示在 Z 轴上每增加 500
个单位就复制一个新物体，然后再设置 总计 栏中的 移动 栏右侧的 Z 为 1500，接着
设置 ⊙ 2D 复制的 数量 值为 3，再设置其他参数，设置完成后如图 2-56 所示。

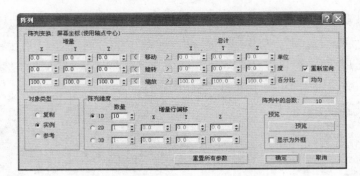

图 2-55

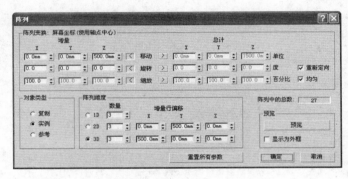

图 2-56

1. 阵列变换: 选项组

指定如何应用 3 种变化方式来进行阵列复制。

- ❑ 增量 分别用来设置 X、Y、Z 3 个轴向上阵列物体之间距离的大小、旋转、缩放程度的增量。
- ❑ 总计 分别用来设置 X、Y、Z 3 个轴向上阵列物体之间距离的大小、旋转、缩放程度的总量。
- ❑ ☑ 重新定向 决定当阵列物体绕世界坐标旋转时是否同时也绕自身坐标旋转。否则，阵列物体保持其原始方向。
- ❑ ☐ 均匀 勾选该复选框，禁用 Y、Z 轴向上的参数输入，而把 X 轴上的参数值统一应用到各个轴。

2. 阵列维度 选项组

确定阵列变换的维数，其中多维设置仅应用于位移阵列。

- ❑ ◯ 1D 、 ◯ 2D 、 ◯ 3D 根据"阵列变换"选项组的参数设置创建一维、二维和三维阵列。
- ❑ 数量 确定阵列各维上对象阵列的数量。
- ❑ 增量行偏移 在各个轴向上的偏移增量。
- ❑ 重置所有参数 重置阵列参数的初始值。
- ❑ 预览 单击该按钮可以在视图中进行预览。

□ ☐ 显示为外框 该选项将阵列结果以对象的边界盒显示，加快视图刷新速度。

03 单击 确定 按钮，阵列效果如图 2-57 所示，然后将所有的球体选中并群组，确认
前视图中球处于选择状态时右击 ↻ 按钮，在弹出的对话框中设置 偏移:屏幕 选项组
中的 X:为−45，Z: 为 45，最后利用 "移动" 工具将球与节点对齐，结果如图 2-58
所示。

图 2-57

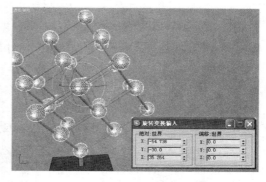

图 2-58

2.4 对齐对象

"对齐" 工具可以将当前选择的对象与目标选择进行位置对齐，对齐对象的操作步骤
如下。

01 打开 "配套光盘\第 2 章\素材库\对齐工具.max" 文件。下面准备将五角星模型的 X、
Y、Z 轴上的中心点与五角星框模型的 X、Y、Z 轴上的中心点对齐。

在视图中选择五角星模型并单击工具栏中的 "对齐" 按钮 ，将鼠标移动到视图中
的五角星框模型上，光标显示为十字形，如图 2-59 所示，此时单击对象，弹出 "对
齐当前选择" 对话框，如图 2-60 所示。

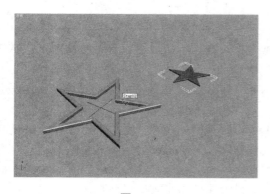

图 2-59

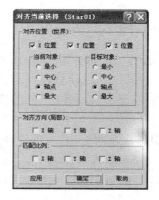

图 2-60

□ 对齐位置 (世界): 选项组 用于指定位置对齐的轴向，若选择 3 个轴，则是中心
对齐。

❏ **当前对象:选项组/目标对象:选项组** 分别用于设置当前对象与目标对象的对齐位置，对齐位置是基于对象的边界盒进行指定的。

❏ **○ 最小** 当前对象或目标对象边界盒上的最小点。

❏ **○ 中心** 当前对象或目标对象边界盒上的中心点。

❏ **○ 轴点** 当前对象或目标对象的坐标轴心点。

❏ **○ 最大** 当前对象或目标对象边界盒上的最大点。

❏ **对齐方向(局部):选项组** 用于指定对齐方向依据的轴向。

❏ **匹配比例:选项组** 用于将目标对象的缩放比例沿指定的坐标轴向施加到当前物体上。

02 勾选弹出对话框中的 **☑ X 位置**、**☑ Y 位置**、**☑ Z 位置** 选项，在 **当前对象:** 和 **目标对象:** 组中都勾选 **○ 中心** 选项，如图 2-61 所示，将对象进行中心对齐，再单击 **确定** 按钮，对齐效果如图 2-62 所示。

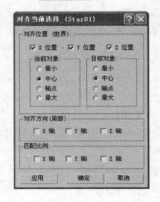

图 2-61

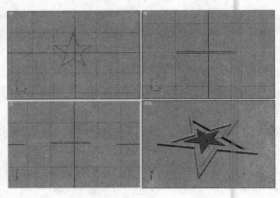

图 2-62

> **！提示**
>
> 对齐的对象可以是空间模型，也可以是灯光、摄像机，还可以是空间扭曲。按快捷键 Alt+A 可激活对齐工具。

另外，在 3ds Max 中还有一些其他的对齐方式，如快速对齐、法线对齐、放置高光、对齐摄像机、对齐视图等。要切换成相应的对齐方式，用鼠标左键按住主工具栏上的 ✦ 按钮不放，弹出下拉按钮，如图 2-63 所示，然后将鼠标移动到要切换的按钮上即可。

❏ **快速对齐** ✦ 用于快速使当前对象与目标对象进行中心对齐，其快捷键为 Shift+A。

❏ **法线对齐** ✦ 用于将两个对象在法线方向上相切对齐。

❏ **放置高光** ✦ 用于将当前对象与目标对象的高光点进行精确定位来进行对齐。

❏ **对齐摄像机** ✦ 用于将摄像机与选定面的法线对齐，它的使用方法与放置高光类似。

❏ **对齐视图** ✦ 用于将选择对象自身坐标轴与激活视图对齐，如图 2-64 所示。

图 2-63

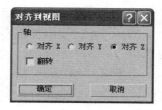

图 2-64

2.5 辅助设置

"捕捉"工具的功能相当强大，可通过捕捉对象上的相应点进行精确建模，可以通过捕捉当前对象与目标对象上对应的点进行位置对齐等，它在效果图的制作过程中使用非常频繁。

设置捕捉参数的具体方法如下。

01 单击工具栏中的"三维捕捉工具"按钮，该按钮呈状态，表明已启动三维捕捉功能。

! 提 示

3ds Max 提供了 5 种捕捉方式，分别是二维捕捉、2.5 维捕捉、角度捕捉切换、百分比捕捉切换、微调节器捕捉切换，要切换成或捕捉方式，用鼠标左键按住捕捉开关按钮不放，弹出下拉按钮，如图 2-65 所示，然后将鼠标移动到要切换的按钮上即可。

02 在"三维捕捉工具"按钮上右击，将打开"栅格和捕捉设置"对话框。

03 在该对话框中勾选 + ☑ 顶点、☑ 端点 和 ☑ 中点 3 个常用的捕捉方式选项即可，如图 2-66 所示。

04 最后，单击对话框右上角的"关闭"按钮，关闭该对话框即可。

图 2-65

图 2-66

! 提 示

"栅格和捕捉设置"对话框中列举了 12 种对象捕捉方式，分别以复选框的形式显示，一次可选择 1 种或多种捕捉方式。单击 清除全部 按钮，可清除当前选择的所有捕捉方式。

2.6 组的操作

成组命令用于将当前选择的多个物体定义为一个组，以后的各种编辑变换等操作都针对整个组中的物体。在场景中单击成组内的物体将选择整个成组。

操作步骤如下。

01 打开"配套光盘\第 2 章\素材库\柜子.max"文件，确认工具栏中的 ↕ （选择对象）与 ▣ （窗口）按钮为激活状态，在视图中用框选的方式选择柜子上的物体，如图 2-67 所示。

02 执行"组"→"成组"菜单命令，在弹出的名称输入框中将群组命名为"装饰品"，如图 2-68 所示，单击 确定 按钮完成成组操作。此时用"选择"工具单击桌子上的"碗"对象将选择整个"装饰品"群组对象。

图 2-67

图 2-68

03 在视图中选择群组并执行"组"→"解组"菜单命令，将"装饰品"群组打散。此时用"选择"工具在场景中单击"碗"对象就只能选择"碗"一个物体。

04 在场景中选择如图 2-69 所示的碗和果子物体，将成组命名为"装饰碗"。在视图中选择成组物体并执行"组"→"打开"菜单命令，将组暂时打开。这时群组物体周围出现粉红色虚拟框，如图 2-70 所示。这时可选择组中个别物体进行单独的变换和编辑操作。

图 2-69

图 2-70

05 在视图中选择暂时打开的成组中的任意物体，执行"组"→"关闭"菜单命令，将打开的组关闭。

06 在视图中选择如图 2-71 所示的"蜡烛"对象，执行"组"→"附加"菜单命令，再单击"装饰碗"组对象，"蜡烛"就加入到"装饰碗"组中了，如图 2-72 所示。

图 2-71

图 2-72

07 执行"组"→"打开"菜单命令打开组，再选择需要分离的对象，执行"组"→"分离"菜单命令即可将选择对象从组中分离出来。

2.7 案例详解——制作博古架

通过本章的学习，相信大家已经熟练掌握了 3ds Max 的一些基本操作，下面将通过一个简单模型的制作来熟悉这些工具的使用方法和技巧。本例将制作如图 2-73 所示的博古架，主要练习移动工具、长方体、复制、镜像、对齐等命令的使用方法和技巧。

图 2-73

📓 操作步骤

1. 设置系统单位

01 执行"自定义"→"单位设定"菜单命令，在弹出的"单位设置"对话框中选择 ⊙ 公制 选项下拉列表框中的 毫米 选项，将绘图单位设置为毫米，如图 2-74 所示。

02 单击 系统单位设置 按钮，弹出"系统单位设置"对话框，选择 系统单位比例 下拉列表框中的 毫米 选项，将系统单位设置为毫米，如图 2-75 所示。

2. 创建博古架模型

01 单位设置好后，下面制作模型。单击 ◎ （几何体）创建命令面板下 标准基本体 栏中的 长方体 按钮，在顶视图中创建长方体，并命名为"顶面"，在透视图中的效果与参数设置如图 2-76 所示。

图 2-74

图 2-75

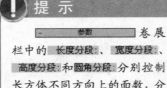

提示

 卷展栏中的 长度分段:、宽度分段:、高度分段:和圆角分段:分别控制长方体不同方向上的面数,分段参数值越大物体面数越多,物体表面越精细,同样也会影响渲染速度。

02 接下来制作博古架两侧的立板。单击 长方体 按钮,在前视图中创建长度:为 2200、宽度:为 40、高度:为 250 的长方体并命名为"立柱板",参数与效果如图 2-77 所示。

03 单击工具栏中的"对齐"工具 ,光标变成十字形后单击"顶面"长方体,在弹出的"对齐当前选择"对话框中勾选选项,如图 2-78 所示,将两对象在 X、Y、Z 轴上最大边

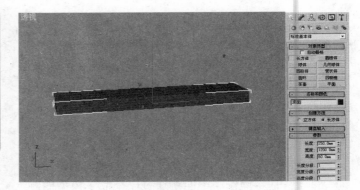

图 2-76

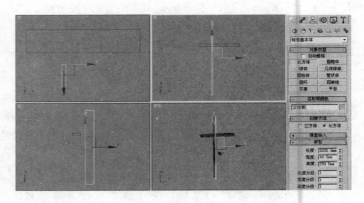

图 2-77

48

对齐;再单击 应用 按钮,选择选项如图 2-79 所示,将"立柱板"在 Y 轴上的最大边与"顶面"在 Y 轴上的最小边对齐。

04 完成后单击 确定 按钮,关闭对话框,结果如图 2-80 所示。

05 确认"立柱板"为选择状态,按住 Shift 键,将其在前视图中沿 X 轴向左进行移动复

制,并在弹出的"克隆选择"对话框中勾选 ⦿ 实例 选项,如图 2-81 所示,并单击 确定 按钮关闭对话框。再单击工具栏中的"对齐"工具,光标变成十字形后单击"顶面"长方体,在弹出的"对齐当前选择"对话框中勾选选项如图 2-82 所示。

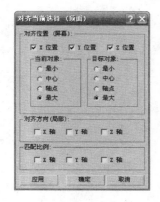

图 2-78

图 2-79

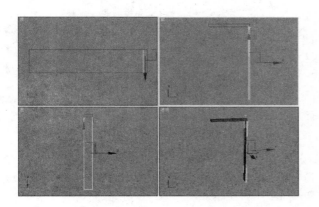

图 2-80

图 2-81

06 单击 确定 按钮,关闭"对齐当前选择"对话框,结果如图 2-83 所示。

图 2-82

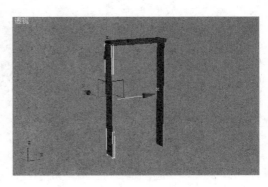

图 2-83

07 在前视图中选择"顶面"对象，按住 Shift 键，将其沿 Y 轴向下进行移动复制，并在弹出的"克隆选择"对话框勾选 ● 复制 选项，进入 ✎ 修改命令面板，修改 高度: 参数为 40，效果与参数如图 2-84 所示。

08 参照以上创建方法，单击几何体创建命令面板中的 长方体 按钮，在前视图中创建两个 长度: 为 710、宽度: 为 550、高度: 为 220 的长方体制作柜门，并结合"对齐"工具，对位置进行对齐，结果如图 2-85 所示。

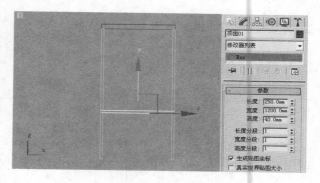

图 2-84

09 接下来制作木隔板。单击 长方体 按钮，在前视图中创建 长度: 为 870、宽度: 为 40、高度: 为 220 和 长度: 为 40、宽度: 为 750、高度: 为 220 的两长方体隔板，效果与位置如图 2-86 所示。

10 在前视图中选择以上创建的两隔板，单击工具栏中的"镜像"工具按钮 ⋈，在弹出的"镜像"对话框中设置参数如图 2-87 所示，单击 确定 按钮，关闭对话框，效果如图 2-88 所示。

图 2-85

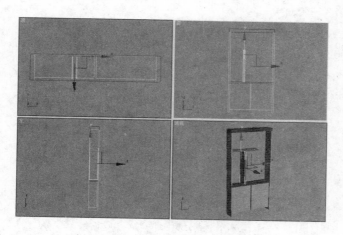

图 2-86

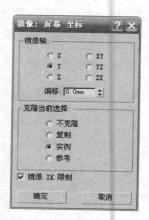

图 2-87

11 单击工具栏中的"移动"工具，调整镜像后所得的隔板位置，结果如图 2-89 所示，这样博古架就做好了。

50

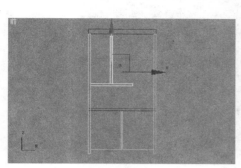

图 2-88

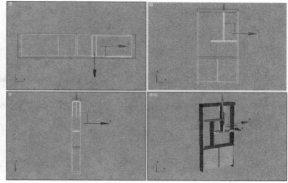

图 2-89

归 纳 总 结

　　本章主要学习了 3ds Max 9 对象的基本操作，具体为掌握多种选择对象、复制对象的方法以及他们的适用范围，掌握精确移动对象、旋转对象的方法和技巧。最后通过一个简单的模型制作来进一步熟练、掌握这些方法和技巧的应用。对象的基本操作是创建模型的基础，只有熟练掌握了这些基本操作方法和技巧，才能提高工作效果，从而快速准确地创建用户需要的模型。

互 动 练 习

1．选择题

（1）将物体进行变换复制时必须按（　　）键。

　　A．Ctrl　　　　　　　　B．Shift　　　　　　　C．Alt　　　　　　　　D．Ctrl+Shift

（2）可对选择物体进行复制的操作有哪些？（　　）

　　A．按住 Shift 键并结合工具栏中的 ✛ 、 ↻ 或 ▫ 工具按钮

　　B．单击工具栏中的 ▨ 工具按钮

　　C．单击工具栏中的 ✿ 工具按钮

　　D．按 Ctrl+C 组合键，再按 Ctrl+V 组合键

（3）状态栏中的 🔒 按钮可用于锁定（　　）。

　　A．选择的灯光

　　B．选择的多个物体

　　C．视图中没有被选择的所有物体

　　D．选择的摄像机

2．上机题

利用本章所学的对齐知识将图 2-90 左图中的物体对齐成右图所示的效果。

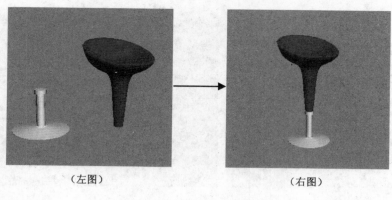

（左图）　　　　　　　　　　　（右图）

图 2-90

第 3 章　简单三维模型的创建

 学习目标

　　前面已经学习了 3ds Max 9 文件和对象的基本操作等基础知识，本章将学习创建基本三维体的步骤和方法，主要掌握标准基本体和扩展基本体的创建方法，只有掌握这些最基本、最简单的三维模型的创建方法和技巧，才能为创建复杂的三维模型打下坚实的基础。

 要点导读

1. 认识创建命令面板
2. 创建标准基本体模型
3. 创建扩展基本体模型
4. 案例详解——创建地球仪模型
5. 案例详解——创建足球模型

 精彩效果展示

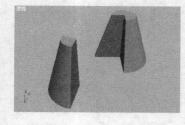

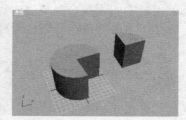

3.1 认识创建命令面板

3ds Max 中的所有对象都是通过创建命令面板来完成的，因此，首先来认识下创建命令面板。单击创建命令面板图标，将展开创建面板，面板上的 （几何体）、 （图形）、 （灯光）、 （摄像机）、 （辅助对象）、 （空间扭曲）和 （系统）按钮分别代表相应的创建对象面板，如图 3-1 所示，单击以上按钮可进行面板切换。

几何体创建面板

二维图形创建面板

灯光创建面板

摄像机创建面板

辅助对象创建面板

空间扭曲创建面板

系统创建面板

图 3-1

在 3ds Max 系统中提供了多种多样的建模方式，它们都有各自不同的应用场合。从简单的"标准几何体"、"扩展几何体"到"复合物体"，再到高级的表面建模，如多边形建模、NURBS 建模、细分建模等，可谓种类齐全，功能强大。

其中"标准基本体"和"扩展基本体"是系统默认的原始创建命令，是建模过程中使用最多的面板，也是创建复杂模型的基础，因此大家应熟练掌握基本三维实体的创建方法，下面将重点介绍这两种基本体的创建方式。

3.2 创建标准基本体模型

单击 （创建）面板下的 按钮，进入 标准基本体 创建面板，该面板为系统默认打开的面板，在面板中提供了 10 种标准几何体，如图 3-2 所示。单击面板中的各按钮，在视图中拖动鼠标即可完成几何体的创建，也可以通过键盘输入其基本参数的方法来创建几何体，这些几何体都是相对独立不可再拆分的，如图 3-3 所示。

图 3-2

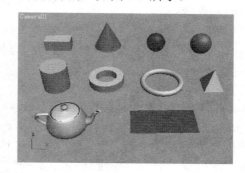

图 3-3

3.2.1 长方体

长方体（立方体）在生活中较为常用，也是最为简单的几何体。它的大小主要由长方体的长度、宽度、高度 3 个参数值来确定。同样，它的面数由对应的长度分段数，宽度分段数和高度分段数 3 个参数来决定，创建长方体的基本步骤如下。

01 依次单击创建面板中的 、 、 长方体 按钮，激活长方体命令。

02 在顶视图中单击并拖动鼠标，拉出矩形底面。

03 释放并拖动鼠标，拉出长方体高度。

04 单击鼠标，完成长方体的创建，效果与参数面板如图 3-4 所示。

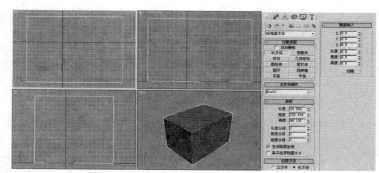

图 3-4

! 提 示

（1）"名称和颜色"卷展栏 用于设置长方体的名称和颜色。

（2）"参数"卷展栏 用于设置长方体的长、宽、高等参数值。

① 长度\ 宽度\ 高度: 其后面的参数框用于设置长方体的长度、宽度、高度。

② 长度分段\ 宽度分段\ 高度分段: 其后面的参数框用于设置长方体的面数即分段数，分段数越多则物体表面越细腻，渲染所需的时间也会相应地增加。

③ ☑ 生成贴图坐标 该选项为系统默认选项，表明创建的对象自带贴图坐标。

④ ☐ 真实世界贴图大小 勾选该选项，将以真实世界贴图大小在对象上显示贴图。

（3）"创建方法"卷展栏 用于选择创建对象的类型。

① ◯ 立方体 选择该选项时，将创建立方体。

② ◉ 长方体 该选项为系统默认选项，即需要通过指定长方体的长、宽、高参数创建对象。

（4）"键盘输入"卷展栏 通过键盘输入坐标参数，输入长方体的长、宽、高参数值，再单击 创建 按钮，完成创建对象的操作。

3.2.2　球体

3ds Max 9 提供了经纬球体和几何球体两种球体模型。无论是哪种球体模型，只要确定半径和分段数这两个参数的值，就可以确定一个球体的大小及形状。创建球体的基本步骤如下。

01 依次单击创建命令面板中的 、 、 **球体** 按钮，激活球体命令。

02 在顶视图中单击鼠标，按住鼠标左键不放并向外拖动会产生逐渐增大的球体。

03 到适当位置后松开鼠标左键，球体就创建好了，其效果与参数如图 3-5 所示。

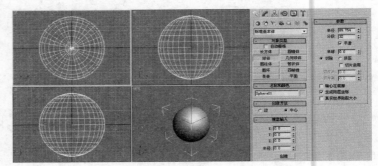

图 3-5

❑ **半径**　设置球体半径大小。

❑ **分段**　设置球体表面划分段数，其参数越多球体表面越光滑，渲染所需要的时间也会相应地增加。

❑ **半球**　它用来设置球体的完整性，数值有效范围是 0~1。当数值为 0 时，不对球体产生任何影响，球体仍保持其完整性；随着数值的增加，球体越来越趋向于不完整。当数值为 0.5 时，球体成为标准的半球体；当数值为 1 时，几何体在视图中完全消失。

❑ **切除/挤压**　创建半球后，对步幅数的两种处理方式。

❑ **切片启用**　勾选该选项后，可以创建以半圆为截面的切片球体，如图 3-6 所示。

❑ **切片从**　切片开始的角度。

❑ **切片到**　切片结束的角度。

❑ **轴心在底部**　它用来确定球体坐标系的中心是否在球体的生成中心。系统默认为不选中该选项，即球体坐标系的中心就位于球体中心；当勾选该复选框后，系统就以创建球体的第一个初始点为球体坐标系的中心。

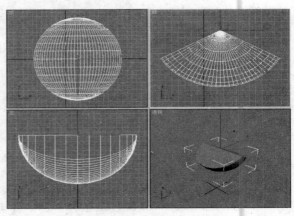

图 3-6

3.2.3　圆柱体

圆柱体的大小由半径和高度两个参数确定，网格的疏密由高度分段数、顶面分段数和边数来决定。创建圆柱体的基本步骤如下。

01 依次单击命令面板中的 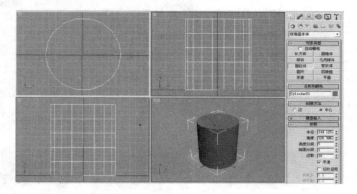 、 、 圆柱体 按钮，激活圆柱体命令。

02 在顶视图中单击鼠标，按
住鼠标左键不放并向外
拖动出圆柱体的底面或
顶面。

03 到适当位置后松开鼠标
左键，再向上或向下拖动
确定圆柱体的高度。

04 最后单击鼠标左键，完成
圆柱体的创建，其创建效
果与参数面板如图 3-7
所示。

图 3-7

❑ 半径： 用于设置圆柱体的底面圆的半径大小。

❑ 高度： 用于设置圆柱体的高度。

❑ 高度分段： 设置圆柱体高的分段数。

❑ 端面分段： 设置圆柱体顶面与底面的分
段数。

❑ 边数： 设置圆柱体边的分段数，边数越
多表面越光滑。

❑ ☑ 平滑 该选项用于设置圆柱体是否进
行光滑处理。

❑ ☐ 切片启用 勾选该选项后，可以创建以
半圆为截面的切片球体，如图 3-8 所示。

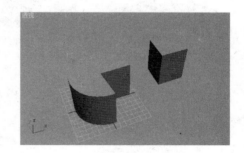

图 3-8

3.2.4 圆环

圆环是一个基本圆环状的物体，通过调整外圆半径和内圆半径参数，可以使圆环产
生各种效果。创建圆环的基本步骤如下。

01 依次单击命令面板中的 、 、
圆环 按钮，激活圆环命令。

02 在顶视图中单击并按住鼠标左
键拖动，拉出外圆环形体，并松
开左键确定外圆环大小。

03 再移动鼠标，拉出内圆环形体。

04 单击左键，完成圆环形体的创
建，其创建效果与参数面板如图
3-9 所示。

❑ 半径 1： 用于设置圆环中

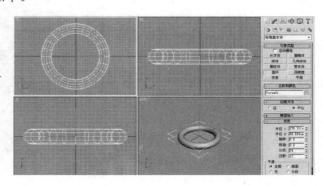

图 3-9

心与外圆环之间的半径。

- ❑ **半径 2**: 用于设置圆环中心与内圆环之间的半径。
- ❑ **旋转**: 设置圆环每片截面沿圆环中心的旋转角度。
- ❑ **扭曲**: 设置圆环每片截面沿圆环中心的扭曲角度。
- ❑ **分段**: 设置多边形环的边数,超过一定数值视觉上为圆环。
- ❑ **平滑**: 设置圆环是否进行光滑处理。选中 ⦿**全部**选项,对所有表面进行光滑处理;选中 ⦿**侧面**选项,对相邻的边界进行光滑处理;选中 ⦿**无** 选项,不进行任何光滑处理;选中 ⦿**分段** 选项,对每个独立的片段进行光滑处理,效果如图 3-10 所示。

"全部"选项效果　　　"侧面"选项效果　　　"无"选项效果　　　"分段"选项效果

图 3-10

- ❑ ☐**切片启用**　勾选该选项后,可以创建切片圆环体,效果如图 3-11 所示。

3.2.5　茶壶

图 3-11

茶壶在 3ds Max 中是一个简单的实体样本模型,其属性参数能对茶壶的各个组成元素进行隐藏或显现,更利于观察。创建茶壶的基本步骤如下。

- 01 依次单击命令面板中的 、 、 **茶壶** 按钮,激活茶壶命令。
- 02 在顶视图中单击并按住鼠标左键拖动,拉出茶壶形体。这时可以看到一个由小到大的茶壶出现在视图中。
- 03 释放鼠标,完成茶壶形体的创建,其创建效果与参数面板如图 3-12 所示。
  - ❑ **半径**: 设置茶壶的大小。
  - ❑ **分段**: 设置茶壶表面的划分段数。

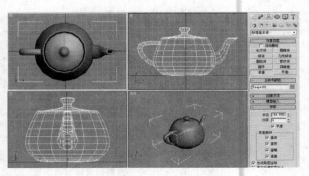

图 3-12

- ❑ **茶壶部件** 茶壶分为 ☑**壶体** 、 ☑**壶把** 、 ☑**壶嘴** 、 ☑**壶盖** 4 部分。系统默认 4 个复选框都勾选上的，取消勾选可以使其隐藏，效果如图 3-13 所示。

隐藏"壶体"效果　　隐藏"壶把"效果　　隐藏"壶嘴"效果　　隐藏"壶盖"效果

图 3-13

3.2.6　圆锥体

圆锥体是类似于圆柱体的物体，可以用于制作喇叭等物体。创建圆锥体的基本步骤如下。

01 依次单击命令面板中的 🔩、⬤、 圆锥体 按钮，激活圆锥体命令。

02 在顶视图中单击并按住鼠标左键拖动，拉出圆锥体的底面，并松开鼠标左键。

03 移动鼠标拉出圆锥体的高度后单击鼠标左键，再次移动鼠标调整顶面的大小。

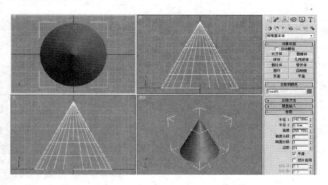

04 单击鼠标左键，完成圆锥体的创建，其创建效果与参数面板如图 3-14 所示。

图 3-14

❑ 半径 1: 用于设置圆锥体的底面半径。

❑ 半径 2: 用于设置圆锥体的顶面半径，该数值为 0 则为圆锥体，不为 0 则为圆台体，效果如图 3-15 所示。

"半径 2"参数为 0 的效果　　　　　　"半径 2"参数不为 0 的效果

图 3-15

❑ ☑ 平滑　用于设置圆锥表面是否进行光滑处理。

❑ ☐ 切片启用　勾选该选项后，可以创建切片圆锥体，效果如图 3-16 所示。

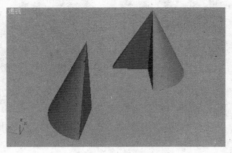
圆锥体切片效果

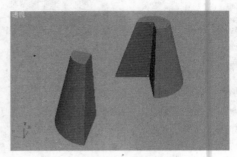
圆台体切片效果

图 3-16

3.2.7　几何球体

几何球体与球体近似，球体是以多边形相接构成球体，而几何球体是以三角面相接构成球体，创建球体的基本步骤如下。

01 依次单击命令面板中的 ⬚、⬤、几何球体 按钮，激活几何球体命令。

02 在顶视图中单击并按住鼠标左键拖动，拉出几何球体模型。

03 松开鼠标左键，完成几何
球体的创建，其创建效
果与参数面板如图 3-17
所示。

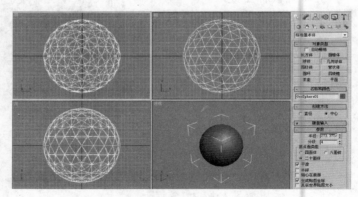

❑ 半径：用于设置几
何球体的半径大小。

❑ 基点面类型　用于确定
几何球体的表面形
态，当选择 ⊙ 四面体选
项时，几何球体表面
不是很光滑；当选择

图 3-17

⊙ 八面体选项时，几何球体表面变得光滑；当选择 ⊙ 二十面体选项时，几何球体与球体更加接近，表面变得更加光滑，效果如图 3-18 所示。

"四面体"选项效果

"八面体"选项效果

"二十面体"选项效果

图 3-18

❑ ☑平滑　　用于设置几何球体表面是否进行光滑处理，在系统默认情况下为选择
　　状态，当取消该选项时，几何球体表面由多个平面组成，效果如图 3-19 所示。

系统默认选择"平滑"选项时的效果

不选择"平滑"选项时的效果

图 3-19

❑ ▢半球　　勾选该复选框，将创建半球。
❑ ▢轴心在底部　　勾选该复选框，几何球体的轴心由系统默认的球心位置变为几何球
　　体的底部，效果如图 3-20 所示。

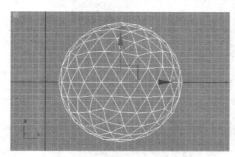
系统默认轴心位置

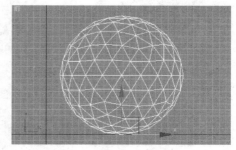
选择"轴心在底部"选项后的轴心位置

图 3-20

3.2.8　管状体

几何体创建面板中的"管状体"命令用于创建圆管体，创建圆管体的基本步骤如下。

01 依次单击命令面板中的 ⬚、⬚、　管状体　按钮，激活管状体命令。

02 在顶视图中单击并按住鼠标左键拖动，拉出管状体内圆的半径，松开鼠标左键，移
　　动鼠标拉出高度后单击鼠标左键，再次移动鼠标拉出外圆的半径。

03 单击鼠标左键，完成管状体的创建，其创建效果与参数面板如图 3-21 所示。

❑ 半径 1：　设置管状体的内圆半径。
❑ 半径 2：　设置管状体的外圆半径。
❑ 边数：　用于设置管状体表面的光滑度，参数越大，管状体表面越接近圆，面数
　　也越多，当参数为 5 时，创建的管状体效果如图 3-22（a）所示。
❑ ☑平滑　　用于设置管状体表面是否进行光滑处理，当取消该选项时，创建的管

状体效果如图 3-22
（b）所示。

❑ ▢ 切片启用　勾选该选
项后，可以创建切片
管状体，效果如图
3-22（c）所示。

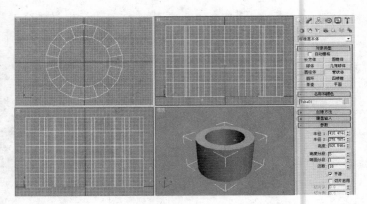

图 3-21

3.2.9　四棱锥

四棱锥是一个基本的四
角棱锥，创建棱锥的基本步骤
如下。

（a）边数为 5 时的效果

（b）取消"平滑"选项后的效果

（c）切片效果

图 3-22

01　依次单击命令面板中的
　　　　、　　　、　四棱锥　按
　　钮，激活四棱锥命令。

02　在顶视图中单击并按住
　　鼠标左键拖动，拉出棱
　　锥的底面，松开鼠标左
　　键，移动鼠标拉出棱锥
　　的高度。

03　单击鼠标左键，完成棱
　　锥的创建，其创建效果
　　与参数面板如图 3-23
　　所示。

❑ 宽度：用于设置棱锥的宽度。

❑ 深度：用于设置棱锥的深度。

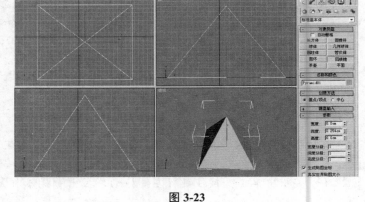

图 3-23

3.2.10　平面

几何体创建面板中的　平面　按钮，用于创建方形平面体，创建平面的基本步骤如下。

01　依次单击命令面板中的
　　 、 、 **平面** 按钮，
　　激活平面命令。

02　在顶视图中单击并按住鼠
　　标左键拖动，拉出平面。

03　松开鼠标左键，完成平面
　　的创建，其创建效果与参
　　数面板如图 3-24 所示。

　　❑ **渲染倍增** 选项组　用
　　　于设置平面渲染的缩
　　　放比例及其密度，包
　　　括两个复制项：**缩放:** 和 **密度:**。

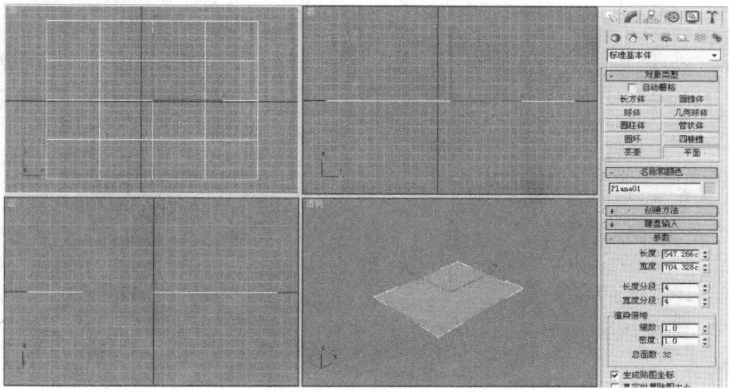

图 3-24

3.3　案例详解——创建地球仪模型

本例将通过创建一个简单的地球仪模型来练习 **圆柱体** 、 **圆锥体** 、 **圆环** 和
球体 等标准基本体模型的创建方法和技巧，完成后的效果如图 3-25 所示。

操作步骤

01　依次单击创建命令面板中的 、 、 **圆柱体** 按钮，激活圆柱体命令，在顶视图
　　中创建圆柱体并命名为"底座"，在透视图中的效果与参数设置如图 3-26 所示。

图 3-25

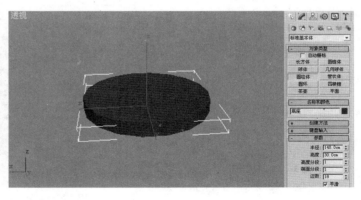

图 3-26

02　单击几何体创建面板 中的 **圆锥体** 按钮，在顶视图中创建圆锥体并命名为"支
　　架"，在透视图中的效果与参数设置如图 3-27 所示。

03　单击工具栏中的"对齐"工具按钮 ，光标变成对齐图标，单击顶视图中的"底座"
　　对象，弹出"对齐当前选择"对话框，选择选项如图 3-28 所示，再单击 **应用** 按钮，
　　选择选项如图 3-29 所示。

04　完成以上设置后，单击 **确定** 按钮，关闭对话框，对齐后的效果如图 3-30 所示。

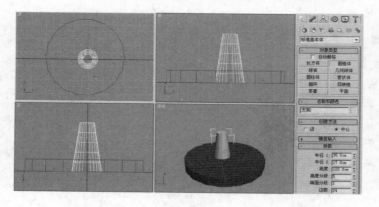

图 3-27

图 3-28

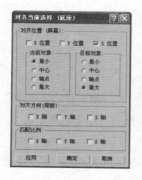

图 3-29

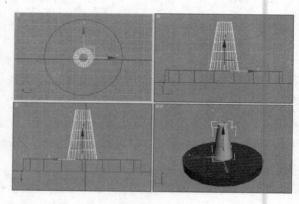

图 3-30

05 单击几何体创建面板中的 圆柱体 按钮，在顶视图中创建圆柱体并命名为"支点"，参照支架与底座的对齐方法，将其与支架对齐，在透视图中的效果与参数设置如图 3-31 所示。

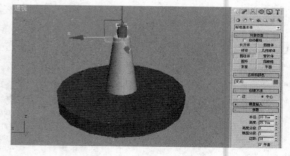

图 3-31

06 单击 圆环 按钮，在前视图中创建圆环，并命名为"边框"，勾选 ☑ 切片启用 选项，效果与参数设置如图 3-32 所示。

07 确认"边框"处于选择状态，单击工具栏中的"对齐"工具按钮，光标变成对齐图标，单击顶视图中的"支点"对象，弹出"对齐当前选择"对话框，选择选项如图 3-33 所示，再单击 应用 按钮，选择选项如图 3-34 所示。

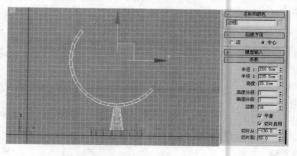

图 3-32

图 3-33   图 3-34

08 完成以上设置后，单击 确定 按钮，关闭对话框，对齐后的效果如图 3-35 所示。

09 接下来制作地球，单击 球体 按钮，在顶视图中创建 半径:为 220 的圆球，命名为 "地球"，并单击工具栏中的"移动"工具，对球体的位置进行调整，最终效果与参数如图 3-36 所示。

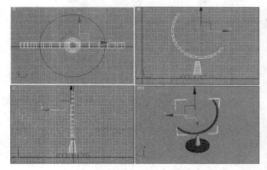
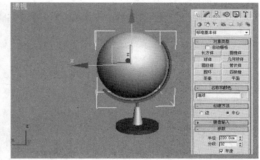

图 3-35   图 3-36

10 再单击 圆柱体 按钮，在左视图中创建 半径:为 8，高度:为 510 的圆柱体，命名为 "轴"，单击工具栏中的"移动"工具，在前视图中将"轴"移动到"地球"的中心位置，再单击工具栏中的"角度捕捉切换"工具 ⟁，单击"旋转"工具，将"轴"沿 Z 轴方向旋转–40°，如图 3-37 所示。

11 再单击工具栏中的"移动"工具，在前视图中对"轴"的位置进行调整，使其穿过球体，并与"边框"两端相交，这样地球仪就做好了，效果如图 3-38 所示。

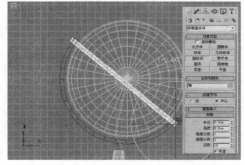

图 3-37   图 3-38

3.4 创建扩展基本体模型

扩展基本几何体常用于创建复杂或不规则的几何形体，在创建几何体命令面板的 标准基本体 ▼ 下拉列表框中选择 扩展基本体 选项即可打开扩展几何体的创建命令面板，系统提供了 13 种扩展几何体，如图 3-39 所示。单击面板中的各按钮，在视图中拖动鼠标即可完成扩展几何体的创建，也可以通过键盘输入其基本参数来创建的扩展几何体，创建的扩展几何体都是相对独立不可再拆分的几何体，如图 3-40 所示。

图 3-39

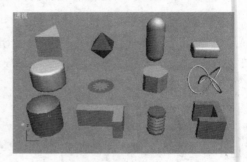

图 3-40

66

3.4.1 异面体

异面体是一个有多个面且具有鲜明棱角形状特点的扩展几何体，其创建方法与几何体的创建方法类似，这里就不再详细讲述，创建的异面体效果与参数面板如图 3-41 所示。

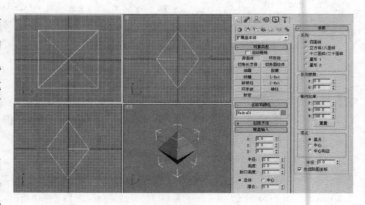

图 3-41

❑ 系列:选项组　该选项组用于选择异面体的各种造型，包括 ⊙ 四面体 、○ 立方体/八面体 、○ 十二面体/二十面体 以及 ○ 星形 1 和 ○ 星形 2 5 个选项，⊙ 四面体 为系统默认选项，当选择其他的选项时，创建的异面体效果如图 3-42 所示。

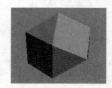
"立方体/八面体"效果

"星形 1"效果

"星形 2"效果

"十二面体/二面体"效果

图 3-42

- ❑ 系列参数:选项组 该选项组包含 P:值和 Q:值,当选择 ⊙ 星形 2 类型选项时,调整 P:值 为 0.5,此时创建的异面体效果如图 3-43 所示。
- ❑ 轴向比率:选项组 该选项组中的参数选项是用来确定异面体每个面的形状的,有 P:、Q:和 R:3 种数值,当选择 ⊙ 星形 2 类型选项时,设置 P:值为 135、Q:值为 45、 R:值为 110,此时异面体的效果如图 3-44 所示。

图 3-43

图 3-44

3.4.2 切角长方体

"切角长方体"命令可创建立方体的变形几何体,就是对立方体的角进行圆角处理后 的几何体。其创建方法与长方体的创建方法类似,这里不再详细讲述,创建的倒角立方 体效果与参数面板如图 3-45 所示。

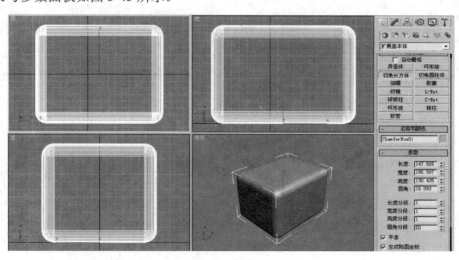

图 3-45

- ❑ 圆角: 设置倒角边圆度的参数。
- ❑ 圆角分段: 设置圆角的划分段数,当圆角分段参数为 1 时,创建的切角长方体没 有圆角效果,是长方体。
- ❑ ☑ 平滑 勾选该复选框将对切角长方体进行光滑处理。

3.4.3 油罐

"油罐"命令用于创建带有球状顶面的圆柱体。油罐的造型效果与参数面板如图 3-46 所示。

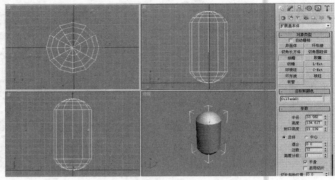

□ **封口高度**：设置油桶状物体两端凸面顶盖的高度。

□ ● **总体** 测量油桶的全部高度，包括油桶的柱体和顶盖部分。

□ ○ **中心** 只测量油桶柱状高度，不包括顶盖高度。

图 3-46

□ **混合**：用于设置边缘倒角，光滑顶盖的柱体边缘，混合参数为 0 和 9 的油罐体效果如图 3-47 所示。

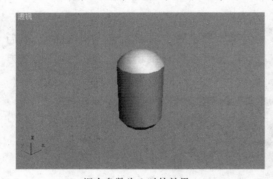

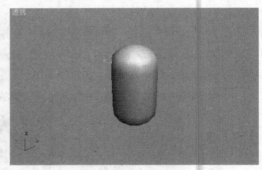

混合参数为 0 时的效果   混合参数为 9 时的效果

图 3-47

3.4.4 纺锤

"纺锤"命令用于创建两端带有圆锥尖顶的柱体，其效果与参数面板如图 3-48 所示。

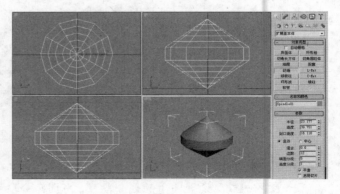

□ **封口高度**：用于设置两端纺锤体的高度，当参数为 **高度:** 参数值的一半时，纺锤体没有高度，是只呈现两端的圆锥体；当封口高度小于高度参数的一半时，效果如图 3-49 所示。

图 3-48

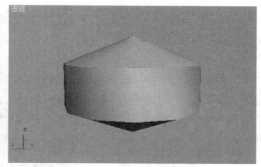

封口高度=高度参数 1/2 时的效果　　　　　　　封口高度＜高度参数 1/2 时的效果

图 3-49

❏ ⦿ 总体　　在系统默认情况下，该选项为选择状态，当选择 ⦿ 中心 选项时，纺
　　锤体中间圆柱体的高度变长，效果如图 3-50 所示。

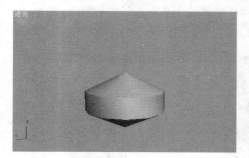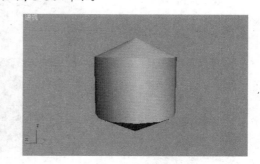

"总体"选项效果　　　　　　　　　　　　　"中心"选项效果

图 3-50

❏ 边数：　用于设置纺锤体的边数，参数越大，表面越光滑。

❏ 混合：　用于设置边缘倒角，光滑端盖的柱体边缘。

❏ ☑ 平滑　　勾选该复选框将对纺锤体进行光滑处理，系统默认该选项为勾选状
　　态，当取消该选项勾选时，效果如图 3-51 所示。

❏ ☐ 启用切片　　勾选该选项，可设置切片起始位置：和切片结束位置：栏的参数制作切
　　片效果，如图 3-52 所示。

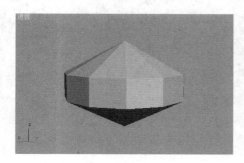

图 3-51　　　　　　　　　　　　　　　　　　图 3-52

3.4.5　球棱柱

"球棱柱"用于创建规则的三棱柱、五棱柱等多边棱体，其创建方法与圆柱体的创建方法相同。创建的球棱柱效果与参数面板如图 3-53 所示。

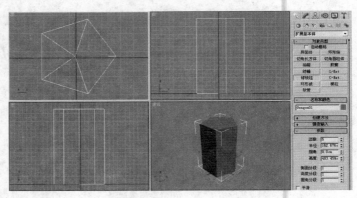

图 3-53

❑ **边数**：通过设置"边数"参数值，可以制作多边棱柱体，边数越大，棱柱表面越光滑，越接近圆柱体。图 3-54 所示的是不同边数的棱柱体效果。

边数为 3 的棱柱体　　　　边数为 4 的棱柱体　　　　边数为 20 的棱柱体

图 3-54

❑ **圆角**：通过设置"圆角"参数值，可以对多边棱柱每个角进行圆角，圆角效果由**圆角分段**参数控制，"圆角分段"参数越大，圆角效果越明显，效果如图 3-55 所示。

3.4.6　环形波

使用"环形波"对象来创建一个环形，可以利用它的图形设置动画，如制作星球爆炸产生的冲击波。

"环形波"是"扩展基本体"中的一个特殊的造型，它的创建方法很简单，直接在顶视图中单击并按住鼠标左键不放拖出环形波，松开鼠标确定半径大小，再向圆心移动鼠标拉出环形宽度并单击鼠标即可，其创建效果与面板参数如图 3-56 所示。

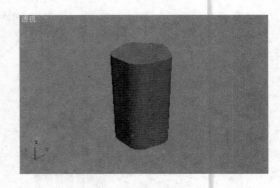

图 3-55

- ❑ **开始时间**：设置
  环形从零开始
  的那一帧。
- ❑ **增长时间**：设置
  达到最大时需
  要的帧数。
- ❑ **结束时间**：设置
  环形波停止的
  那一帧。
- ❑ ⦿ **无增长** 阻止
  对象扩展。

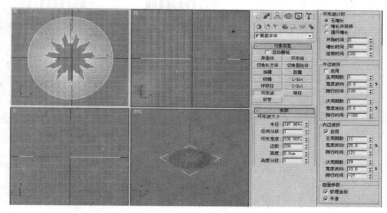

图 3-56

- ❑ ○ **增长并保持** 选择该选项，环形波将从"开始时间"扩展到"增长时间"，并保持这种状态到"结束时间"。
- ❑ ○ **循环增长** 选择该选项，环形波将从"开始时间"扩展到"增长时间"，再从"增长时间"扩展到"结束时间"进行循环增长。

3.4.7 软管

软管是一个能连接两个对象的弹性物体，因而能反映这两个对象的运动。它类似于弹簧，但不具备动力学属性。

软管的创建方法与圆满柱体的创建相同，这里不再详细讲述，其创建效果与参数面板如图 3-57 所示。

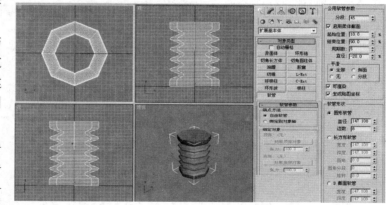

图 3-57

- ❑ **端点方法** 该选项组有两个选项，分别是 ⦿ **自由软管** 选项和 ○ **绑定到对象轴** 选项。⦿ **自由软管** 选项为系统默认选项，当选择 ○ **绑定到对象轴** 选项时，便可以为每一个绑定对象设置"张力"参数。勾选 ☑ **启用柔体截面** 选项，可设置其中的 **起始位置**：、**结束位置**：、**周期数**：、**直径**：选项参数。
- ❑ **软管形状** 该选项组用于选择软管的形状并对参数设置。该选项中一共有 3 个选项，⦿ **圆形软管** 选项为系统默认选项，当选择该选项时软管为圆柱体形状；选择 ○ **长方形软管** 选项时，软管为长方体形状；选择 ○ **D 截面软管** 选项时，软管为截面形状。其效果如图 3-58 所示。

圆形软管

长方形软管工作

截面软管

图 3-58

3.4.8 环形结

环形结在机械配件中
比较常见，也是一种参数化
模型，由于参数较多，因此
它是一种拥有许多形状的
几何体，其效果与参数面板
如图 3-59 所示。

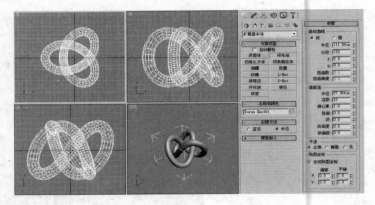
图 3-59

1.“基础曲线”选项组

该选项组中有两个选
项可选择：◉ 结 和 ◉ 圆 ，
系统默认选项为 ◉ 结 选
项，当选择 ◉ 圆 选项时，创建的结变成圆环效果。

□ 半径： 用来设置圆环体的半径范围。

□ 分段： 决定圆环体的分段数。

□ P:、Q: 只有选择了"结"选项后，P:、Q:值才有效。

□ 扭曲数\扭曲高度 只有选择了"圆"选项后，它们才有效。

2.“横切面”选项组

主要用于对缠绕圆环结的圆柱体截面进行设置，主要参数有截面半径、边数、偏心
率、扭曲和块等。

3.“平滑”选项组

此选项组下有 3 个选项，其中 ◉ 全部 选项表示模型整体光滑，◌ 侧面 选项表示模型
的边光滑，◌ 无 选项表示不进行光滑处理。用户可根据不同的需要选择不同的设置。

4.“贴图坐标”选项组

此选项组主要用于进行贴图坐标的设置。

3.4.9　切角圆柱体

"切角圆柱体"命令用于创建带有倒角的圆柱体，与前面讲的"切角长方体"颇为相似，其效果与参数面板如图 3-60 所示，创建方法可参照"切角长方体"，这里不再详述。

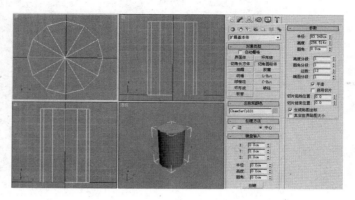

图 3-60

3.4.10　胶囊体

"胶囊体"是基于柱体的物体，其形状与油罐对象类似，唯一的差别在于柱体与顶面之间的边界。其效果与参数面板如图 3-61 所示，其参数解释可以参照"油罐"，这里不再详述。

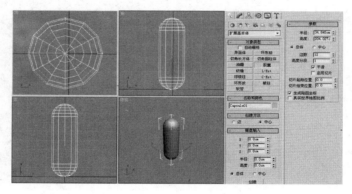

图 3-61

3.4.11　L-Ext

创建 L-Ext（L 形墙）对象时，先要创建一个定义对象整体区域的矩形，然后拖动到定义的高度，最后拖动拉出每面墙的宽度即可。其效果与参数面板如图 3-62 所示。

3.4.12　C-Ext

C-Ext（C 形墙）和前面讲的 L-Ext（L 形墙）参数基本相同。其效果与参数面板如图 3-63 所示。

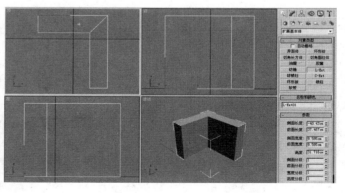

图 3-62

3.4.13　棱柱

棱柱对象的创建方式有两种，一种是 **基点/顶点** 创建方式：先单击设置底面三角形的一个边，再单击创建三角形中另外的两个角，最后单击设置对象的高度。另一种方式

是 ◉ 二等边 创建方式，其效果如图 3-64 所示。

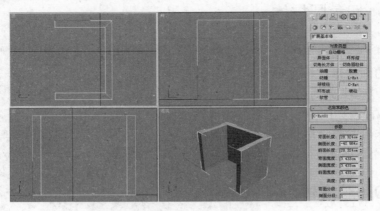

图 3-63

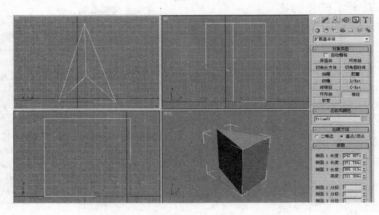

图 3-64

3.5 案例详解——创建足球模型

本例将创建一个足球模型来练习扩展基本体中的"异面体"的创建方法和技巧，完成后的效果如图 3-65 所示。

操作步骤

01 单击 ◎ 创建面板中 标准基本体 ▼ 中的 ▼ 按钮，在下拉列表框中选择 扩展基本体 选项，进入 扩展基本体 ▼ 创建面板。

02 单击 异面体 按钮，在顶视图中创建 半径: 为 300 的异面体，并选择 参数 卷展栏中的 ◉ 十二面体/二十面体 选项，设置 系列参数: 参数中的 P: 为 0.4，效果与参数面板如图 3-66 所示。

图 3-65

03 确认异面体为选择状态，单击工具栏中的 ✛ 工具，按住 Shift 键，在异面体上单击，将其在原位复制一个，并在弹出的"克隆选项"对话框中选择 ⦿ 复制 选项，如图 3-67 所示，单击 确定 按钮，关闭对话框。

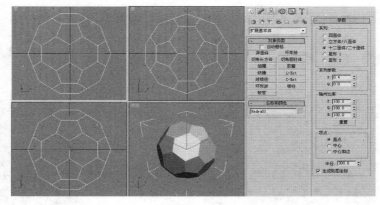

图 3-66

04 按 H 键打开"选择对象"对话框，选择 Hedra01 选项，如图 3-68 所示，再单击 选择 按钮，关闭对话框。

图 3-67

图 3-68

05 单击 ⟍ 按钮进入修改面板，选择 修改器列表 ▼ 下拉列表框中的 编辑网格 选项，添加"编辑网格"修改命令，单击 选择 卷展栏中的 ■（多边形）按钮，进入多边形编辑模式，并框选整个异面体，如图 3-69 所示。

06 进入 编辑几何体 卷展栏，选择 ⦿ 元素 选项，单击 炸开 按钮，异面体各个面被炸开，此时异面体成为相对独立的多面体，如图 3-70 所示。

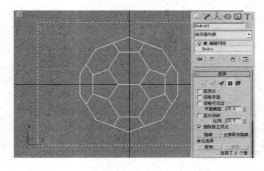

图 3-69

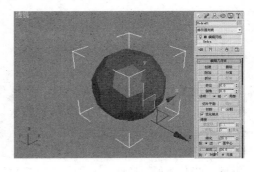

图 3-70

07 单击 编辑几何体 卷展栏中的 挤出 按钮，设置参数为 8，将炸开后的异面体进行拉伸，效果与参数设置如图 3-71 所示。

08 单击 编辑几何体 卷展栏中的 倒角 按钮，设置参数为-5，将炸开后的面进行倒角，效果与参数设置如图 3-72 所示。

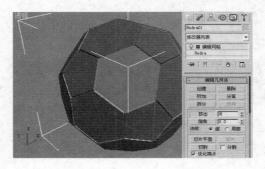

图 3-71

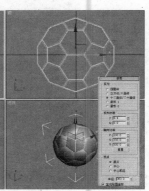

图 3-72

09 单击 ■ 按钮，退出当前编辑模式，选择 修改器列表 下拉列表框中的 网格平滑 选项，设置 - 细分量 卷展栏中的迭代次数:为 0，效果与参数面板设置如图 3-73 所示。

10 按 H 键打开"选择对象"对话框，选择 Hedra02 选项，在 ⚙ 命令面板中修改异面体的 半径:参数为 303，效果如图 3-74 所示，最后给足球赋上材质即可。

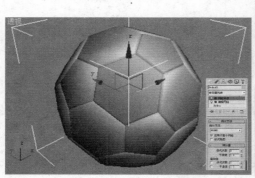

图 3-73

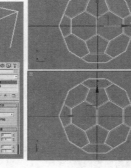

图 3-74

归 纳 总 结

　　通过本章对创建标准基本体和扩展体基本体的方法的学习，相信大家已经对这些简单的三维模型的创建有了一个基本的认识和掌握，可以直接使用创建命令面板中的命令在视图中创建所需要的模型形状，然后通过对这些基本模型参数的修改和调整，以及使用简单的编辑命令创建完成需要的模型。三维基本体模型是三维建模的基础，必须熟练掌握这些基本体创建命令的使用和参数设置，为创建复杂的三维物体打下坚实的基础。

互 动 练 习

1．选择题

（1）使用创建命令面板可以创建下面哪些对象？（　　　）
    A．灯光　　　　　　B．相机　　　　　　C．材质　　　　　　D．基本三维模型
（2）通过调整下面哪些参数可以控制茶壶的形状？（　　　）
    A．半径　　　　　　B．茶壶部件　　　　C．颜色　　　　　　D．材质

2．上机题

本练习将制作如图 3-75 所示的电视柜，主要练习长方体、切角长方体、复制、阵列、对齐等命令。

📇 操作提示

[01] 制作柜底。单击 ⊙ 创建命令面板下 `标准基本体 ▼` 栏中的下拉列表按钮 `▼`，选择`扩展基本体`选项，进入 `扩展基本体 ▼`创建面板，单击 `切角长方体` 按钮，在顶视图中创建切

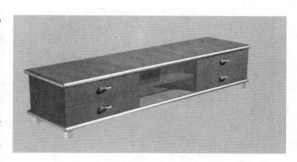

图 3-75

角长方体，并命令为"柜底"，在透视图中的效果与参数设置如图 3-76 所示。

[02] 接下来制作电视柜侧立板，使用"阵列"命令复制"侧板"，然后创建"隔板"，效果如图 3-77 所示。

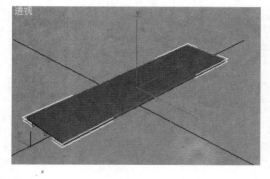

图 3-76

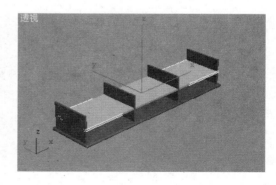

图 3-77

[03] 制作背板，结果如图 3-78 所示。

[04] 制作柜面和抽屉，如图 3-79 所示。

[05] 制作拉手，如图 3-80 所示。

[06] 制作电视柜支架。单击 `长方体` 按钮，在顶视图中绘制`长度：`为 45、`宽度：`为 45、`高度：`为 65 的长方体并命名为"支架"，位置与参数如图 3-81 所示。

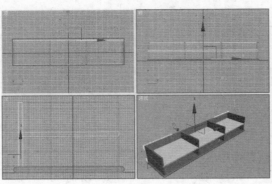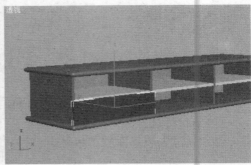

图 3-78   图 3-79

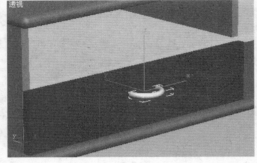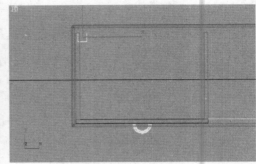

图 3-80   图 3-81

第 4 章　三维模型的修改

 学习目标

前面学习了简单三维模型的创建，下面将介绍通过给简单三维模型添加常用的修改命令来制作表现生活中常见的比较丰富的三维造型。常用的编辑命令有弯曲、倒角、噪波、编辑网格、自由变形、锥化、置换以及编辑多边形等。

 要点导读

1. 认识修改命令面板
2. 常用修改命令详解
3. 案例详解——制作洗手盆
4. 案例详解——制作山脉模型
5. 案例详解——制作浴缸模型
6. 案例详解——制作苹果模型

 精彩效果展示

4.1 认识修改命令面板

对象创建完成后，若需要对其参数或形态进行调整，添加一些特殊的修改命令来达到满意的效果，此时就必须通过修改命令面板来完成。

单击命令面板中的 ![修改] 按钮，进入修改命令面板，如图 4-1 所示。修改命令面板主要由名称颜色栏、修改命令下拉列表、修改命令堆栈、修改命令工具和参数设置区 5 个部分组成。

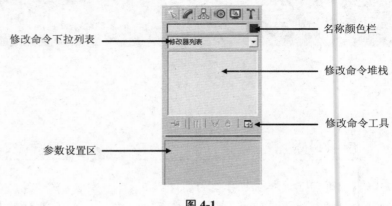

图 4-1

- ❑ **名称颜色栏** 在修改命令面板顶端的输入框中，可以修改对象的名称。单击名称栏中的颜色按钮，可打开"对象颜色"对话框，重新为对象指定颜色。
- ❑ **修改命令下拉列表** 用于给选择对象添加修改命令，在该下拉列表框中存放了所有的修改命令供用户选择。
- ❑ **修改命令堆栈** 按层堆积的方式用来存储并记录对象的创建和修改过程的信息，其修改命令的堆积顺序可以移动、删除，记录的信息越多计算机内存消耗也越大。
- ❑ **修改命令工具** 位于修改堆栈的下方，用于对所添加的修改命令进行操作，包括将添加的修改命令锁定、显示或隐藏其效果、删除以及打开自定义常用修改命令的快捷面板，各工具按钮简介如表 4-1 所示。

表 4-1　修改命令工具按钮简介

按钮	名称	说明
⊣	锁定堆栈	用于锁定当前选择对象的堆栈记录信息，当选择其他对象时，堆栈中仍记录原对象的修改信息
ⅠⅠ	显示最终结果开关	显示对象修改后的最终效果，忽略当前在堆栈中所选择的切换修改命令
∀	使唯一	使相对关联参考的对象及修改命令相互独立
∂	从堆栈中移除修改器	将修改命令堆栈中选择的修改命令删除
⊡	配置修改器置集	单击此按钮弹出快捷菜单，可以对修改面板进行设

- ❑ **参数设置区** 用于显示当前修改命令的参数面板，当修改堆栈中有多个命令层级时，系统默认显示顶层级命令修改面板，若用户在修改堆栈中选择的是基层级命令，这里将显示对象的基本创建参数面板，如图 4-2 所示。

顶层级命令修改参数面板

基层级命令修改参数面板

图 4-2

4.1.1　修改对象基本参数

　　下面将讲解对物体基本参
数进行修改的操作方法，具体
操作步骤如下。

01　在视图中选择事先创建好
的对象，如长方体。

02　单击 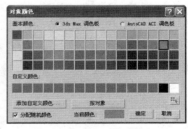 按钮，进入修改命
令面板，在修改命令面板
中将出现该对象的参数信
息，如图 4-3 所示，此时便
可对物体的名称、颜色和
基本参数等进行修改。

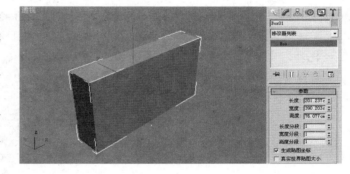

图 4-3

03　在名称栏中单击并按住左键不放，移动光标选择名
称 Box01 ，然后输入"正方体"，将"Box 01"
重命名为"正方体"。

04　单击名称栏后的颜色按钮■，打开"对象颜色"
对话框，如图 4-4 所示，通过该对话框选择需要
的颜色，单击 确定 按钮即可完成对象颜色的
修改。

图 4-4

提示

　　将系统自动生成的对象名称和颜色修改为好记的名称，可方便人们进行修改时选择对象，特
别是场景比较大、对象比较多时，可以通过名称或颜色的不同快速地选择对象进行操作，以提高
工作效率。

05 当对象赋予了材质后，此时修改对象的颜色，视图中的对象只在"线框"模式下继承并显示修改后的颜色，而不会改变对象在"平滑+高光"模式下显示材质的颜色或贴图的效果。

06 若要对参数进行修改，进入 —　　参数 卷展栏，根据需要分别修改 长度:、宽度:、高度: 等参数即可，修改后的效果与参数面板如图 4-5 所示。

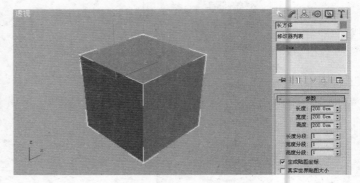

图 4-5

4.1.2　给对象添加修改命令

给对象添加一些特殊的修改命令可制作特殊的造型，步骤如下。

01 选择要添加修改命令的对象，如选择视图中修改后的正方体对象，如图 4-6 所示。

02 单击 按钮，进入修改命令面板，在修改命令面板中单击 修改器列表 中的 按钮，拖动右边的滑块找到要添加的修改命令并选择，如选择 晶格 选项，此时选择的修改命令被添加到修改堆栈中，同时出现相应的修改面板，如图 4-7 所示。

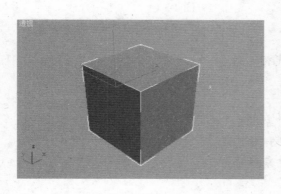

图 4-6

图 4-7

03 在 —　　参数 卷展栏中，调整相应的参数即可产生特殊效果，图 4-8 所示的是正方体添加"晶格"修改命令后的效果。

三维模型的修改

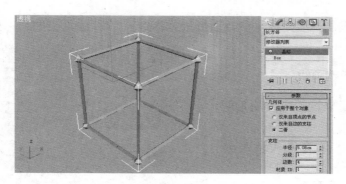

图 4-8

提示

添加某些修改命后，在修改堆栈中该修改命令前有"+"号按钮，表明在该修改命令下还有"次物体编辑"选项，单击"+"号按钮，可展开物体编辑选项，如添加"FFD 3×3×3"修改命令，修改堆栈出现 FFD 3x3x3 命令层，单击 FFD 3x3x3 命令里的"+"号按钮，可展开"次物体编辑"选项，如图 4-9 所示。

添加"FFD3×3×3"修改命令

修改堆栈效果

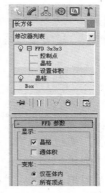
选择"次物体编辑"选项

图 4-9

在修改堆栈中，单击展开的"次物体编辑"选项，选项变成亮黄色，表明该"次物体编辑"选项被激活，在参数设置区将出现相应的参数修改面板。不同的修改命令其参数面板各不相同。

4.2 常用修改命令详解

在制作特殊造型时，最常用的修改命令有弯曲、倒角、锥化、噪波、编辑网格、扭曲等，下面将对这些修改命令的使用方法进行详细讲解。

4.2.1 弯曲

"弯曲"修改命令可以将对象以指定的角度和方向进行弯曲处理，其弯曲所依据的坐标轴向和弯曲限制程度是通过参数面板进行指定的，其应用效果及参数面板如图 4-10 所示。

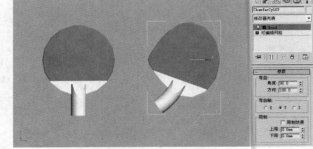

1. "弯曲"选项组

该组参数用来设置弯曲的角度和方向。

❑ **角度**：设置弯曲角度的大小。
❑ **方向**：设置弯曲的方向。

2. "弯曲轴"选项组

图 4-10

该选项组可以通过 X、Y、Z 选择被弯曲的轴。

3. "限制"选项组

❑ **☐ 限制效果**　勾选此选项，将指定弯曲的影响范围，其影响区域将由上、下限值确定。
❑ **上限**：设置弯曲的上限，在此限度以上的区域将不会受到弯曲影响。
❑ **下限**：设置弯曲的下限，在此限度与上限之间的区域都将受到弯曲影响。

4.2.2　倒角

"倒角"命令只能作用于二维图形，通过给二维图形添加"倒角"命令可将二维平面图形拉伸成三维模型，通过参数设置可将生成的三维模型的边界加入倒角效果，其应用效果与参数面板如图 4-11 所示。

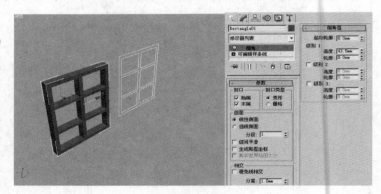

图 4-11

1. "参数"卷展栏

（1）"封口"选项组
❑ **☑ 始端**　勾选此选项，封闭开始截面。
❑ **☑ 末端**　勾选此选项，封闭结束截面。
（2）"封口类型"选项组
❑ **⦿ 变形**　选择此项，可以对顶盖进行变形处理。
❑ **○ 栅格**　选择此项，顶盖为网格类型，渲染效果优于"变形"方式。

84

（3）"曲面"选项组

❑ ⦿ 线性侧面 　选择此项，两个倒角级别的补插方式为直线方式。

❑ ◯ 曲线侧面 　选择此项，两个倒角级别的补插方式为曲线方式。

❑ 分段: 　设置倒角步幅数，值越大，倒角越圆滑。

❑ ☐ 级间平滑 　勾选此选项，将对倒角的边进行光滑处理。

❑ ☐ 生成贴图坐标 　勾选此选项，自动指定贴图坐标。

（4）"相交"选项组

❑ ☐ 避免线相交 　勾选此选项，防止尖锐边角产出突出变形与自身相交。

❑ 分离: 　设置两个边界线之间保持的距离，防止交叉。

2．"倒角值"卷展栏

❑ 起始轮廓: 　原始图形的外轮廓，如果为 0，将以原始图形为基准进行倒角制作。

❑ 级别 1:/☐ 级别 2:/☐ 级别 3:级别 1/2/3 　设置倒角的级别数。

❑ 高度: 　设置拉伸的高度值。

❑ 轮廓: 　设置倒角轮廓的大小。

4.2.3　倒角剖面

　　由"倒角"工具衍生出来的"倒角剖面"工具，可将一段曲线或一个平面作为另一个平面的轮廓进行倒角，其应用效果及参数面板如图 4-12 所示。

　　"参数"卷展栏各选项的含义如下。

（1）"倒角剖面"选项组

❑ 　拾取剖面 　单击此按钮，可在视图中取开放或封闭的曲线作为倒角的外轮廓线。

❑ ☐ 生成贴图坐标 　勾选此选项，自动为对象指定贴图坐标。

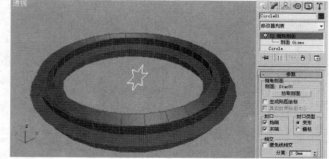

图 4-12

（2）"封口"选项组

❑ ☑ 始端 　勾选此选项，封闭开始截面。

❑ ☑ 末端 　勾选此选项，封闭结束截面。

（3）"封口类型"选项组

用来设置顶盖表面的构成类型。

❑ ⦿ 变形 　不处理表面，以便进行变形操作，制作变形动画。

❑ ◯ 栅格 　进行表面网格处理，它产生的渲染效果要优于"变形"方式。

（4）"相交"选项组

用于在制作倒角时，改进因尖锐的折角而产生的突出变形。

- ❏ ▢ 避免线相交　勾选此选项，防止尖锐边角产出突出变形与自身相交，其应用效果。
- ❏ 分离：设置两个边界线之间保持的距离，防止交叉。

4.2.4　案例详解——制作洗手盆

本例将制作洗手盆模型，主要练习"倒角剖面"命令的使用方法，制作好的洗手盆效果如图 4-13 所示。

操作步骤

01 单击 ⬛（二维）图形创建面板中的 矩形 按钮，在顶视图中创建 长度：、宽度：均为 500，角半径：为 150 的矩形，用于制作洗手盆的路径，如图 4-14 所示。

图 4-13

02 再单击 矩形 按钮，在前视图中分别创建 3 个矩形，用于制作洗手盆的剖面，并利用 ✛ 工具对位置进行调整，如图 4-15 所示。

03 确认选择其中一个剖面矩形，单击 ✎ 按钮，进入修改命令面板，选择 修改器列表 ▾ 下拉列表框中的 编辑样条线 选项，将矩

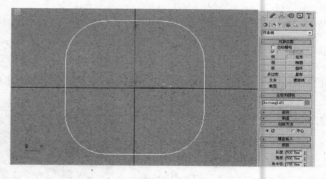

图 4-14

形转换成可编辑的样条线，单击 几何体 卷展栏中的 附加 按钮，依次单击其余两剖面矩形将其附加为一个整体，如图 4-16 所示。

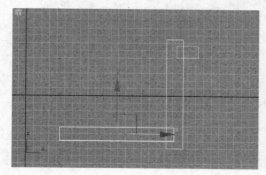

图 4-15

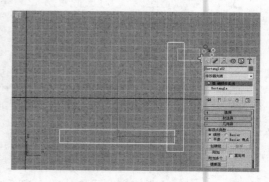

图 4-16

04 单击修改堆栈中 ❀ ⊞ 编辑样条线 前的"+"号按钮，在展开的"次物体编辑"选项中选

择 样条线 选项，进入样条
线编辑模式，单击
几何体 卷展栏中的
修剪 按钮，修剪出剖面
形状，如图 4-17 所示。

提示

一个闭合曲线只有一个起始
点，且以黄色方框点显示，相反，
当一条曲线出现多个黄色方框点
时，说明曲线不是闭合曲线。

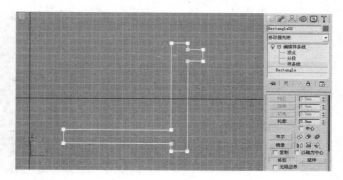

图 4-17

05 选择修改堆栈中的 顶点
"次物体编辑"选项，进入顶
点编辑模式，框选如图 4-18
所示的顶点，并单击
几何体 卷展栏中的
焊接 按钮，将修改后的
开放的顶点进行焊接。

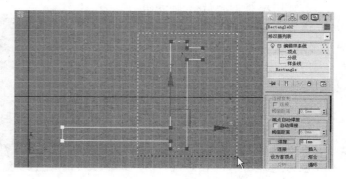

图 4-18

06 接下来，将继续对顶点进行
调整，首先框选整个剖面曲
线，在视图中右击，在弹出
的快捷菜单中选择 角点 选
项，将所有顶点转换为角点，
如图 4-19 所示。

07 然后再分别选择顶点，单击
几何体 卷展栏中的
圆角 按钮，再单击后面
的 按钮，向上拖动将顶点
进行圆角，最终效果如图
4-20 所示，最后选择修改堆
栈中的 顶点 选项，退出
当前编辑命令，这样剖面就
做好了。

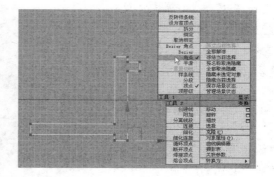

图 4-19

08 下面制作洗手盆模型，选
择路径矩形，单击 按钮，
进入修改命令面板，选
择 修改器列表 下拉
列表框中的 倒角剖面 选项，
单击 参数 卷展栏中的

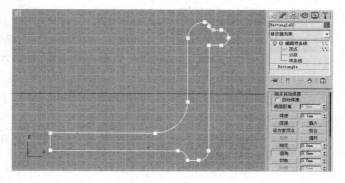

图 4-20

拾取剖面 按钮，单击视图中
的剖面矩形，结果如图 4-21
所示。

09 接下来调整剖面的位置，清
除盆中间的方孔。单击修改
堆栈中 倒角剖面 前的 "+"
号按钮，在展开的次物体选
项中选择 剖面 Gizmo 选项，
单击工具栏中的 工具，在
前视图中将剖面沿 X 轴方向
进行移动调整，使盆中间的
方孔变小直至清除，结果如
图 4-22 所示。

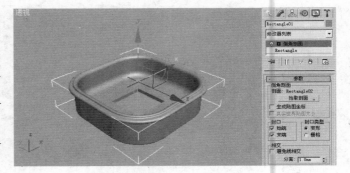

图 4-21

10 通过以上操作，发现看到洗
手盆的边缘不够光滑，下面
将通过调整路径的步数参数
来解决这个问题。确认洗手
盆为选择状态，在修改堆栈
中选择 Rectangle 命令层级，
进入基层编辑面板，单击
插值 卷展栏，设置
步数: 参数为 20，结果如图
4-23 所示。

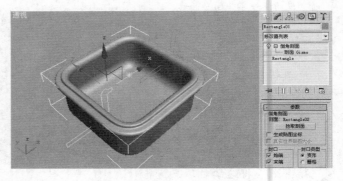

图 4-22

4.2.5 编辑多边形

"编辑多边形"命令有 5 个次
物体编辑模式，分别是顶点、边、
边界、多边形和元素，如图 4-24
所示。其用途类似于"编辑网格"

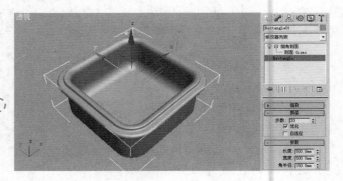

图 4-23

命令，对于不同的次物体模式，可将其作为多边形网格控制。

❑ 顶点按钮，单击该按钮将以选择对象的顶点为最小单
位进行操作。

❑ 边按钮，单击该按钮将以选择对象的边为最小单位进
行操作。

❑ 边界按钮，该次物体对象是几何体中没有任何三角形
边和面的洞。

❑ 多边形按钮，单击该按钮将以选择对象的多边形面为
最小单位进行操作。

图 4-24

□　　元素按钮，单击该按钮将以选择对象元素为最小单位进行操作。

在"编辑多边形"修改命令下有 6 个卷展栏：选择、编辑多边形模式、软选择、编辑几何体、控制变形、编辑顶点卷展栏，如图 4-25 所示。值得一提的是，不同的次物体编辑选项所对应的卷展栏参数各不相同。

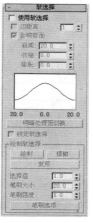

"选择"卷展栏　　　　　"编辑多边形模式"卷展栏　　　　"软选择"卷展栏

"编辑几何体"卷展栏　　　　"控制变形"卷展栏　　　　"编辑顶点"卷展栏

图 4-25

在次物体编辑模式下，各卷展栏参数如下。

1．"选择"卷展栏

该卷展栏用于设置次物体编辑模式下对象的选择方式，其卷展栏如图 4-26 所示。

"顶点"编辑模式　　"边"编辑模式　　"边界"编辑模式　　"多边形"编辑模式　　"元素"编辑模式

图 4-26

- ☐ **使用堆栈选择** 勾选此选项，下面的各选项不可用。
- ☐ **按顶点** 勾选此选项，可通过选择对象表面顶点来选择其周围的次物体对象，在 ⠇次物体编辑模式下不可用。
- ☐ **忽略背面** 勾选此选项，只对当前显示的面进行选择，而对象背面将不会被选择，如图 4-27 所示。

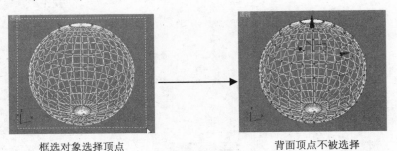

框选对象选择顶点　　　　　　　　　　背面顶点不被选择

图 4-27

- ☐ **按角度:** 在多边形次物体编辑模式下可用，用于指定角度的参数。
- ☐ **收缩** 单击此按钮，将缩小次物体对象的选择范围。
- ☐ **扩大** 单击此按钮，将扩大选择范围。
- ☐ **环形** 单击此按钮，将以环形的方式选择与当前选择边在同一方向上的所有边，如图 4-28 所示。该选择项仅在边次物体编辑模式下可用。

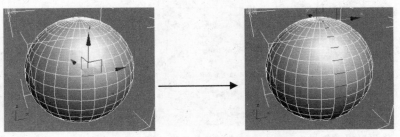

选择一条边的效果　　　　　　　　　单击"环形"按钮后的选择效果

图 4-28

- ☐ **循环** 单击此按钮，将以循环的方式选择与当前选择边在同一方向上的所有边，如图 4-29 所示。该选择项仅在边次物体编辑模式下可用。

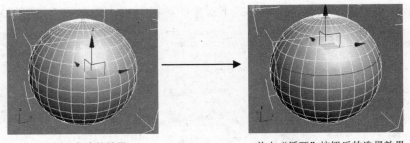

选择一条边的效果　　　　　　　　　单击"循环"按钮后的选择效果

图 4-29

❏ 　获取堆栈选择　 单击该按钮，将取消当前次物体对象的选择状态。

2."编辑多边形模式"卷展栏

在 ∴ 、 ◁ 、 ◐ 、 ▣ 和 ◗ 次物体编辑模式下，该卷展栏参数均相同，如图 4-30 所示。

该卷展栏不常用，这里就不再详细讲解其功能。

图 4-30

3."软选择"卷展栏

在 ∴ 、 ◁ 、 ◐ 、 ▣ 和 ◗ 次物体编辑模式下，该卷展栏参数均相同，如图 4-31 所示，值得一提的是，在系统默认情况下该卷展栏为不激活状态，只有在勾选 ☑ 使用软选择 选项时，才能对该卷展栏中的参数进行设置。

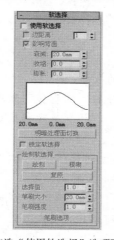
取消勾选"使用软选择"选项面板

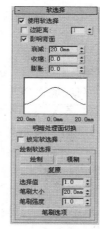
勾选"使用软选择"选项面板

图 4-31

❏ ☐ 使用软选择 勾选此选项，该卷展栏中的其他选项和参数设置被激活。

❏ ☐ 边距离 勾选此选项，可以通过设置边距参数来控制被选择点和其影响的顶点之间的影响区域空间。

❏ ☑ 影响背面 勾选此选项，对象背面的顶点也可同时被编辑。

❏ 衰减 / 收缩 / 膨胀 ：后面的参数框用于设置影响区域的曲线状态即软选择的范围。

❏ 　明暗处理面切换　 单击该按钮，将切换对象的显示颜色。

❏ ☐ 锁定软选择 勾选此选项，使用软选择下的参数被锁定，不能进行设置。

❏ 绘制 用手绘的方式指定软选择区域。

❏ 　笔刷选项　 单击该按钮，将打开"绘制选项"对话框，用于设置笔刷的属性。

4."编辑几何体"卷展栏

在 ∴ 、 ◁ 、 ◐ 、 ▣ 和 ◗ 次物体编辑模式下，该卷展栏参数均相同，仅在 ∴ 次物体编辑模式下，☑ 删除孤立顶点 为不可用状态，在 ◁ 和 ◠ 编辑模式下有部分按钮不可用，如图 4-32 所示。

"顶点"编辑模式　　"边"编辑模式　　"边界"编辑模式　　"多边形"编辑模式　　"元素"编辑模式

图 4-32

- 重复上一个 该按钮用于重复执行最近的命令。
- 约束: 利用现存的几何体约束子对象的变形，在后面的下拉列表框中有 无 、边 和 面 3个选择，"无"表示没有约束，"边"表示约束边变形到边的分界线，"面"表示约束顶点变形到面表面。
- 创建 单击该按钮可在视图中创建新的任意子对象。
- 塌陷 单击该按钮，将覆盖或删除由边界定义的洞。
- 附加 单击该按钮，将其他对象与当前多边形网格对象合并成一个新的整体对象。单击后面的□按钮，将打开"附加列表"对话框，可以在此对话框中选择需合并的对象集再合并，如图 4-33 所示。
- 分离 单击该按钮，可将当前选定的次物体对象与其他对象分开，成为一个新的独立对象或元素。单击其后的□按钮，将打开"分离"对话框，如图 4-34 所示，通过该对话框可以给分离对象命名。

图 4-33

图 4-34

- ❏ 切片平面 单击该按钮，可以在网格对象的中间放置一个剪切平面。
- ❏ ☐ 分割 勾选该选项，当删除面次物体对象时会产生孔洞效果。
- ❏ 切片 该按钮只有在 切片平面 按钮为激活状态时才可用，单击该按钮可以将对象沿剪切平面断开。
- ❏ 重置平面 单击该按钮，可将切片平面返回到默认位置和方向。
- ❏ QuickSlice 单击该按钮，可连续切割选择集。
- ❏ 切割 单击该按钮，将在多边形之间或者多边形内部创建边。
- ❏ 网格平滑 单击该按钮，可利用选择的顶点在一定范围内对其进行光滑处理。后面的☐按钮为"光滑设置"按钮，单击该按钮，将打开"网格平滑选择"对话框，如图 4-35 所示。通过该对话框可指定光滑的程度。
- ❏ 细化 单击该按钮，可利用选择的顶点在一定范围内对其进行细化处理。后面的☐按钮为"细化设置"按钮，单击该按钮，将打开"细化选择"对话框，如图 4-36 所示，用于指定细化的程度。

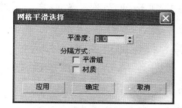

图 4-35

图 4-36

93

- ❏ 平面化 单击该按钮，将当前选定的任意次物体对象沿其选择集的 X 、 Y 、 Z 轴塌陷成一个平面。
- ❏ 视图对齐 单击该按钮，将当前选定的任意次物体对象与视图坐标的平面对齐。
- ❏ 栅格对齐 单击该按钮，将当前选定的任意次物体对象与主栅格的平面对齐。
- ❏ 松弛 单击该按钮，可微调当前选定的任意次物体对象的位置，使其表面产生塌陷效果。
- ❏ 复制 单击该按钮，可复制当前次物体对象级中已选择的集合到剪贴板中。
- ❏ 隐藏选定对象 单击该按钮可将选中的次物体对象隐藏，该按钮仅在 ⠿ 、■ 和 ◪ 次物体编辑模式下可用。
- ❏ 全部取消隐藏 单击该按钮可隐藏次物体对象重新显示出来，该选择项仅在 ⠿ 、■ 和 ◪ 次物体编辑模式下可用。
- ❏ 隐藏未选定对象 单击该按钮可隐藏没被选择的次物体对象，该选择项仅在 ⠿ 、■ 和 ◪ 次物体编辑模式下可用。
- ❏ ☑ 删除孤立顶点 勾选该复选框将自动删除网格对象内的所有孤立顶点，用于清理网格，仅在 ⠿ 次物体编辑模式下不可用。

5. 次物体编辑卷展栏

在不同的次物体编辑模式下分别有相应的的卷展栏，如图 4-37 所示。

"编辑顶点" 卷展栏

"编辑边" 卷展栏

"编辑边界" 卷展栏

"编辑多边形" 卷展栏

图 4-37

在顶点次物体编辑模式下的"编辑顶点"卷展栏各选项含义如下。

❑ **移除** 该按钮用于删除当前选定的顶点,然后合并使用顶点的多边形。值得注意的是使用"移除"按钮可能导致网格形状变化并生成非平面的多边形。

❑ **断开** 该按钮用于把相邻连接的面分离开,并创建一个分离的顶点。

❑ **挤出** 单击此按钮,将通过垂直拖拉顶点实现拉伸效果。单击其后的□按钮,将打开"挤出顶点"对话框,用于设置挤出参数,如图 4-38 所示。

❑ **焊接** 单击此按钮,将依据参数范围内将邻接被选顶点连接在一起。单击其后的□按钮,将打开"焊接顶点"对话框,如图 4-39 所示,用于设置"焊接阈值"参数。要焊接相对较远的顶点,则使用 **目标焊接** 选项。

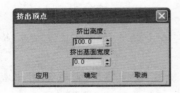

图 4-38

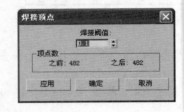

图 4-39

❑ **切角** 单击此按钮,然后在活动对象中拖动顶点,完成切角,效果如图 4-40 所示。单击其后的□按钮,将打开"切角顶点"对话框,如图 4-41 所示,可通过设置切角量的具体参数来改变切角顶点,当勾选☑打开选项时,切角后的效果如图 4-42 所示。

图 4-40

图 4-41

❑ **连接** 单击此按钮,将在选中的顶点对之间创建新的边,如图 4-43 所示。连接不会让新的边交叉,例如,如果选择了四边形的所有顶点,然后单击 **连接** 按钮,那么只有两个顶点会连接起来。在这种情况下,要用新的边连接所有 4 个顶点,应使用切割方式。

94

图 4-42

图 4-43

❏ <u>移除孤立顶点</u> 单击此按钮，将不属于任何多边形的所有顶点删除。

❏ <u>移除未使用的贴图顶点</u> 单击此按钮，可以自动删除某些建模操作未使用的（孤立）
贴图顶点。

❏ <u>目标焊接</u> 单击此按钮，可以选择一个顶点，并将它焊接到相邻的目标顶点。"目
标焊接"按钮只焊接成对的连续顶点，也就是说，顶点有一个边相连。

在边次物体编辑模式下的"编辑边"卷展栏各选项含义如下。

❏ <u>插入顶点</u> 单击此按钮，启用"插入顶点"命令，单击某边即可在该位置处添
加顶点。只要命令处于活动状态，就可以连续细分多边形。要停止插入边，可
在视口中右击，或者重新单击"插入顶点"按钮将其关闭。

❏ <u>移除</u> 单击此按钮，删除选定边并组合使用这些边的多边形，如图 4-44 所
示。要删除关联的顶点，可在按住 Ctrl 键的同时单击 <u>移除</u> 按钮，可清除顶
点而其余的多边形是平面的，如图 4-45 所示。值得一提的是使用"移除"按钮
可能导致网格形状变化并生成非平面的多边形。

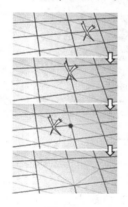

图 4-44

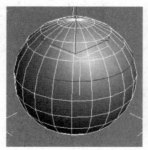

图 4-45

❏ <u>分割</u> 单击此按钮，沿着选定边分割网格。

❏ <u>挤出</u> 单击此按钮直接在视口中操作时，可
以手动挤出边。单击其后的◻按钮，可打开"挤
出边"对话框，如图 4-46 所示，通过设置参数
的方式挤出边。

❏ <u>焊接</u> 单击此按钮，将邻接被选顶点连接在
一起成为一个新的顶点。单击其后的◻（焊接
设置）按钮，可设置焊接参数。

图 4-46

- ❑ 　切角　　 单击此按钮，可以对选择物体边界子对象做切角处理。
- ❑ 目标焊接　 单击此按钮，可将选择边在指定像素内的顶点焊接在目标边上。
- ❑ 连接　 单击此按钮，可以将一对被选边利用新建立的边连接起来，只可以连接同一个多边形上的边，不能连接交叉的边。
- ❑ 创建图形　 单击此按钮，设置参数，并可以从选定边上创建样条图形。
- ❑ 编辑三角剖分　 单击此按钮，将当前选定的多边形细分转换成三角形的方式。
- ❑ 　旋转　　 单击此按钮，将旋转当前选定的对象。

另外，边界次物体编辑模式下的"编辑边界"卷展栏、多边形次物体编辑模式下的"编辑多边形"卷展栏以及元素次物体编辑模式下的"编辑元素"卷展栏的各选项含义基本相同，这里就不再介绍了。

4.2.6　噪波

"噪波"修改命令能使对象的顶点在不同轴向上随机移动，产生起伏的噪波扭曲效果，常用于制作地形和水面。通过该修改命令的动画噪波设置，可以产生连续的噪波动画，其应用效果与参数面板设置如图 4-47 所示。

1. "噪波"选项组

该选项组用于控制噪波效果的外观形态和产生方式。

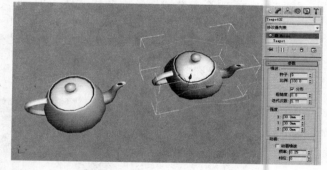

图 4-47

- ❑ 种子： 设置噪波的随机种子数，以产生不同的噪波效果。
- ❑ 比例： 设置噪波效果的影响大小。值越大，效果越平滑；值越小，效果越尖锐。

- ❑ □ 分形 勾选此选项，激活下方的"分形类型"参数。
- ❑ 粗糙度： 设置噪波的粗糙度，亦即表面起伏的程度。其值越大，起伏越剧烈，产生的表面也就越粗糙。
- ❑ 迭代次数： 设置重复分形处理的次数。其值越低噪波越平缓，值越高噪波起伏效果越明显。

2. "强度"选项组

用于控制噪波的强度影响，其中 X、Y、Z 轴分别控制在 3 个轴向上影响对象的噪波强度。其值越大，噪波越剧烈。

3. "动画"选项组

该选项组主要用于控制自动动画的生成。

- ☐ □动画噪波 勾选此选项，调节"噪波"和"强度"参数的组合效果。
- ☐ 频率： 设置噪波抖动的速度。
- ☐ 相位： 设置起始点和结束点在波形曲线上的偏移位置。

4.2.7 案例详解——制作山脉模型

本例将制作山脉模型。主要练习"澡波"和"网格平滑"修改命令的使用方法，制作好的山脉模型效果如图 4-48 所示。

图 4-48

操作步骤

01 首先设置系统单位为"毫米"。执行"自定义"→"单位设定"菜单命令，在弹出的"单位设置"对话框中选择 ● 公制 下拉列表框中的 毫米 ▼ 选项，将绘图单位设置为毫米，如图 4-49 所示。

02 单击 系统单位设置 按钮，弹出"系统单位设置"对话框，选择 系统单位比例 下拉列表框中的 毫米 ▼ 选项，将系统单位设置为毫米，如图 4-50 所示。

图 4-49

图 4-50

03 单位设置好后，下面制作模型。单击 ○ 创建命令面板下的 平面 按钮，在顶视图中创建 长度：和 宽度：均为 8000， 长度分段：和 宽度分段：均为 20 的平面体，在透视图中的效果与参数设置如图 4-51 所示。

> **! 提 示**
>
> 在透视图左上角的视图名称上右击，将弹出视图快捷菜单，选择 边面 选项，透视图中的对象将显示分段数。

04 单击 ✐ 修改按钮，进入修改命令面板，选择 修改器列表 ▼ 下拉列表中的 噪波选项，在 选择 卷展栏中的 强度：栏下，设置 X 和 Y 均为 1000， Z 的参数为 1500，在透视图中的效果与参数设置如图 4-52 所示。

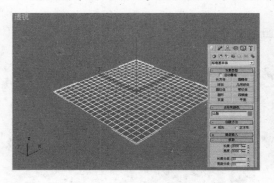

图 4-51

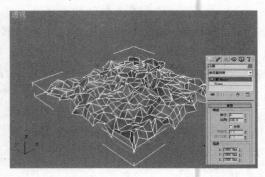

图 4-52

05 再选择 修改器列表 ▼ 下拉列表中的 网格平滑 选项，在 细分量 卷展栏中设置 迭代次数 为 3，使面看起来更加不滑，在透视图中的效果与参数设置如图 4-53 所示。

06 单击视图控制工具栏中的 ▷ （视野）按钮，在透视图中拖动光标调整视野,再单击 ✧ （弧型旋转）工具，旋转透视图，调整好的结果如图 4-54 所示。

图 4-53

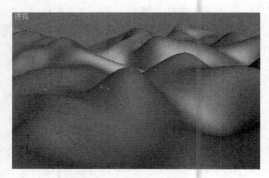

图 4-54

最后赋上材质，完成山脉模型的制作。

4.2.8 编辑网格

"编辑网格"修改命令是 3ds Max 中功能很强的一种修改方式，它包含 5 个次物体编辑选项，可以直接对整个物体或者对物体的顶点、边、面、多边形和元素等进行调整和修改，以产生比较复杂的形状。图 4-55 所示的是通过给圆柱体添加"编辑网格"修改命令并对多边形次物体进行编辑后制作的烟灰缸模型。

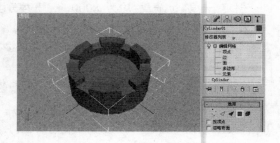

图 4-55

❑ ⁙ 顶点按钮，单击该按钮将以选择对象的顶点为最小单位进行操作。

- ❑ ◁ 边按钮，单击该按钮将以选择对象的边为最小单位进行操作。
- ❑ ◐ 边界按钮，该次物体对象是几何体中没有任何三角形边和面的洞。
- ❑ ▣ 多边形按钮，单击该按钮将以选择对象的多边形面为最小单位进行操作。
- ❑ ◈ 元素按钮，单击该按钮将以选择对象的元素为最小单位进行操作。

在"编辑网格"修改命令面板下有 4 个卷展栏：选择、软选择、编辑几何体、曲面属性卷展栏，如图 4-56 所示。值得一提的是，不同的次物体编辑选项所对应的卷展栏参数各不相同。

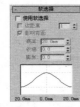

"选择"卷展栏   "软选择"卷展栏   "编辑几何体"卷展栏   "曲面属性"卷展栏

图 4-56

在次物体编辑模式下，各卷展栏参数详解如下。

1. "选择"卷展栏

该卷展栏用于设置次物体编辑模式下对象的选择方式，其卷展栏如图 4-57 所示。

"顶点"编辑模式   "边"编辑模式   "面"编辑模式   "多边形"编辑模式   "元素"编辑模式

图 4-57

- ❑ ☐ 按顶点   勾选此选项，可通过选择对象表面的顶点来选择其周围的次物体对象，在顶点次物体编辑模式下不可用。
- ❑ ☐ 忽略背面   勾选此选项，则在选择时只能选择面向视图方向的次物体对象。
- ❑ ☐ 忽略可见边   勾选此选项，只对当前显示的面进行选择，而对象背面将不会被选择，该选择项仅在多边形次物体编辑模式下可用。

- ❑ **平面阈值：** 在多边形次物体编辑模式下可用，用于指定共面的参数。
- ❑ **显示法线** 勾选此选项，再选择次物体对象，则次物体对象的法线方向将会以蓝色的线段显示出来。该选择项仅在边次物体编辑模式下不可用。
- ❑ **比例：** 用于设置显示法线的比例参数大小。该选择项仅在边次物体编辑模式下不可用。
- ❑ **删除孤立顶点** 勾选此选项，将自动删除网格对象内的所有孤立顶点，用于清理网格，仅在顶点次物体编辑模式下不可用。
- ❑ **隐藏** 单击该按钮可将选中的次物体对象隐藏，该按钮仅在边次物体编辑模式下不可用。
- ❑ **全部取消隐藏** 单击该按钮可将隐藏的次物体对象重新显示出来，该选择项仅在边次物体编辑模式下不可用。
- ❑ **复制** 复制当前次物体对象级中已选择的集合到剪贴板中。
- ❑ **粘贴** 将剪贴板中将被复制到集合的对象粘贴到当前对象中。

2. "软选择"卷展栏

该卷展栏用于近似选择周围的次物体对象，如图 4-58 所示，可用于不同的次物体模式：⋅⋅、◁、◀、■和 ▰。

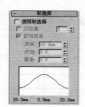　　　　　　　　　　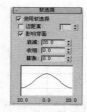

取消勾选"使用软选择"的卷展栏　　　　勾选"使用软选择"的卷展栏

图 4-58

- ❑ **使用软选择** 勾选此选项，该卷展栏中的其他选项和参数设置被激活。
- ❑ **边距离：** 勾选此选项，可以通过设置边距参数来控制被选择点和其影响的顶点之间的影响区域空间。
- ❑ **影响背面** 勾选此选项，对象背面的顶点也可同时被编辑。
- ❑ **衰减：/ 收缩：/ 膨胀：** 后面的参数框用于设置影响区域的曲线状态即软选择的范围。

3. "编辑几何体"卷展栏

该卷展栏的参数是网格编辑的常用参数，如图 4-59 所示。

- ❑ **创建** 单击该按钮，可在视图中创建新的任意次物体对象。
- ❑ **删除** 单击该按钮，可删除当前所选中的网格对象次物体对象。
- ❑ **附加** 将其他对象与当前多边形网格对象合并而生成一个新的整体对象。

次物体模式　　次物体模式　　次物体模式　　次物体模式　　次物体模式

图 4-59

❑　**分离**　将物体选择的次物体对象从此物体中分离出来，成为一个新的独立对象，同时弹出"分离"对话框，如图 4-60 所示，根据需要选择选项即可。

❑　**断开**　单击该按钮，可将相邻连接的面分离开，并创建一个分离的顶点。

❑　**挤出**　单击该按钮，并设置后面的参数可向外或向内移动复制的面片，并创建边将新面片连接到原面片上。

图 4-60

❑　**切角**　该按钮可对顶点或边进行切角处理，后面的参数框用于设置切角的尺寸。

❑　**切片平面**　单击此按钮，可以在网格对象的中间放置一个剪切平面，同时激活其右侧的　**切片**　按钮。

❑　**切片**　单击此按钮，可以将对象沿剪切平面断开。

❑　**切割**　单击此按钮，将以手绘的方式框出要切割的面。

❑　**移除孤立顶点**　单击此按钮，自动地删除网格对象内的所有孤立顶点，用于清理网格。

❑　**视图对齐**　单击此按钮，将当前选定的任意次物体对象与视图坐标平面对齐。

❑　**栅格对齐**　单击此按钮，将当前选定的任意物体对象与主栅格的平面对齐。

❑　**平面化**　单击此按钮，将当前选定的任意物体对象沿其选择集的 X、Y 轴塌陷成一个平面，但并不是进行合成，而只是同处于一个平面上。

❑　**塌陷**　单击此按钮，当前的物体对象选择集将被合并成一个公共的物体对象，且新物体对象的位置是所有被选物体对象位置的平均值。

4. "曲面属性"卷展栏

该卷展栏用于设置顶点的颜色以及 ID 号等，如图 4-61 所示。

图 4-61

（1）"编辑顶点颜色"选项组

该选项组用于为所选的顶点指定颜色、明暗度和透明度，可用于不同的次物体模式：

┇、◀、■ 和 ◉。

❑ **颜色：** 单击后面的颜色按钮可打开"颜色选择器"对话框，用来改变所选顶点的颜色。

❑ **照明：** 通过顶点的明暗度来选择顶点。

❑ **Alpha：** 用于设置所选顶点的透明度，该参数用以百分比表示。

（2）"顶点选择方式"选项组

该选项组提供了多种方式用于选择顶点，只适用于 ┇ 次物体模式。

❑ ⦿ **颜色** 通过顶点的颜色来选择顶点。

❑ ○ **照明** 通过顶点的明暗度来选择顶点。

❑ **选择** 根据所选中的选择方式来选择具有颜色样本框所指定的颜色相匹配的 RGB 范围中的所有顶点。

❑ **范围：** 设置与颜色样本框所指定的颜色相匹配的 RGB 范围。

5. 在 ◁ 次物体模式下的"曲面属性"卷展栏

该卷展栏主要用于设置边的显示方式。

❑ **可见** 当对象的边处于选择状态时，单击该按钮，选择边被指定为可见边，并以红色线进行显示。

❑ **不可见** 单击该按钮，可将当前选定的边指定为隐藏边，且在视图中的选择边不显示为红色。

❑ **自动边** 用于设置当前选定边的显示参数限值，系统默认值为 24。

❑ ⦿ **设置和清除边可见性** 该选项为系统默认选项，选择该选项时，则根据设置的角度参数来决定边可见或隐藏。

❑ ○ **设置** 选择该选项，将显示原先隐藏的边。

❑ ○ **清除** 选择该选项，将隐藏原先可见的边。

在 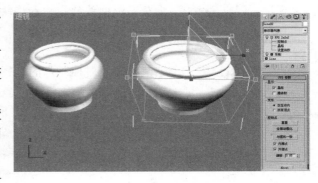、 和 次物体编辑模式下"曲面属性"卷展栏的控制工具均相同，主要用于控制面片对象的表面属性，一般在为对象指定多维材质时才会使用该卷展栏（如当给一个长方体的不同面赋上不同的材质时，就会事先对长方体各个面用 ID 号进行编序，在后面制作多维材质时，再根据面 ID 号设置相匹配的 ID 号材质）。

（1）"法线"选项组

该选项组用于改变被选子对象的法线方向。

❑ 　翻转　 单击该按钮可将所有被选次物体对象的法线方向翻转。

❑ 　统一　 单击该按钮可将所有被选次物体对象的法线方向统一。

❑ 　翻转法线模式　 单击该按钮可对任意个别选取的次物体对象的法线方向翻转。

（2）"材质"选项组

该选项组用于指定多维材质中材质 ID 号所对应的面 ID 号。

❑ 　设置 ID:　 后面的参数框用于为当前选择的面片对象指定一个特殊的材质 ID 号。在为对象赋予多维子材质时，系统将会按子材质 ID 号分配给设定的 ID 面。

❑ 　选择 ID　 通过在其后面框中输入面片的 ID 编号，再单击该按钮，可选出当前物体中对应的 ID 面。

（3）"平滑组"选项组

该选项组参数可为选定的面片指定光滑组，系统为用户提供了 32 个光滑组按钮。

❑ 　按平滑组选择　 单击该按钮将依据光滑组在视图中选择面片。

❑ 　清除全部　 单击该按钮将清除分配给所选择的面的光滑组按钮。

❑ 　自动平滑　 单击该按钮将只选择 1 光滑组按钮。

● 4.2.9 自由变形

FFD（长方体）修改命令根据对象的边界盒加入一个由控制点构成的线框，通过移动控制点次物体对象改变对象的外形，FFD（长方体）自由变形盒方式衍生出了 FFD 2×2×2、FFD 3×3×3、FFD 4×4×4、FFD（长方体）4 种修改工具。FFD 2×2×2 是指线框的每边上有 2 个控制点，FFD 3×3×3 指线框的每边上有 3 个控制点，FFD 4×4×4 则指线框的每边上有 4 个控制点，这 3 个修改命令的参数完全相同。而 FFD（长方体）可以自由指定线框的 3 个边上控制点的数目。其实 FFD（长方体）包含了前面 3 种变形方式，只是为了方便才将它们独立出来，FFD 2×2×2 的变形效果与参数面板如图 4-62 所示。

FFD（圆柱体）自由变形柱比较特别，它的控制线框为柱体方式，用户可以自由控制在高度上、半径上、边上的控制点数，专用于柱体类对象的变形加工。

图 4-62

这里将以 FFD（长方体）为例进行讲解，其参数面板如图 4-63 所示。

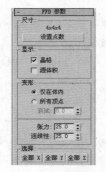

（a）"FFD 参数"卷展栏　　　　　　　　　（b）"控制点"选项组

图 4-63

1．"尺寸"选项组

该组参数用来设置线框中控制点的数目。

单击 设置点数 按钮，将弹出如图 4-64 所示的"设置 FFD 尺寸"对话框，可以设置长、宽、高各个面上的控制点数。

2．"显示"选项组

该组参数用于设置视图中自由变形盒的显示状态。

图 4-64

- ❑ 晶格　　勾选此选项，将不在视图中显示变形盒的线框。
- ❑ 源体积　　勾选此选项，在变换控制点时，不显示改变后的外框形状。

3．"变形"选项组

该组参数用来影响控制点移动造成对象变形的效果。

- ❑ 仅在体内　　选择该选项，设置只有在线框内部的对象部分才会受到变形影响。
- ❑ 所有顶点　　选择该选项，设置对象的所有顶点都会受到变形影响。
- ❑ 衰减：　用来指定线框上 FFD 效果衰减到 0 所需的距离。
- ❑ 张力：/连续性：　调整变形曲线的张力和连续性。

4．"选择"选项组

该组参数提供 3 个轴向上控制对控制点的选择方式。

5．"控制点"选项组

- ❑ 重置　按钮　复位控制点的初始位置。
- ❑ 全部动画化　按钮　给所有的控制点分配点控制器，使其可以在轨迹视图中显示出来。
- ❑ 与图形一致　按钮　单击该按钮，将使控制点在其所在位置与中心点的连线上移动。

- ☐ ☑内部点　勾选此选项，则只有对象的内部点将受到符合图形操作的影响。
- ☐ ☑外部点　勾选此选项，则只有对象的外部点将受到符合图形操作的影响。
- ☐ 偏移：　设置受符合图形影响的控制点的偏移量。

4.2.10　案例详解——制作浴缸模型

本例将创建一个浴缸模型。主要练习"编辑网格"和"网格平滑"修改命令的使用方法，制作好的浴缸模型效果如图 4-65 所示。

操作步骤

01 设置系统单位为"毫米"，在 ⚪ 创建命令面板下，选择 标准基本体 ▼ 下拉列表框中的 扩展基本体 选项，进入 扩展基本体 ▼ 创建面板，单击 切角长方体 按钮，在顶视图中创建 长度：为 2000、宽度：为 800、高度：为 500、圆角：为 10、长度分段：为 8、宽度分段：为 7、高度分段：为 1、圆角分段：为 3 的切角长方体，在透视图中的效果与参数设置如图 4-66 所示。

图 4-65

图 4-66

02 单击 ✎ 按钮，进入修改命令面板，选择 修改器列表 ▼ 下拉列表中的 编辑网格 选项，单击 选择 卷展栏中的 ⁝ 按钮，进入顶点编辑模式，在顶视图中选择顶点，单击工具栏中的移动工具，调整顶点至如图 4-67 所示的位置。

03 单击 选择 卷展栏中的 ■ 按钮，进入多边形次物体编辑模式，按住 Ctrl 键，激活工具栏中的"选择"工具，选择如图 4-68 所示的面。

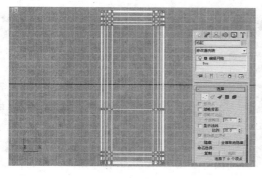

图 4-67

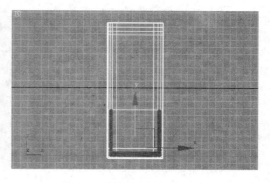

图 4-68

04 设置 编辑几何体 卷展栏中的 挤出 参数为60，并按 Enter 键，结果如图4-69所示。

05 单击修改堆栈 编辑网格 前的 "+" 号，展开次物体选项，选择 面 选项，进入面次物体编辑模式，再单击 编辑几何体 卷展栏中的 切角 按钮，在顶视图要创建切角线的地方单击，用于制作浴缸造型，创建完成的效果如图4-70所示。

图 4-69

> **提 示**
>
> 在创建切角线的过程中，右击可终止切角线下一点的创建。

06 选择修改堆栈中的 多边形 选项，进入多边形编辑模式，在顶视图中对面进行选择，设置 挤出 栏的参数为-70，并按 Enter 键，选择面与参数设置如图4-71所示。

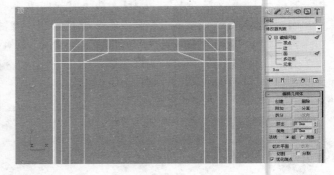

图 4-70

07 继续在顶视图中选择面，设置 挤出 栏的参数为-320，并按 Enter 键，选择面与参数设置如图4-72所示。

08 选择修改堆栈中的 顶点 选项，进入顶点编辑模式，在透视图中对顶点进行框选，如图4-73所示，并激活工具栏中的移动工具，在左视图中将选择顶点沿 Y 轴方向向下移动，调整顶点的位置，制作内部造型，在透视图中的结果如图4-74所示。

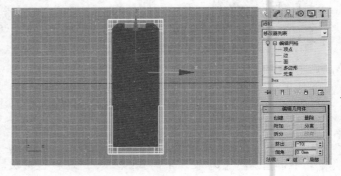

图 4-71

09 确认当前模式为 顶点 编辑模式，在左视图中框选如图4-75所示的顶点，并激活工具栏中的移动工具，将选择顶点

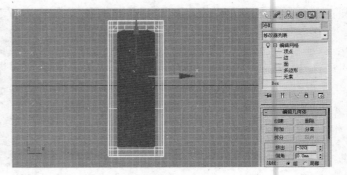

图 4-72

沿 Y 轴方向向下移动，调整顶点的位置，调整内部造型，在透视图中的结果如图 4-76 所示。

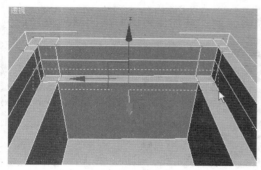

图 4-73

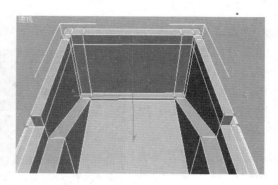

图 4-74

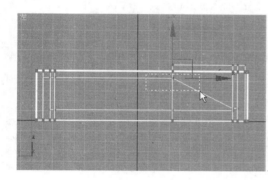

图 4-75

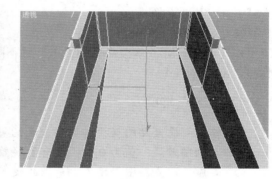

图 4-76

10 选择修改堆栈中的 顶点 编辑模式选项，退出当前编辑模式，浴缸造型效果如图 4-77 所示。

11 下面给模型添加"网格平滑"命令，使其表面更加光滑。在 ✎ 命令面板中，选择 修改器列表 ▼ 下拉列表中的 网格平滑 选项，设置 细分量 卷展栏中的 迭代次数：参数为 3，效果与参数设置如图 4-78 所示，最后赋上材质即可。

图 4-77

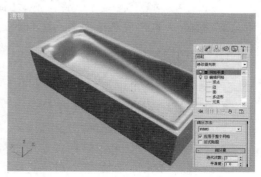

图 4-78

4.2.11 置换

该命令可以将一个图像映射到三维物体表面，使三维物体表面产生凹凸现象，白色的部分将凸起，黑色的部分将凹陷，如制作门上的雕花，其效果与参数面板如图4-79所示。

图 4-79

"置换"命令对图像的要求较高，如果是彩色图像，"置换"命令会自动按其灰度方式进行贴图置换。"置换"修改命令的贴图坐标与 UVW Map 修改命令相似，针对不同形态的三维物体具有平面、柱形、球体、收缩包裹 4 种方式。

1. "置换"选项组

❑ 强度：设置贴图置换对物体表面的影响强度。当为正值时，为凸起效果，负值为凹陷效果，值为 0 时，没有置换效果。

❑ 衰退：设置贴图置换作用范围的衰减。

❑ □亮度中心 勾选该选项，可指定中心亮度值。

2. "图像"选项组

❑ 位图：单击 无 按钮，可以选择计算机中的一幅位图文件作为置换贴图，单击 移除位图 按钮可以将当前位图删除。

❑ 贴图：单击 无 按钮，可在"材质/贴图浏览器"对话框中选择程序贴图，单击 移除贴图 按钮可以将当前贴图删除。

❑ 模糊：柔化置换造型表面尖锐的边缘。

3. "贴图"选项组

❑ ⊙平面 使用平面贴图坐标方式。

❑ ○柱形 使用柱面贴图坐标方式。

❑ ○球形 使用球面贴图坐标方式。

❑ ○收缩包裹 使用收缩包裹贴图坐标方式。

❑ 长度：、宽度：、高度：分别设置贴图坐标各平面的大小。

❑ U向平铺：/V向平铺：/W向平铺：设置在 3 个方向上贴图的重叠次数。

❑ □翻转 反转贴图坐标。

4. "通道"选项组

用户可在此选项组中为对象选择一个通道。

❑ **⦿ 贴图通道:** 选择此选项,将为贴图置换修改指定贴图通道,可通过输入框设置通道数目。

❑ **○ 顶点颜色通道** 选择此选项,将为贴图指定顶点颜色通道。

5. "对齐"选项组

用来设置贴图"边界框"对象的尺寸、位置和方向。

❑ **○ X/○ Y/⦿ Z** 用于选择对齐贴图"边界框"对象的坐标轴向。

❑ **适配** 该按钮用于自动适配贴图大小。

❑ **中心** 该按钮用于将贴图与对象中心进行对齐。

❑ **位图适配** 单击该按钮,将弹出位图选择框,从中选择一个图像文件,贴图将匹配所选位图的长宽。

❑ **法线对齐** 单击该按钮,贴图将自动对齐到所选择表面的法线。

❑ **视图对齐** 单击该按钮,将贴图与当前激活视图对齐。

❑ **区域适配** 单击该按钮,可在视图上拉出一个范围框,使贴图自动匹配该范围。

❑ **重置** 该按钮用于恢复贴图的初始设置。

❑ **获取** 单击该按钮,然后在视图中拾取另一个对象,被单击对象的贴图设定将会被获取到当前对象的贴图坐标上。

● 4.2.12 锥化

"锥化"修改命令可以通过缩放对象的两端进行锥化变形,同时可加入光滑的曲线轮廓,其应用效果及参数面板如图 4-80 所示。

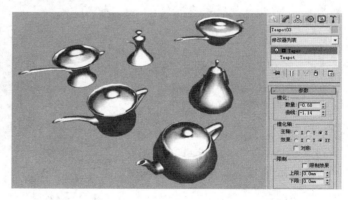

图 4-80

1. "锥化"选项组

❑ **数量:** 设置锥化倾斜的程度。

❑ **曲线:** 设置锥化曲线的曲率。

2. "锥化轴"选项组

❑ **主轴:** 指定锥化的轴向。

❑ **效果:** 指定锥化效果影响的轴向。

❑ **Γ 对称** 勾选此选项,将会产生相对于主坐标轴对称的锥化效果。

3. "限制"选项组

☐ ☐限制效果 勾选此选项，将允许用户限制锥化效果在对象上的影响范围。
☐ 上限:/下限: 分别设置锥化的上限和下限区域。

4.2.13 案例详解——制作苹果模型

本例将创建一个苹果模型。主要练习"锥化"、"置换"和"弯曲"修改命令的使用方法，制作好的苹果模型效果如图 4-81 所示。

📷 操作步骤

01 单击 🔘 创建面板下 标准基本体 ▼ 中的 球体 按钮，在顶视图中拖动鼠标创建 半径:为 10 的球体，并命名为"苹果"，其效果与参数如图 4-82 所示。

02 单击 🖉 按钮，进入修改命令面板，选择 修改器列表 ▼ 下拉列表框中的 锥化 选项，为当前选择的"苹果"对象添加"锥化"修改命令，在 - 参数 卷展栏中设置 数量:参数为 0.85，效果与参数设置如图 4-83 所示。

图 4-81

❗ 提 示

"锥化"修改器对苹果的原始球体进行了大致整形。若要更具有真实感，需要将球体塌陷为可编辑网格，然后使用"软选择"选项调整选定区域和未选定区域之间的变换。

03 接下来调整苹果的形状。确认当前"苹果"为选择状态，在修改堆栈空白处右击，然后选择 塌陷全部 选项，如图 4-84 所示，并在弹出的"警告"对话框中单击 是(Y) 按钮，此时修改堆栈效果如图 4-85 所示。

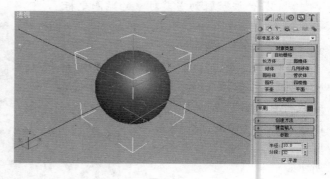

图 4-82

❗ 提 示

如果对如何塌陷堆栈没有把握，可在弹出的"警告"对话框中单击 暂存(H)/是 按钮，再执行"编辑"→"取回"命令，可以将场景还原为没有塌陷的状态。

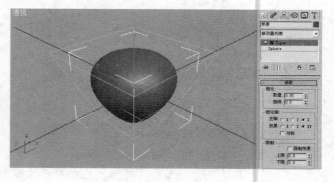

图 4-83

图 4-84

图 4-85

04 通过以上塌陷操作，锥化球体变为
可编辑网格。在修改堆栈中单击
可编辑网格前的"+"号按钮，以展
开次物体编辑选项，选择 **顶点** 选
项，进入顶点次物体编辑模式，在
前视图中，用框选的方式将苹果底
部的 3 行顶点选中，顶点变成红色，
如图 4-86 所示。

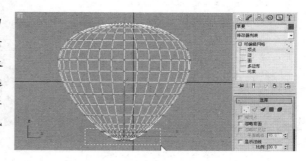

图 4-86

05 接着上一步的操作，勾选修改面板中
软选择 卷展栏下的 ☑ **使用软选择** 选
项，启用"软选择"方式，再设置
衰减: 参数为 15，此时选择的顶点
以逐渐变化的颜色显示，效果与参
数设置如图 4-87 所示。

06 确保 **顶点** 次物体编辑选项在修
改堆栈中处于活动状态（黄色），并
且顶点在视图中可见。然后在
修改器列表 ▼ 下拉列表中选择 **置换**
选项，添加"置换"修改命令，并
设置 **强度:** 参数为 1，苹果的下半部
分的效果与参数设置如图 4-88
所示。

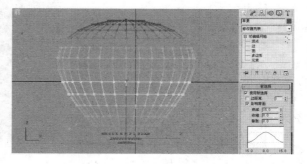

图 4-87

07 再单击 - **参数** 卷展
栏下 **位图:** 栏的 **无** 按钮，
打开源文件与"素材\第 4 章\置换贴
图.jpg"文件，如图 4-89 所示，用
于制作苹果底部的凹凸效果。

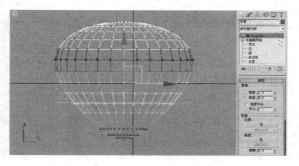

图 4-88

> ! **提示**
>
> 　　该位图是一个黑色的方格,其中有 4 个模糊的白色水滴。白色区域的置换比黑色区域要多,从而在苹果底部生成 4 个特有的凹凸。

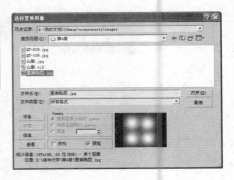

08 此时再设置 强度:参数为-6,苹果的下半部分将产生凸起效果,在透视图中的效果与参数设置如图 4-90 所示。

图 4-89

09 接下来完成苹果的顶部,此时需要添加"编辑网格"修改命令。选择 修改器列表 下拉列表中的 编辑网格 选项,并单击 选择 卷展栏中的 按钮,启动顶点次物体编辑模式,在顶视图中单击苹果中间的顶点,勾选 使用软选择 选项,设置 衰减:参数为 4,并激活前视图,将选择顶点沿 Y 轴向下移动,制作顶部中间的造型,如图 4-91 所示。

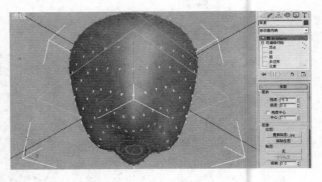

图 4-90

10 按住 Ctrl 键,再框选苹果模型顶部的 3 行顶点,在修改面板中设置 衰减:参数为 8,如图 4-92 所示。

11 在修改堆栈中右击 Displace 命令层级,然后选择快捷菜单中的 复制 选项。在修改堆栈顶部的 编辑网格 命令层级上右击,然后选择快捷菜单中的 粘贴 选项,将复制的"置换"修改器添加到修改堆栈中,并修改 强度:参数为 2,结果如图 4-93 所示。

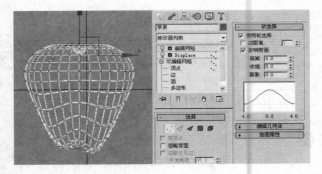

图 4-91

12 单击修改堆栈中顶部的 Displace 命令层级前的"+"号按钮,在展开的次物体编辑选项中选择 Gizmo 选项,结合工具栏中的移动工具,在前视图中沿 Y 轴向上调整 Gizmo 的位置,使其刚刚高于苹果,同时设置 衰退:参数为 1.5,这样苹果顶部的造型就做好了,其效果与参数设置如图 4-94 所示。

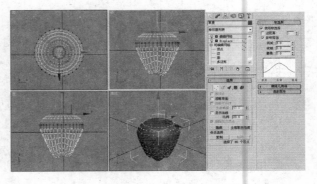

图 4-92

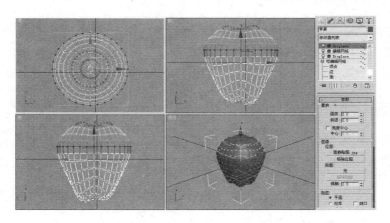

图 4-93

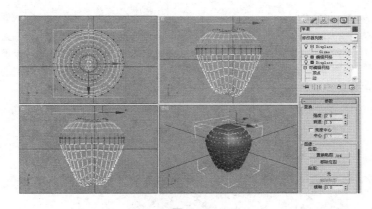

图 4-94

13 最后制作苹果顶部的茎。单击 ⟍ 按钮，返回创建命令面板，再单击 ⊙ 创建面板中的

⬚ 圆柱体 按钮，并勾选
☑ 自动栅格 选项，在顶视
图中捕捉苹果顶部中间
位置创建 半径:为 0.7、
高度:为 7、高度分段:为
12 的圆柱体并命名为
"苹果茎"，效果与参数
设置如图 4-95 所示。

14 单击 ⟋ 按钮，进入修改
命 令 面 板 ， 选 择
修改器列表 ▾ 下拉列表
框中的 弯曲 选项，为当前

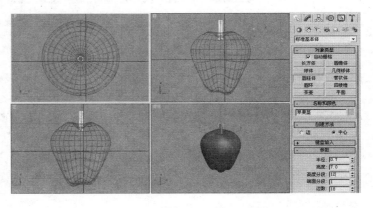

图 4-95

选择的"苹果茎"对象添加"弯曲"修改命令，在 ⟋ 参数 卷展栏中设
置 角度:参数为 72，效果与参数设置如图 4-96 所示。

图 4-96

15 最后赋上材质，进行渲染即可。

! 提 示

如果希望使茎看上去类似于图 4-97 所示的效果，可在修改堆栈中"弯曲"命令层级下方添加一个非常轻微的"锥化"修改命令。具体操作方法是在修改堆栈中选择 Cylinder 命令层级，此时选择 修改器列表 下拉列表框中的 锥化 选项，添加"锥化"修改器，在圆柱体弯曲之前对其锥化，设置锥化的 数量 参数为-0.5。

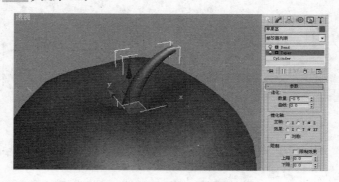

图 4-97

归 纳 总 结

通过本章对三维模型常用编辑命令的初步学习，相信大家已经掌握了一些常见三维模型的制作方法与技巧。很多三维模型可以通过多种编辑方式来制作，但只有熟练掌握这些基本的编辑方法才能够快捷、方便地完成三维模型的创建，从而制作出人们需要的三维模型来。

互 动 练 习

1. 选择题

（1）在 3ds Max 中，通过给图 4-98 所示的左边圆台添加（　　）修改命令，可得到

图 4-98 所示的右边网格效果。

　　　A. 扭曲　　　　　B. 编辑网格　　　C. 晶格　　　　D. 噪波

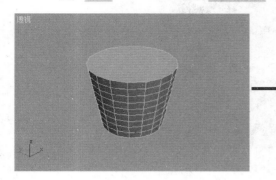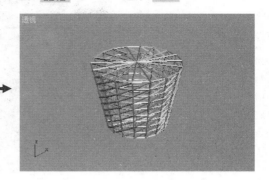

图 4-98

（2）图 4-99 左图所示的圆柱体通过添加（　　　）修改命令，可得到右图所示的效果。

　　　A. 扭曲　　　　　B. 挤压　　　　C. 拉伸　　　　D. 变换

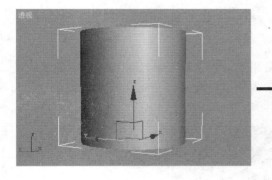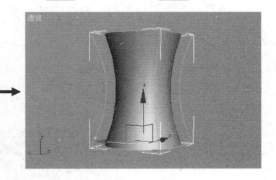

图 4-99

（3）给图 4-100 左图所示的圆柱体添加（　　　）修改命令，可得到右图所示的棱台效果。

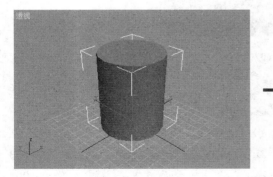

图 4-100

　　　A. 锥化　　　　　B. 编辑网格　　　C. FFD 2×2×2　　　D. 拉伸

（4）制作如图 4-101 所示的苹果模型可采用哪些操作步骤来实现？（　　　）

图 4-101

    A．先绘出截面图形再添加"车削"修改命令

    B．先创建球体再添加"编辑网格"命令调整顶点

    C．先创建球体再添加"编辑多边形"命令调整顶点

    D．先绘出截面图形再添加"轮廓"修改命令

2．上机题

（1）本例将制作如图 4-102 所示的喷泉效果图。喷泉属于环境装饰范畴，它具有美化环境、净化空气、平衡湿度的作用，在比较大的室内场景与空中花园常采用喷泉作为主体装饰，可谓有光、有色、有声、有动感。

图 4-102

喷泉效果的制作方法很多，但多用粒子系统这种简单的方法来制作，其缺点是很耗内存。本例将用二维图形通过 挤出 命令来造型，利用"阵列"命令制作水柱效果。

操作提示

01 单击创建命令面板中的 管状体 按钮，在顶视图中绘制喷泉外池，参数如图 4-103 所示。将其在原位复制 1 个，制作喷泉内池，在修改命令面板中将 半径 1：改为 100、半径 2：改为 110、高度：改为 25，结果如图 4-104 所示。

02 制作喷泉池底。单击 圆柱体 按钮，在顶视图中捕捉喷泉外池圆柱体的轴心，绘制 半径：为 182、高度：为 15 的圆柱体作为池底，如图 4-105 所示。

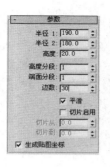

图 4-103

图 4-104

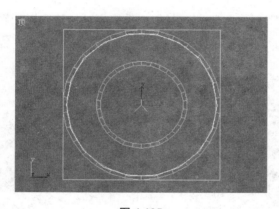

图 4-105

03 制作喷泉，单击   线   按钮，在前视图中绘制喷水柱截面图形，如图 4-106 所示。然后对喷水柱截面图形添加"挤出"修改命令，设置 数量:参数值为 0.7。然后"镜像"复制。调整位置，结果如图 4-107 所示。

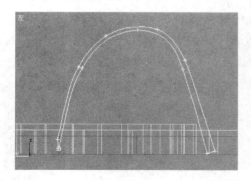

图 4-106

图 4-107

04 选择制作好的喷水柱将其成组为"水柱"，然后使用"对齐"工具进行对齐操作，对齐后的位置如图 4-108 所示。最后使用"阵列"命令进行操作，结果如图 4-109 所示。这样，水柱就做好了。

05 用同样的方法制作内侧水池喷水柱，完成后的效果如图 4-110 所示。

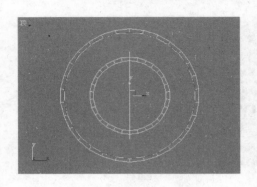

图 4-108   图 4-109

（2）本练习使用 FFD 修改器命令制作鸡蛋模型，最终效果如图 4-111 所示。

图 4-110   图 4-111

📋 **操作提示**

01 首先创建一个球体，为球体添加 FFD 4×4×4 修改命令。

02 接着上一步的操作，在前视图中利用移动工具框选如图 4-112 所示的控制点，然后将其沿 Y 轴向上移动到如图 4-113 所示的位置。

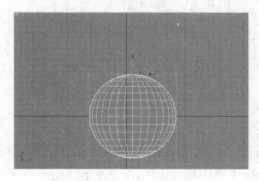

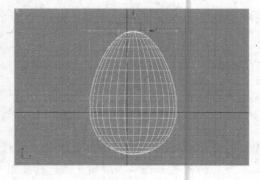

图 4-112   图 4-113

03 为了体现出鸡蛋形状的不规则性，在左视图中框选如图 4-114 所示的控制点，然后

将其沿 Y 轴向上移动到如图 4-115 所示的位置。

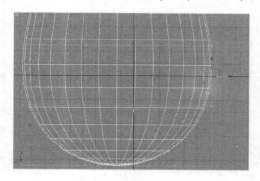

图 4-114

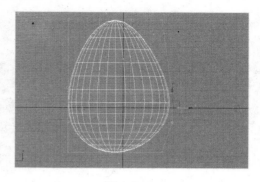

图 4-115

04 切换到透视图中，选择球体对象，右击，在弹出的快捷菜单中执行"转换为"→"转换为可编辑多边形"命令，即可将球体对象转换为可编辑多边形，如图 4-116 所示，以方便在透视图中观察鸡蛋制作完成的效果，如图 4-117 所示。

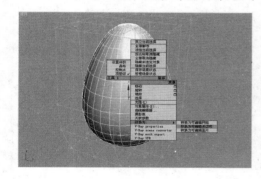

图 4-116

图 4-117

第 5 章　使用二维图形创建与编辑三维模型

学习目标

本章将学习如何在 3ds Max 9 中创建和编辑二维图形以及如何将二维图形编辑成三维模型。在创建三维模型时，很多三维模型是通过对二维图形进行挤出、车削、倒角等编辑创建而成的。因此，应熟练掌握二维图形的编辑方法和技巧。

要点导读

1. 认识二维图形
2. 创建基本的二维图形
3. 编辑二维图形
4. 二维图形转成三维模型
5. 案例详解——制作艺术陶罐
6. 案例详解——绘制室内阴角线截面
7. 案例详解——制作爱心凳
8. 案例详解——制作樱桃

精彩效果展示

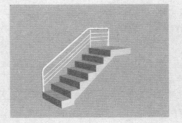

5.1 认识二维图形

5.1.1 二维图形的作用

二维图形在建模和动画中起着非常重要的作用，它是生成三维模型的基础，常作为放样路径、截面、动画中的约束路径来使用。给二维图形添加 车削、挤出、倒角、倒角剖面 和 晶格 修改命令，可以将二维图形直接转换成三维实体，如图 5-1 所示。

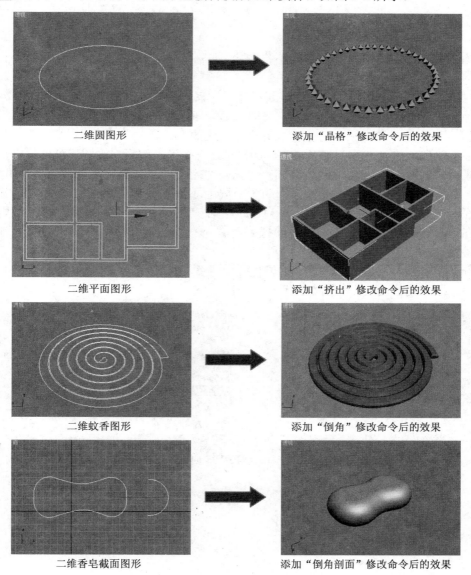

二维圆图形 → 添加"晶格"修改命令后的效果

二维平面图形 → 添加"挤出"修改命令后的效果

二维蚊香图形 → 添加"倒角"修改命令后的效果

二维香皂截面图形 → 添加"倒角剖面"修改命令后的效果

图 5-1

二维图形还可设置为可渲染的直线，用于表现管状的物体，如霓虹灯等三维模型，如图 5-2 所示。

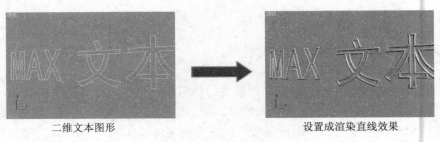

二维文本图形   设置成渲染直线效果

图 5-2

5.1.2 二维图形创建面板

二维图形是由一条或者多条样条线组成的对象。对象中的样条线则是由一系列的点定义的曲线，样条线上的点通常被称为顶点，这些顶点包含着不同的特性（ `Bezier 角点` 、 `Bezier` 、 `角点` 、 `平滑` ），分别控制着样条曲线的形态。

在 3ds Max 中，二维图形是最基础的造型之一，通过编辑二维图形可创建出复杂的三维模型。单击 （创建）按钮下的 （图形）按钮，进入二维图形创建面板，如图 5-3 所示，单击 `对象类型` 下面的各个按钮可创建相应的二维图形。

在系统默认情况下， `样条线` 类型选项总是显示在最前面，为最常用的面板，在该下拉列表框中还提供 `NURBS 曲线` 和 `扩展样条线` 两种类型的二维图形创建选项，以满足用户的创建需要，如图 5-4 所示。

选择 `样条线` 下拉列表框中的 `NURBS 曲线` 或 `扩展样条线` 选项，将打开其对应的二维图形创建面板，如图 5-5 所示。

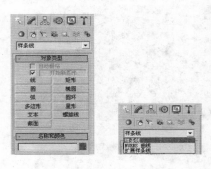

"NURBS 曲线"创建面板   "扩展样条线"创建面板

图 5-3   图 5-4   图 5-5

5.2 创建基本的二维图形

1. 线

线是最基本的平面造型之一，它可以用来绘制任何形状的封闭或开放曲线（包括直

使用二维图形创建与编辑三维模型

线），也可绘制封闭的二维图形和非封闭的放样路径，效果如图 5-6 所示。

单击 ⊙（二维图形）创建面板中的 [____线__] 按钮，在前视图中单击创建起点，然后移动光标再单击创建下一点，且点与点之间用线的方式进行连接，再移动光标单击指定下一点，若要结束点的创建，可直接右击，此时创建的线为直线段，如图 5-7 所示。

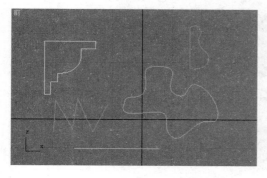

图 5-6

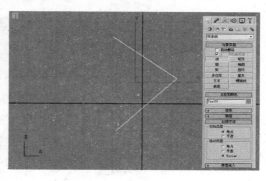

图 5-7

> ❗ **提 示**
>
> 创建线的方法很多，可通过拖动鼠标光标的方式确定点的位置和弧度来创建线，还可在
> [_ 创建方法_] 卷展栏下选择所创建的线的类型。

（1）初始类型 选项组

用来设置单击鼠标建立线形时所创建的端点类型。

- ❏ ⦿ 角点 用于建立折线，端点之间以直线连接。
- ❏ ○ 平滑 用于建立曲线，端点之间以曲线连接，且曲线的曲率由端点之间的距离决定。

（2）拖动类型 选项组

用来设置光标并拖动鼠标光标建立线形时所创建的端点类型。

- ❏ ○ 角点 选择该选项，建立的线形在端点之间为直线。
- ❏ ○ 平滑 选择该选项，建立的线形在端点处将产生光滑的曲线。
- ❏ ⦿ Bezier 选择该选项，建立的线形将在端点产生光滑的曲线。与平滑方式不同的是，端点之间曲线的曲率及方向是由使用鼠标在端点处拖动控制柄所控制的。

2. 圆

[____圆___] 按钮用于创建圆形，常用于制作放样物体的放样截面，还常用作放样时的基本形体，其创建效果与参数如图 5-8 所示。

- ❏ 半径： 用于设置圆的半径参数，参数越大圆也越大。

3. 弧

[____弧___] 按钮可用来创建圆弧曲线和扇形，创建的圆弧效果与参数面板如图 5-9 所示。

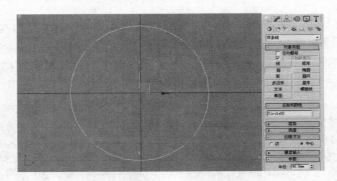

图 5-8

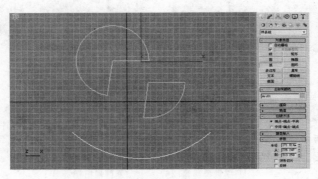

图 5-9

圆弧的创建方法与圆形基本相同，由于圆弧是圆的一部分，因此在创建时先要指定圆弧的起点、端点以及圆弧所跨的弧度大小，图 5-10 所示为圆弧的创建流程。圆弧也可用作放样物体的放样截面。

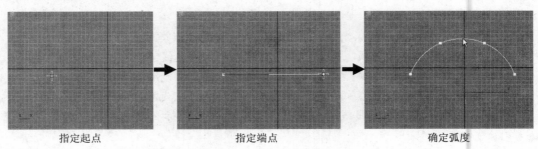

| 指定起点 | 指定端点 | 确定弧度 |

图 5-10

- ❑ **半径**：设置建立的圆弧的半径大小。
- ❑ **从**：设置建立的圆弧在其所在圆上的起始点的角度。
- ❑ **到**：设置建立的圆弧在其所在圆上的结束点的角度。
- ❑ □ **饼形切片**　勾选该选项，则分别把圆弧中心和弧的两个端点连接起来构成封闭的图形。
- ❑ □ **反转**　反向选择圆弧。圆周上任意两点将圆周分成两端弧，若未勾选该选项，被选择的弧线为从起始角度到结束角度，勾选该选项则反向选取。

4. 多边形

多边形 按钮可用于制作任意边数的多边形，其边数最小时为 3，创建的多边形为三角形。通过设置其圆角参数可制作圆角多边形，效果如图 5-11 所示。当边数取值过大，如大于 30 时，创建的图形将接近圆形。

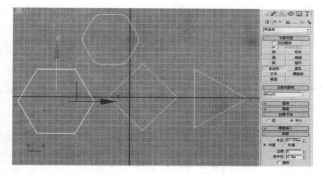

图 5-11

- ❑ **内接**，选择该选项，则输入的半径为多边形的中心到其顶点的距离。

- ❑ **外接** 选择该选项，则以上输入的半径为多边形的中心到其边界的距离。
- ❑ **边数**：用于设置设置多边形的边数，最小值为 3。
- ❑ **角半径**：用于设置多边形的圆角半径。
- ❑ **圆形** 选择该选项时，多边形变成圆形。

5. 文本

文本 按钮可用来在场景中直接产生文字图形或制作三维的图形文字，如图 5-12 所示。同时也可以对文本的字体等样式进行参数设置，在文本框中输入的文本内容既可以是中文也可以是英文，还可以对其进行一些简单的编辑工作。甚至在完成了动画制作之后，仍可以修改文本的内容。

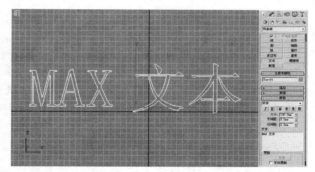

图 5-12

- ❑ **大小**：用来设置文字的大小。
- ❑ **字间距**：用来设置文字之间的距离。
- ❑ **行间距**：用来设置文字行与行之间的距离。
- ❑ **文本**：用来输入文本内容，同时也可以进行改动。
- ❑ **更新** 用于设置修改完文本内容后，视图是否立刻进行更新显示。当文本内容非常复杂时，系统可能很难完成自动更新，此时可选择手动更新方式。只有当 **✓ 手动更新** 选项处于勾选状态时，该按钮才可用。
- ❑ **手动更新** 用于进行手动更新视图。勾选该选项时，当单击 **更新** 按钮后，文本输入框中当前的内容才会显示在视图中。

6. 截面

截面 按钮用来通过截取三维造型的剖面来获取二维图形。通常与三维几何体配合使用且创建的截面必须与三维造型相交才有效，获取的二维图形以高亮黄色线框显示，其使用效果和参数面板如图 5-13 所示。

[创建图形] 按钮用于创建截面图形，当截面与三维造型相交时，单击此按钮，将打开"命名截面图形"对话框，如图 5-14 所示。在"名称"栏内可以更改默认名称，单击 [确定] 按钮，即可创建一个截面图形。如果没有和三维物体产生相交，则无法创建截面。

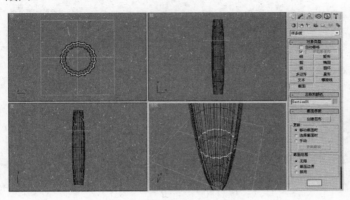

图 5-13　　　　　　　　　　　　　　图 5-14

（1）[更新]选项组

❏ ⦿ [移动截面时]　在移动截面的同时更新视图。

❏ ○ [选择截面时]　只有在选择了截面时才进行视图更新。

❏ ○ [手动]　　手动决定视图显示的更新时间。可通过单击 [更新截面] 按钮手动更新视图。

（2）[截面范围]选项组

❏ ⦿ [无限]　选择该选项后，截面所在的平面将无限扩展，只要经过此剖面的物体都被截取，而与视图显示截面的尺寸无关。

❏ ○ [截面边界]　选择该选项后，将以截面所在的边界为限，凡是接触到截面边界的造型都被截取，否则不受影响。

❏ ○ [禁用]　关闭截面的截取功能。

7．矩形

[矩形] 按钮用于创建长方形和圆角长方形，在创建过程中按住 Ctrl 键可以创建正方形，效果如图 5-15 所示。矩形常作为放样物体的截面来使用。

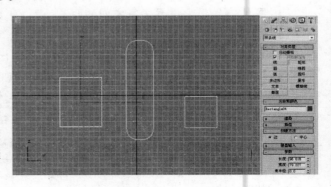

图 5-15

❏ [角半径:]　可以设置矩形的 4 个角为圆角。

8．椭圆

椭圆的创建方式与圆的创建方式基本相同，单击 椭圆 按钮，在绘图区域内单击并拖动鼠标光标完成椭圆的创建，也可通过设置 参数 卷展栏中的 长度：和 宽度：参数来调整椭圆的大小，在创建的过程中按住 Ctrl 键可创建圆，效果与参数如图 5-16 所示。

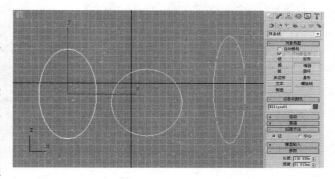

图 5-16

9．圆环

圆环 常作为放样截面使用，通过放样来生成空间的三维实体以创建某些特殊的三维形体，创建的圆环效果与参数面板如图 5-17 所示。通过设置圆环的外圆半径参数和内圆半径参数来确定圆环的大小。

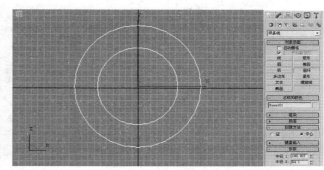

图 5-17

10．星形

星形 按钮可用来建立多角星形，通过调整各项参数可以产生许多奇特的图案，效果及参数面板如图 5-18 所示。

❑ **半径 1**：用来设置星形的顶点内接于圆的半径大小。

❑ **半径 2**：用来设置星形的顶点外切于圆的半径大小。

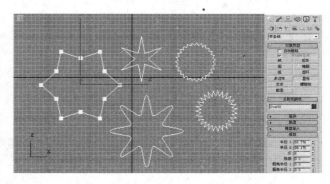

图 5-18

❑ **点**：用来设置星形的顶点数，其范围是 3～100。星形的实际顶点数是该数值的两倍，其中一半的顶点位于同一半径上形成星形的外顶点，剩下的顶点则位于另一半径上形成星形的内顶点。

❑ **扭曲**：用来设置扭曲值，使星形的齿产生扭曲。正值对应的是逆时针旋转，负值对应的是顺时针旋转。

❑ **圆角半径 1**：用来设置星形内顶点处的圆角半径，如图 5-19 所示。

❑ **圆角半径 2**：用来设置星形外顶点处的圆角半径，如图 5-20 所示。

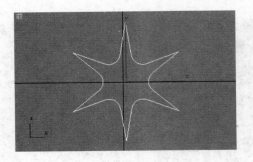

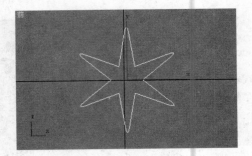

图 5-19   图 5-20

11. 螺旋线

螺旋线 按钮常用作放样物体的放样路径，在其参数面板中可以设置螺旋线的大小、圈数及旋转方向等参数，其效果及参数如图 5-21 所示。

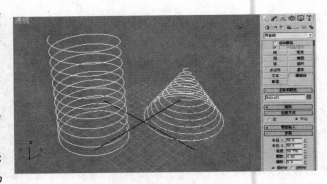

图 5-21

- ❑ **圈数**：设置螺旋线旋转的圈数。

- ❑ **偏移**：设置旋转的偏移强度，正值偏向上方，负值偏向下方。

- ❑ ⦿ **顺时针** / ○ **逆时针** 用于选择螺旋线旋转的方向。

5.3 编辑二维图形

●—— 5.3.1 二维图形的层级结构

在 3ds Max 中，主要通过编辑二维图形次级结构对象的方式来控制曲线的最终形态，二维图形有以下层级结构。

顶点是组成线段的最基本元素，一条线段至少有两个顶点，在 3ds Max 中有 4 种不同类型的顶点。

- ❑ 在"平滑"类型下顶点两侧的线段变成光滑的曲线，曲线与顶点成相切状态。它的相关操作是：框选一顶点后，右击，在弹出的快捷菜单中选择"平滑"选项，如图 5-22 所示，选择"平滑"方式以后，顶点两侧的线段变成光滑的曲线，如图 5-23 所示。

图 5-22

- ❑ 在"角点"类型下，顶点两侧的线段可以呈现任何相交角度，如图 5-24 所示。

- ❑ 在 Bezier 类型下，顶点上添加了两根控制手柄，不论调节哪一根，另一根始终与它保持成一条直线，并与曲线相切，拖动任何一根手柄轴改变其长度，另一根手柄也会等比例缩放，如图 5-25 所示。

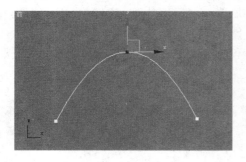

| 图 5-23 | 图 5-24 |

❏ "Bezier 角点"类型是改进了的 Bezier 模式，相比起来，它使顶点更为自由，如图 5-26 所示。

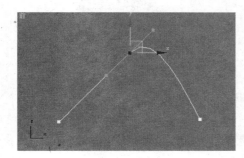
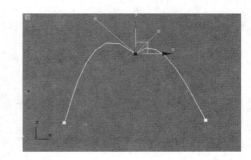

图 5-25   图 5-26

5.3.2 转换为可编辑的二维图形

二维图形创建面板提供的二维图形都是些最基础的图形，有时并不是人们想要的形状，通常需要进行再次编辑，此时就可通过系统提供的方法将其转为可编辑的二维图形来制作人们想要的造型。

将绘制的二维图形转换为可编辑的二维图形有两种方法。

一是直接选择二维图形，在视图窗口中右击，选择快捷菜单 转换为 下 面 的 转换为可编辑样条线 选项，将其转换为可编辑的样条曲线，此时对象的 Circle 命令层被直接转换成 可编辑样条线 状态，将不能回到最初状态，如图 5-27 所示。

二是进入修改命令面板，

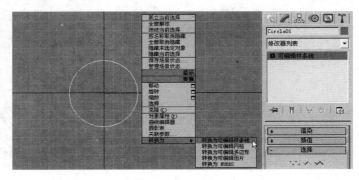

图 5-27

选择 修改器列表 下拉列表框中的 编辑样条线 选项，给当前的二维图形直接添加"编辑样条线"修改命令即可，此时仍可在修改堆栈中回到 Circle 命令层级对参数进行修改，如图 5-28 所示。

值得一提的是，在二维图形创建面板中，仅 线 按钮创建的图形是可直接编辑的样条线，如图 5-29 所示。

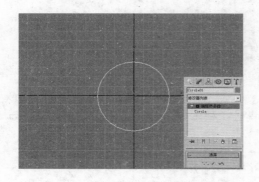
图 5-28

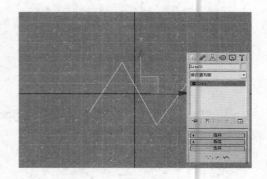
图 5-29

5.3.3 案例详解——绘制室内阴角线截面

下面将制作如图 5-30 所示的阴角线截面图形，主要练习样条线的编辑方法。

操作步骤

01 单击 按钮下的 按钮，进入二维图形创建面板，单击 线 按钮，按住 Shift 键在前视图中移动光标并依次单击，创建如图 5-31 所示的闭合曲线。

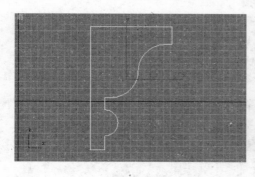
图 5-30

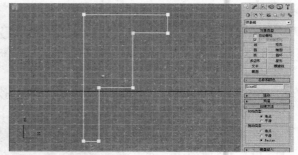
图 5-31

提示

在创建线的过程中，顶点以白色小方块表示，黄色的小方块表示样条线的起点。在采用多个截面进行放样时，则可通过调整截面起点的位置来校正放样体的扭曲效果。

02 当起点与终点重合时，弹出"样条线"对话框，如图 5-32 所示，系统提示是否要闭

使用二维图形创建与编辑三维模型

合样条线，单击 <u>是(Y)</u> 按钮，闭合样条线。

03 再单击 <u>圆</u> 按钮，在如图 5-33 所示的位置创建大小相同的圆，用于后面制作阴角线的半圆效果，可单击工具栏中的移动工具调整圆的位置。

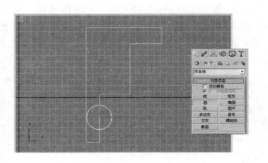

图 5-32   图 5-33

04 选择第一步创建的样条线，单击 <u>✐</u> 按钮，进入修改命令面板，单击 <u>- 几何体</u> 卷展栏中的 <u>附加</u> 按钮，单击视图中的圆，如图 5-34 所示，将其附加为一个整体。

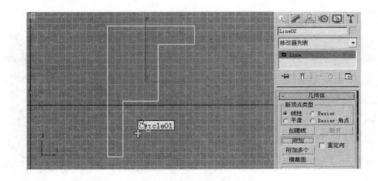

图 5-34

05 单击 <u>- 选择</u> 卷展栏中的 <u>∧</u>（样条线）按钮，进入"样条线"次物体编辑模式，如图 5-35 所示。

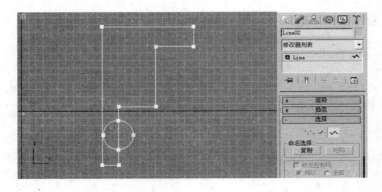

图 5-35

提示

单击 Line 前的 "+" 号按钮，在展开的次物体选项中选择 样条线 选项，此时
选择 卷展栏中的 ∧ 按钮被激活，说明修改堆栈中的 Line 下的次物体选项与
选择 卷展栏中的按钮之间具有关联性，无论是选择修改堆栈中的次物体选项还是单击 选择 卷展栏中的次物体按钮，都将同时启动相应的次物体编辑模式，如图 5-36 所示。

修改面板　　启动"顶点次物体"编辑模式　启动"线段次物体"编辑模式　启动"样条线次物体"编辑模式

图 5-36

132

06 单击 几何体 卷展栏中的 修剪 按钮，单击圆与样条线相交和重合的线段，如图 5-37 所示，将其修剪掉。

07 修剪后的结果如图 5-38 所示，再右击，退出当前的 修剪 命令。

08 修剪后的圆与样条线相交的顶点为开放状态，接下

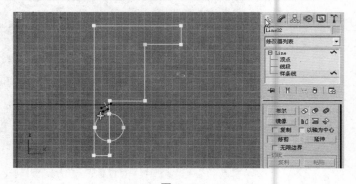

图 5-37

来将顶点进行焊接使其成为一个闭合的样条线。选择修改堆栈中 Line 下的 顶点 选项，进入"顶点"次物体编辑模式，框选如图 5-39 所示的顶点。再单击 几何体 卷展栏中的 焊接 按钮，此时样条线变成闭合曲线。

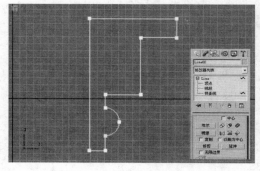 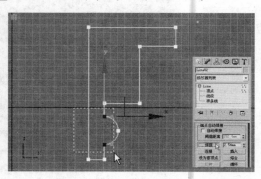

图 5-38　　　　　　　　　　　　　　　**图 5-39**

09 下面制作阴角线中的弧型造型。确认当前编辑模式为 ┈┈ 顶点 次物体编辑模式，框选如图 5-40 所示的顶点，并在视图窗口中右击，在弹出的快捷菜单中选择 Bezier 选项，如图 5-41 所示。

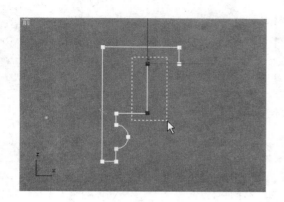

图 5-40

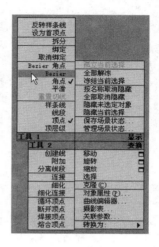

图 5-41

10 修改为 Bezier 类型后的顶点效果如图 5-42 所示，单击工具栏中的 ✛ 工具，分别调整两顶点的位置，结果如图 5-43 所示。

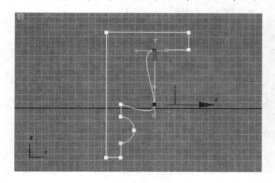

图 5-42

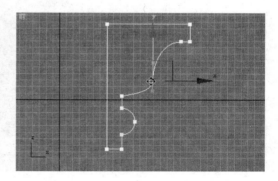

图 5-43

11 选择贝塞尔后的第二个顶点，移动上下的绿色控制柄，调整曲线的形态，并适当调整顶点的位置，如图 5-44 所示。

12 再选择贝塞尔后的第一个顶点，在视图窗口中右击，在弹出的快捷菜单中选择 Bezier 角点 选项，如图 5-45 所示，修改顶点为"贝塞尔角点"类型。

13 单击工具栏中的 ✛ 工具，移动顶点两侧的绿色控制柄，调整曲线的形态，并适当调整顶点的位置，调整后的结果如图

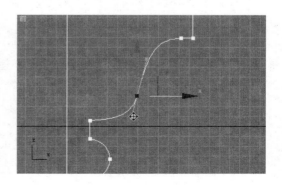

图 5-44

5-46 所示，这样阴角线截面图就做好了。

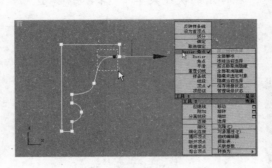

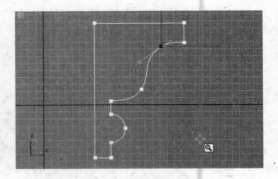

图 5-45   图 5-46

> **⚠ 提示**
>
> 在对选择的两个顶点进行调整的过程中，还可用圆角的方式对顶点进行圆角来制作弧线。具体操作方法是：接着第 8 步操作，选择两顶点，再单击修改面板中 ─ 几何体 卷展栏下的 圆角 按钮，在前视图中单击并拖动鼠标光标，将选择顶点进行圆角处理，弧度如图 5-47 所示，松开鼠标完成操作。

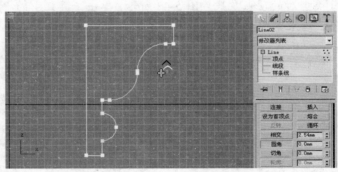

图 5-47

5.4 二维图形转成三维模型

二维图形转换为三维实体的方法很多，主要是通过给二维图形添加修改命令来实现的，下面将重点介绍常用的 挤出、车削 和 倒角 修改命令的使用。

● 5.4.1 挤出

挤出命令可以将二维图形生成有厚度的三维实体，用来制作一些家具和工业品模型，效果如图 5-48 所示，如果想对挤出的模型进行形状的编辑，可通过添加其他修改命令来实现。

❑ 数量：用于设置挤出的厚度。

❏ <u>分段</u>： 用于设置挤出厚度的分段数目，参数越大渲染所需要的时间也越长。一般采用系统默认的参数即可，若有特殊需求可根据实际情况增加"分段"参数值。

图 5-48

❏ ☑<u>封口始端</u> 勾选此选项，将在挤出对象的开始端生成平面，系统默认为选择状态。

❏ ☑<u>封口末端</u> 勾选此选项，将在挤出对象的封口端生成平面，系统默认为选择状态。

❏ ◉<u>变形</u> 选择此选项，将在一个可预测、可重复模式下安排封口的面。

❏ ○<u>栅格</u> 选择此选项，将在图形边界上的方形修剪栅格中安排封口的面。

❏ ○<u>面片</u> 选择此选项，将挤压而成的对象输出为面片对象，对它可以用<u>编辑面片</u>修改命令进行修改。

❏ ◉<u>网格</u> 选择此选项，将挤压而成的对象输出为网格对象，对它可以用<u>编辑网格</u>修改命令进行修改。

135

❏ ○<u>NURBS</u> 选择此选项，将挤压而成的对象输出为 NURBS 对象，对它可以用<u>NURBS 曲面选择</u>修改命令进行修改。

❏ ☐<u>生成贴图坐标</u> 勾选此选项，将贴图坐标应用到挤出对象中，默认设置为取消勾选状态。

❏ ☐<u>真实世界贴图大小</u> 该选项系统默认为取消勾选状态，只有☑<u>生成贴图坐标</u>选项处于勾选状态时，该选项才被激活。

❏ ☑<u>生成材质 ID</u> 勾选此选项，将不同的材质 ID 指定给挤出对象的侧面和封口。

❏ ☐<u>使用图形 ID</u> 勾选此选项，将使用挤出样条线指定给线段的材质 ID 值。

❏ ☑<u>平滑</u> 勾选此选项，将"平滑"效果应用于挤出的实体。

5.4.2 案例详解——创建楼梯

下面将制作如图 5-49 所示的楼梯模型。在制作楼梯踏步时先用<u>线</u>按钮创建二维截面图形，然后添加<u>挤出</u>修改命令将二维线框转换为三维对象。在制作栏杆与扶手时直接用<u>线</u>按钮创建，并将其设置为可渲染的线段。

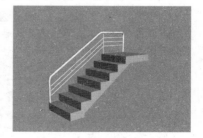

图 5-49

▶ 操作步骤

01 执行"文件" → "新建"菜单命令，新建场景。

02 为了规范地制作图形，接下来设置捕捉方式。单击工具栏中的 （三维捕捉）按钮，并在该按钮上右击，在弹出的"栅格和捕捉设置"对话框中勾选 ☐ ☑ 栅格点 选项，如图 5-50 所示。

03 单击 ▲ 面板下的 ⊙ 按钮，在"二维图形"创建命令面板中，单击 线 按钮，在前视图中右击激活前视图，并按 Ctrl+W 键或单击视图控制区域的 ⊞ 按钮全屏显示前视图，捕捉栅格点绘制如图 5-51 所示的楼梯剖面线框。

图 5-50

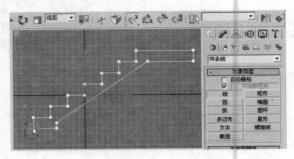

图 5-51

> **提示**
>
> 在绘制线段的过程中，若在不需要的地方确定了点，要想返回上一步操作时，可以按键盘上的←键，取消错误确定点的操作，若继续按←键，可以返回再上一步的操作状态，如果想把绘制好的线段全部取消，可按 Del 键。

04 当起始点与端点重合时，系统弹出"样条线"对话框，提示

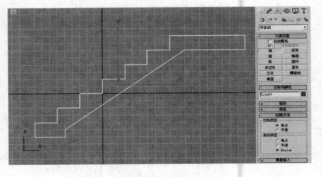

图 5-52

用户是否闭合样条线，单击 是① 按钮，闭合样条线，完成后的效果如图 5-52 所示。

> **提示**
>
> 创建好后，可在 - 名称和颜色 卷展栏中给创建的样条线进行重命名，单击名称栏后面的 ■（颜色）按钮，将打开如图 5-53 所示的"对象颜色"对话框，可以重新设置样条线的颜色。

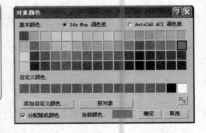

图 5-53

05 最后，单击 ✐ 按钮，进入修改命令面板，选择 修改器列表 ▼ 下拉列表框中的 挤出 选项，添加"挤出"修改命令，并在"挤出"修改面板中设置 数量: 参数，线框图变成三维实体，并单击视图控制工具栏中的 ⊞ 按钮，效果如图 5-54 所示。

06 接下来制作栏杆扶手。单击 ▲ 面板下的 ⊙ 按钮，再单击二维图形创建命令面板中的 线 按钮，在前视图中捕捉栅格点顺着楼梯的走向绘制如图 5-55 所示的样条

线，完成后右击退出绘制线操作。

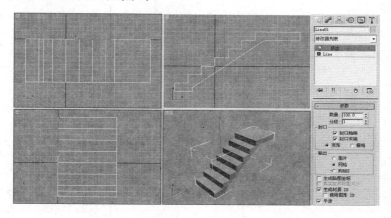

图 5-54

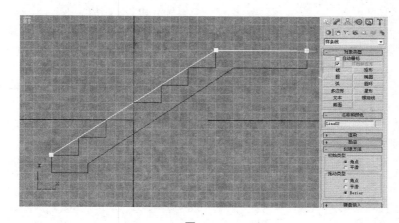

图 5-55

07 单击 **+   渲染** 卷展栏，展开下拉面板，勾选 ☑ **在渲染中启用** 和 ☑ **在视口中启用** 选项，这样绘制的样条线在视图窗口中和渲染后都可看见。适当设置 **厚度** 参数值，在透视图中的效果与参数如图 5-56 所示。

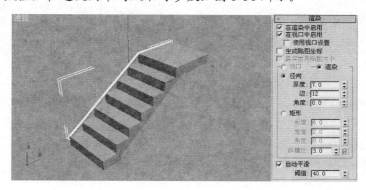

图 5-56

> **提示**
>
> 　　通常情况下系统默认的二维曲线不被渲染，即渲染后是看不到的，当 `渲染` 卷展栏中的 ☑ `在渲染中启用` 选项处于勾选状态时，创建的二维曲线仅在渲染后可见；在 ☑ `在渲染中启用` 选项和 ☑ `在视口中启用` 选项同时处于勾选状态时，创建的二维曲线在视图窗口和渲染后都可见；勾选 ☑ `在视口中启用` 选项，可以直观地设置曲线的粗线。
>
> 　　⊙ `径向` 选项和 ⊙ `矩形` 选项分别用于控制生成的对象的形状。当选择 ⊙ `径向` 选项时，二维曲线生成圆管状效果；当选择 ⊙ `矩形` 选项时，二维曲线生成矩管状效果，如图 5-57 所示。

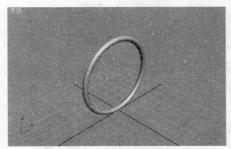

选择"径向"选项时的效果　　　　　　　选择"矩形"选项时的效果

图 5-57

08 单击视图控制工具栏中的 🔍（缩放）工具，调整前视图，并按 S 键，关闭 （三维）捕捉工具，再单击工具栏中的 ✛ 工具，在前视图中将创建的线沿 Y 轴方向向上移动到适当位置，如图 5-58 所示。

09 再单击"二维图形"创建命令面板中的 `线` 按钮，在前视图中结合 Ctrl 键绘制栏杆立柱，效果如图 5-59 所示。

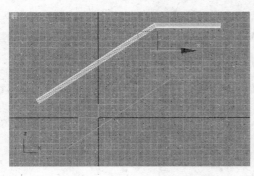
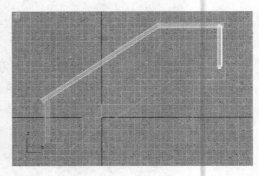

图 5-58　　　　　　　　　　　　　　　图 5-59

10 接下来对其进行编辑，进入 🖍 命令面板，单击 `- 几何体` 卷展栏中的 `附加` 按钮，依次单击绘制的样条线，如图 5-60 所示，将其附加为一个整体，并在 `- 渲染` 卷展栏中取消勾选 `在视口中启用` 选项，完成后右击，退出当前 `附加` 编辑状态。

11 单击修改堆栈中 `Line` 前的"+"号按钮，在展开的次物体选项中选择 `顶点` 选项，进入"顶点"次物体编辑模式，框选如图 5-61 所示的顶点，选择顶点以红色小方框显示，再单击 - 几何体 卷展栏中的 熔合 和 焊接 按钮，将两条分开的线段的两顶点进行闭合。

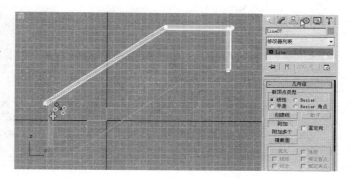

图 5-60

⑫ 完成后，再用同样的方法将右上角两条分开的线段的两顶点进行闭合，再选择闭合后的两顶点，在视图窗口中右击，在弹出的快捷菜单中选择 角点 选项，切换顶点的类型，如图 5-62 所示。最后，单击工具栏中的 ✛ 工具，调整两顶点的位置，使所在样条线横平竖直。

⑬ 结合 Ctrl 键选择样条线的 3 个顶点，单击 - 几何体 卷展栏中的 圆角 按钮，在前视图中的顶点上单击并拖动鼠标将选择的顶点进行圆角处理，如图 5-63 所示。

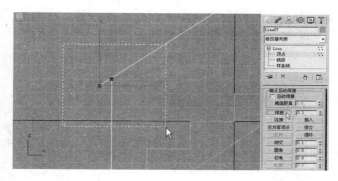

图 5-61

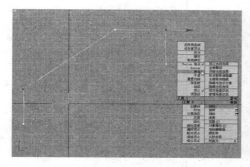

图 5-62

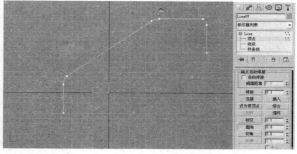

图 5-63

⑭ 然后进入 - 渲染 卷展栏，勾选 ☑ 在视口中启用 选项，这样扶手就绘制好了，效果如图 5-64 所示。

⑮ 接下来绘制护栏。单击 ◥ 面板下的 ◔ 创建命令面板中的 线 按钮，在前视图中顺着楼梯的走向绘制护栏样条线，并修改 - 渲染 卷展栏中的 厚度: 参数，使其比扶手细些，修改后的效果与参数如图 5-65 所示。

⑯ 确认护栏线处于选择状态，按住 Shift 键，将其沿 Y 轴方向向下移动到适当位置复制两个，并在弹出的"克隆选项"对话框中选择 ⦿ 实例 选项，设置 副本数: 为 2，如图 5-66 所示。

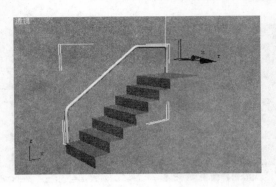

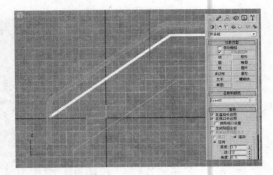

图 5-64   图 5-65

17 再单击 确定 按钮，关闭对话框，最后再单击 线 按钮，添加一个栏杆立柱即可，结果如图 5-67 所示，这样楼梯就做好了。

图 5-66

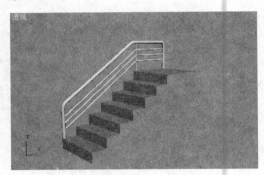

图 5-67

5.4.3　车削

"车削"命令是将二维图形绕指定轴旋转成三维模型的一种常见的建模方法，效果与参数卷展栏如图 5-68 所示。

❑ **度数**：设置图形旋转的
度数（范围为 0～360，
默认值是 360，即旋转
一周）。

❑ **焊接内核** 旋转一周后，将
重合的点进行焊接，形成
一个完整的三维实体。

❑ **翻转法线** 勾选此选项，将
翻转造型表面的法线方

图 5-68

向。有时车削后的对象可能会出现内部外翻，勾选该选项即可修正它，图 5-69
所示的是车削后没有勾选 **翻转法线** 选项的效果，图 5-70 所示的是勾选
☑ **翻转法线** 选项的效果。

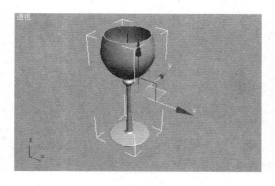
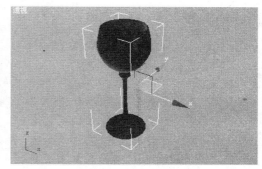

图 5-69 | 图 5-70

- ❑ 　分段：设置旋转圆周上的分段数，值越大造型表面越光滑，默认值为 16。
- ❑ 封口选项组　设置封口开始截面和封口末端截面。
- ❑ ● 变形　根据创建变形目标的需要，可以对顶盖进行变形处理。
- ❑ ○ 栅格　在图形边界上的方形修剪栅格中安排封口面，此方法产生尺寸均匀的曲面。
- ❑ "方向"选项组　设置绕中心轴的方向。 X 、 Y 、 Z 是相对对象轴点，单击轴按钮可指定轴的旋转方向。
- ❑ "对齐"选项组　设置旋转对象的对齐轴向。 最小 、 中心 、 最大 是将旋转轴与图形的最小、居中或最大范围对齐。
- ❑ 　最小　将曲线在指定轴向上的最小点与中心轴线进行对齐。
- ❑ 　中心　将曲线在指定轴向上的中心点与中心轴线进行对齐。
- ❑ 　最大　将曲线在指定轴向上的最大点与中心轴线进行对齐。
- ❑ 输出选项组　设置生成旋转对象以面片、网格或者 NURBS 曲面等方式输出。
- ❑ □ 生成贴图坐标　将贴图坐标应用到车削对象中。
- ❑ ☑ 生成材质 ID　勾选此选项，可为生成的对象指定不同的材质 ID 号。系统默认生成对象的顶盖、底盖和侧面材质 ID 号分别为 1、2、3。
- ❑ □ 使用图形 ID　勾选此选项，将使用曲线的材质 ID 号。
- ❑ ☑ 平滑　勾选此选项，将对生成的对象进行平滑处理。

5.4.4　案例详解——制作艺术陶罐

本例将制作如图 5-71 所示的艺术陶罐。在创建艺术陶罐与竹竿时都先创建它们的二维截面图形，接着运用 车削 修改命令将二维线框转化为三维实体。在制作竹竿时，还运用了 FFD 2x2x2 修改命令，通过调整控制点的位置来丰富竹竿的造型，采用复制、□（缩放）和 ↻（旋转）工具来制作更多形态各异的竹竿。

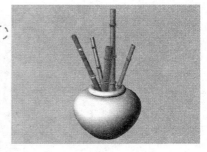

图 5-71

操作步骤

1. 陶罐的制作

01 单击 🔧命令面板中 ◁创建命令面板下的 ▊▊▊ 线 ▊▊▊ 按钮,在前视图中绘制如图 5-72 所示的曲线,制作陶罐剖面线。(单击视图控制工具栏中的 ⊡(全屏显示)按钮,可对当前视图进行全屏显示切换)。

02 再单击 ✍按钮,进入修改命令面板,单击 ▊ 选择 ▊ 卷展栏中的 ⋯按钮,选择视图中的顶点并单击工具栏中的移动工具对顶点的位置进行调整,结果如图 5-73 所示。

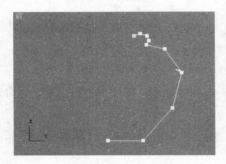

图 5-72

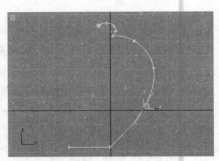

图 5-73

> **提示**
>
> 若对视图中曲线的形态不满意,还可选择顶点并在视图区域内任意位置右击,在弹出的快捷菜单中选择 `Bezier 角点`、`Bezier`、`角点`、`平滑`选项,拖动顶点两端的绿色控制柄,调整顶点两侧曲线的形态。

03 单击修改命令面板 ▊ 选择 ▊ 卷展栏中的 ⋀按钮,进入"曲线"次物体编辑模式,单击 ▊ 几何体 ▊ 卷展栏中的 ▊ 轮廓 ▊ 按钮,单击视图中的曲线,该曲线变为红色时按住左键不放向左侧拖动将曲线向内侧偏移出瓶厚(将曲线进行偏移,也可在 ▊ 轮廓 ▊ 参数框中输入参数值进行准确偏移),如图 5-74 所示。

04 选择修改命令面板 修改器列表 ▾ 下拉列表框中的 车削 选项,将剖面曲线进行旋转,设置 ▊ 参数 ▊ 卷展栏中的 分段:值为 30,再单击 Y 按钮与 最小 按钮,旋转后的效果如图 5-75 所示,这样陶罐就做好了。

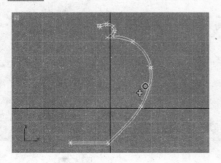

图 5-74

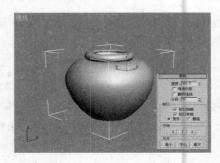

图 5-75

提 示

　　旋转物体实际上由多个棱面组成，**分段**:参数值越大旋转体表面越圆滑越接近圆球表面，反之，**分段**:参数值越小旋转体越趋向于变为棱锥体，其中 **分段**:参数值最小为 3，旋转体为三棱锥体。

2．竹子的制作

01 单击 ⚙ 创建命令中的 ▨▨▨ 线 ▨▨ 按钮，在前视图中绘制如图 5-76 所示的曲线，制作竹子的剖面线。

02 再选择修改命令面板 修改器列表 ▾ 下拉列表框中的 车削 选项，将剖面曲线进行旋转，设置 - ▨▨▨ 参数 ▨▨▨ 卷展栏中的 ▨▨ 分段:值为 10，再单击 Y 按钮与 最小 按钮，旋转后的效果如图 5-77 所示，竹子就做好了。

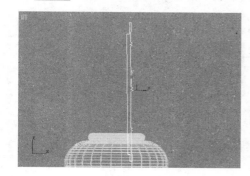

图 5-76

图 5-77

03 在前视图中确定竹子为选中状态，按住 Shift 键，再单击工具栏中的 ✥ 工具，将竹子向左进行移动并复制一个，在打开的"克隆选项"对话框中选择 ● 复制 选项，如图 5-78 所示。

04 然后添加 FFD 2x2x2 （自由变形）修改命令，将复制的竹子进行自由变形，单击修改堆栈中的 ⚙ ⊞ FFD 2x2x2 前的"+"号按钮，展开次物体编辑模式选项，选择 ▨▨ 控制点 选项，在前视图中框选顶部控制点并利用 ✥ 工具将其向下移动，调整后的效果如图 5-79 所示。

图 5-78

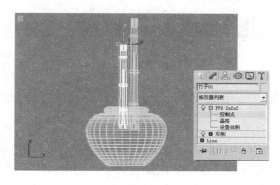

图 5-79

05 在顶视图中右击激活顶视图，选择竹子顶行的控制点，将其向下移动，竹子由圆变扁，效果如图 5-80 所示。

> **！提示**
>
> 以上用 FFD 2x2x2 命令将竹子进行变短的操作过程，也可用工具栏中的 ⬛ 工具将竹子在前视图与顶视图中分别沿 Y 轴方向进行挤压来实现。

06 在前视图中选择复制的竹子右上角的控制点，将其沿 X 轴方向向左移动，竹子变为一个上大下小的形状，如图 5-81 所示，选择 ⣿⣿ **控制点** 选项，退出当前编辑命令。

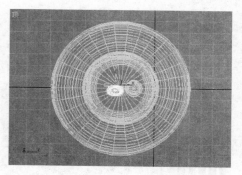

图 5-80

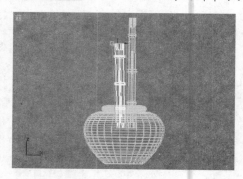

图 5-81

07 单击工具栏中的 ↻ 工具，将复制的竹子在左视图中沿 Z 轴旋转，使竹子倾斜，在透视图中的状态如图 5-82 所示。

08 参照以上制作竹子的操作步骤，再将制作的竹子进行复制、变形与角度旋转得到更多不同形态的竹子，最终效果如图 5-83 所示。

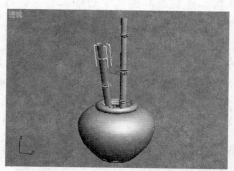

图 5-82

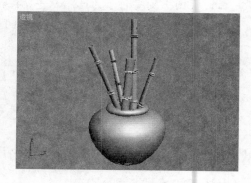

图 5-83

●---- 5.4.5　倒角

"倒角"命令可以将二维图形拉伸为三维实体，并在边缘以平或圆的倒角方式进行细化处理。这些变化是通过倒角参数栏中的 3 个级别来控制的，每个级别分别指定轮廓量。图 5-84 所示的是"倒角"命令生成的框图形和参数面板。

使用二维图形创建与编辑三维模型

图 5-84

- ☑ **始端**　　用对象的最低局部底部对末端进行封口。取消勾选此选项，底部呈打开状态。
- ☑ **末端**　用对象的最高局部底部对末端进行封口。取消勾选此选项，底部呈再打开状态。
- ⦿ **变形**　为变形创建适合的封口曲面。
- ○ **栅格**　在栅格图案中创建封口曲面。封装类型的变形和渲染要比渐进变形封装效果好。
- ⦿ **线性侧面**　　选择此选项，级别之间会沿着一条直线进行分段插值。
- ○ **曲线侧面**　　　选择此选项，级别之间会沿着一条 Bezier 曲线进行分段插值。对于可见曲率，使用曲线侧面的多个分段。
- **分段**:　在每个级别之间设置中级分段的数量。
- ☐ **级间平滑**　　控制是否将平滑组应用于倒角对象侧面。封口会使用与侧面不同的平滑组。勾选此选项将对侧面应用平滑组。
- ☐ **生成贴图坐标**　　勾选此选项，将贴图坐标应用于倒角对象。
- **起始轮廓**:　用于设置轮廓从原始图形的偏移距离，如果设置的数值为正，原始的二维图形会变大，如设置的数值为负，原始的二维图形会缩小。
- **级别 1**:　包含两个参数，它们表示起始级别的改变。
  - ➤ **高度**:　设置级别 1 在起始级别之上的距离。
  - ➤ **轮廓**:　设置级别 1 的轮廓到起始轮廓的偏移距离。
- ☐ **级别 2**:　勾选此选项，可通过设置参数来改变倒角量和方向。
  - ➤ **高度**:　设置级别 2 在起始级别之上的距离。
  - ➤ **轮廓**:　设置级别 2 的轮廓到起始轮廓的偏移距离。
- ☐ **级别 3**:　勾选此选项，将在前一级别之后添加一个级别。当启用级别 2，级别 3 添加于级别 1 之后。
  - ➤ **高度**:　设置级别 3 在起始级别之上的距离。
  - ➤ **轮廓**:　设置级别 3 的轮廓到起始轮廓的偏移距离。
- ☐ **避免线相交**　防止轮廓彼此相交。
- **分离**:　设置轮廓边之间所保持的距离，仅在勾选 ☑ 避免线相交选项时才有效最小值为 0.01。

5.4.6 案例详解——制作爱心凳

本例将制作如图 5-85 所示的爱心凳。在创建模型时先创建多边形，接着运用 编辑样条线 修改命令编辑多边形路径与截面图形，然后添加 倒角剖面 修改命令将二维线框转化为三维实体，最后直接用线创建凳脚。

图 5-85

操作步骤

01 单击 ⚙ 创建面板中的 多边形 按钮，在顶视图中创建 半径:为 450、边数:为 3、角半径:为 100 的多边形，用于制作爱心的路径，如图 5-86 所示。

02 单击 ✎ 按钮，进入修改命令面板，选择 修改器列表 下拉列表框中的 编辑样条线 选项，将多边形转换成可编辑的样条线，单击修改堆栈中 ⚙ ⊞ 编辑样条线 前的 "+" 号按钮，在展开的次物体选项中选择 顶点 选项，进入"顶点"次物体编辑模式，单击 - 几何体 卷展栏中的 插入 按钮，在如图 5-87 所示的位置单击插入顶点。

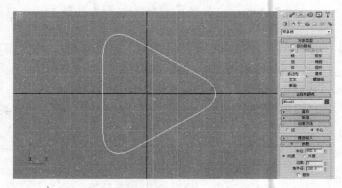

图 5-86

03 向右水平移动光标并单击，确定插入顶点的位置，完成后右击，退出当前插入顶点操作，单击工具栏中的 ✛ 工具，调整顶点的位置，使路径看起来更加流畅，调整后的效果如图 5-88 所示。

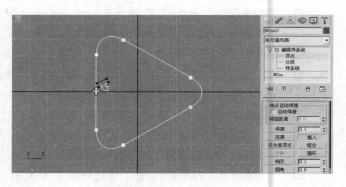

图 5-87

04 单击面板中的 🔩 按钮，进入层次面板，单击 - 调整轴 卷展栏中的 仅影响轴 按钮，沿 X 轴向右水平调整路径的轴心位置，为后面进行旋转复制做准备，结果如图 5-89 所示，并单击 仅影响轴 按钮，退出当前命令。

05 单击工具栏中的 🔄 工具，按住 Shift 键，在顶视图中将路径沿 Z 轴方向进行旋转大约 72°，如图 5-90 所示，进行旋转复制。

06 此时松开 Shift 键，并在弹出的"克隆选项"对话框中选择 ◉ 实例 选项，设置 副本数:

146

使用二维图形创建与编辑三维模型

为 4，如图 5-91 所示。

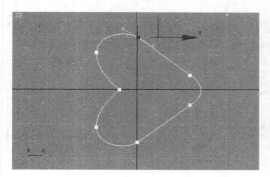

图 5-88　　　　　　　　　　　图 5-89

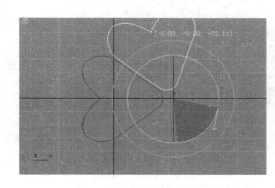

图 5-90　　　　　　　　　　　图 5-91

07　设置好后，单击对话框中的 ▭确定▭ 按钮，旋转复制后的效果如图 5-92 所示，这样所有的路径就做好了。

08　接下来制作倒角剖面。单击 ⚙创建面板中的 ▭Line▭ 按钮，在前视图中绘制如图 5-93 所示的曲线，用于制作倒角剖面。

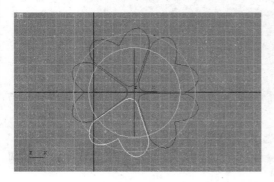

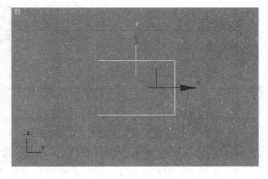

图 5-92　　　　　　　　　　　图 5-93

09　进入 ✎命令面板，单击修改堆栈中 ▥Line 前的 "+" 号按钮，在展开的次物体选项中选择 ┄┄顶点 选项，进入 "顶点" 编辑模式，选择右上角顶点并右击，在弹出的快捷菜单中选择 Bezier 选项，转换顶点类型，并利用 ✛工具，通过调整顶点两侧的绿色控制柄来调整曲线的形态，结果如图 5-94 所示，这样倒角剖面就做好了。

10 下面制作爱心凳模型，选择其中一个创建好的爱心路径多边形，在 ✎ 命令面板中，选择 修改器列表 下拉列表框中的 倒角剖面 选项，单击 参数 卷展栏中的 拾取剖面 按钮，单击前视图中的剖面，结果如图 5-95 所示。

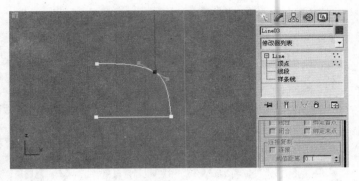

图 5-94

11 接下来调整剖面的位置，正确显示爱心模型。单击修改堆栈中 ⊕ 倒角剖面 前的 "+" 号按钮，在展开的次物体选项中选择 剖面 Gizmo 选项，单击工具栏中的 ✛ 工具，在顶视图中将剖面沿 X 轴方向进行移动调整，结果如图 5-96 所示。

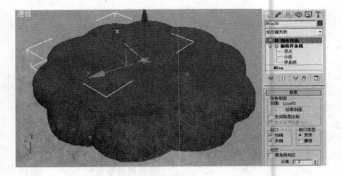

图 5-95

! 提示

由于在复制路径的过程中采用的是关联复制，因此在后面对剖面进行调整时，只需对其中一个进行调整，就可完成所有与之有关联属性的对象的调整，此操作大大提高了工作效率。

图 5-96

12 接下来制作凳脚。单击 ✎ 创建面板中的 线 按钮，在前视图中绘制如图 5-97 所示的闭合曲线，用于制作凳脚。

13 然后在 - 渲染 卷展栏中勾选 ☑ 在渲染中启用 和 ☑ 在视口中启用 选项，使创建的二维曲线在视图窗口和渲染后都可见；再选择 ⊙ 矩形选项，设置参数如图 5-98 所示，让二维曲线生成矩管状效果。

14 将创建好的凳脚在顶视图中关联复制一个，再选择制作好的两个凳脚，以 90° 沿 Z 轴进行旋转关联复制一组，位置如图 5-99 所示。

15 单击视图控制工具栏中的 ✍ 按钮，调整透视图的角度，效果如图 5-100 所示，并为场景对象赋上材质，打上灯光即可。

使用二维图形创建与编辑三维模型

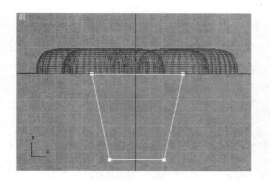

图 5-97

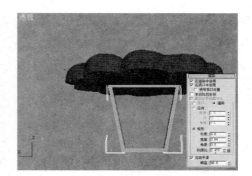

图 5-98

图 5-99

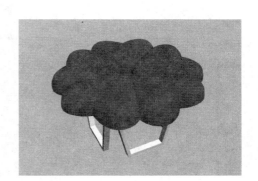

图 5-100

5.4.7 案例详解——制作樱桃

本例将制作效果如图 5-101 所示的樱桃模型。主要练习 NURBS 样条线中的点曲线的创建与编辑方法。

操作步骤

01 新建一个空白文件，单击 创建命令面板 样条线 中的 按钮，选择 NURBS 曲线 选项，进入"曲线"创建面板，单击 点曲线 按钮，在前视图中绘制出樱桃剖面线的一半，如图 5-102 所示。

图 5-101

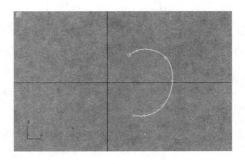

图 5-102

02　选择样条线，单击工具栏中的"镜像"按钮 ，弹出"镜像：屏幕 坐标"对话框，设置如图 5-103 所示，再单击 确定 按钮，在前视图中将样条线沿 X 轴镜像复制一个，并调整其位置，如图 5-104 所示，完成樱桃剖面线的绘制。

图 5-103

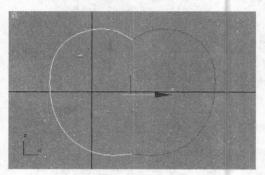

图 5-104

03　接着上一步操作，在顶视图中选择上面两条样条线，单击工具栏中的 按钮与 按钮，并按住 Shift 键不放，将样条线沿 Z 轴方向 90° 旋转克隆一个，并在弹出的"克隆选项"对话框中选择 ⊙ 复制 选项，如图 5-105 所示，单击 确定 按钮关闭对话框，复制后的效果与位置如图 5-106 所示。

图 5-105

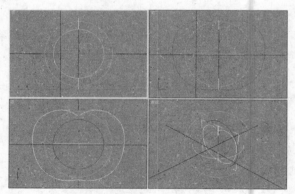

图 5-106

04　选择任一样条线，进入 命令面板，单击 - 常规 卷展栏下的 附加 按钮，将光标逐一移动到其他未选择的样条线上单击，将剩余样条线全部附加为一整体。如图 5-107 所示。

05　选择样条线，单击 - 常规 卷展栏下的 按钮，在弹出的"NURBS 修改器"对话框中单击 按钮，如图 5-108 所示，将光标由顺时针方向分别移动到 4 个半剖面样条线上并单击鼠标左

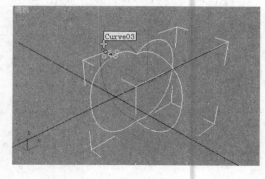

图 5-107

使用二维图形创建与编辑三维模型

键，放样样条线效果如图 5-109 所示。

图 5-108

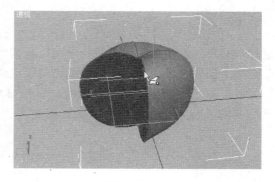

图 5-109

06 右击取消操作命令，此时的对象
并未闭合，在 命令面板中勾
选 - U 向放样曲面 卷展栏
下 的 ☑ 自动对齐曲线起始点 和
☑ 闭合放样 选项，如图 5-110 所
示，此时的对象成为闭合实体。

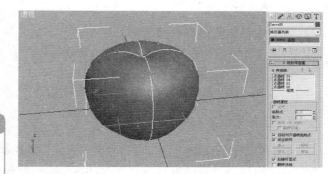

图 5-110

> **! 提 示**
>
> 有时因为操作不当，可能得到的模
> 型为黑色，这是因为法线方向不对，此
> 时可为模型添加 法线 修改命令，通过
> 勾选 ☑ 翻转法线 选项来校正此现象。

07 接下来制作果枝。单击 创建面板中的 样条线 下的 线 按钮，在前视图中创
建如图 5-111 所示的样条线，并用 工具将其调整到樱桃的中央位置。

08 单击 按钮，进入修改命令面板，在 - 渲染 卷展栏中勾选
☑ 在渲染中启用 和 ☑ 在视口中启用 选项，使创建的二维曲线在视图窗口和渲染后都
可见；适当调整 厚度: 参数，使其变粗即可，效果与参数如图 5-112 所示。

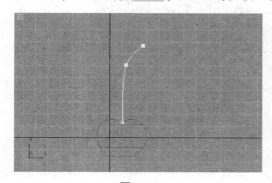

图 5-111

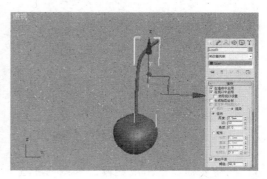

图 5-112

09 将对象进行复制并调整其角度与位置，再给对象赋上材质、打上灯光即可。

归 纳 总 结

通过本章对二维图形编辑方法的学习，相信大家已经掌握了一些常用的编辑命令。实际三维模型创建中，通过对文字的编辑可以创建三维字体效果，通过对剖、截面图形的编辑可以编辑三维模型的造型。因此，掌握 3ds Max 中常用的二维图形的编辑技巧是非常重要的，特别是网格编辑、面片编辑等，希望大家能通过大量实例的制作多加练习。

互 动 练 习

1. 选择题

（1）放样的路径和截面图形必须是（　　）。
　　　A．切角长方体　　　　　B．矩形　　　　　　C．圆柱体　　D．二维图形
（2）🖊️命令面板由以下哪些部分组成？（　　）
　　　A．对象名称和颜色栏　　B．修改器列表　　　C．修改堆栈　　D．参数控制区

2. 上机题

本例将制作如图 5-113 所示的叶子模型。读者应熟练掌握 NURBS 曲线中的"点曲线"的建模技巧以及能够熟练运用 NURBS 曲线制作各种比较简单的曲面物体模型。

🖥️ 操作提示

01 单击👌创建命令面板，单击"NURBS 曲线"子类别中"对象类型"卷展栏下的　点曲线　按钮，然后在顶视图中单击鼠标左键，创建出曲线的起始顶点，如图 5-114 所示。

图 5-113

图 5-114

02 拖动鼠标拉出曲线线段，如图 5-115 所示，然后再次单击鼠标左键，创建出曲线的第 2 个顶点，如图 5-116 所示。

03 接着上一步的操作，拖动鼠标拉出曲线线段，并创建第 3 个顶点，如图 5-117 所示，

使用二维图形创建与编辑三维模型

然后右击，结束曲线的创建。

图 5-115

图 5-116

04 选择曲线，在顶视图中将其以"复制"的方式沿 X 轴向右移动复制两个，调整位置
如图 5-118 所示。

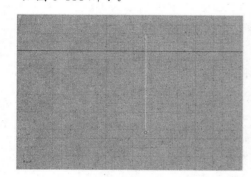

图 5-117

图 5-118

05 进入 ✎ 修改命令面板，单击"常规"卷展栏中的 附加多个 按钮，将创建的 3 条曲
线附加在一起，如图 5-119 所示。

06 再次进入 ✎ 修改命令面板，单击"常规"卷展栏中的 ▦ 按钮，在弹出的 NURBS 工
具面板中单击"曲面"选项组中的"U 形放样"按钮 ▧。将鼠标移动到顶视图中最
左侧的曲线上并单击，然后将光标拖动到第 2 根曲线上再次单击，以此类推，将光
标移动到第 3 根曲线上并单击，然后再右击完成操作，如图 5-120 所示。

图 5-119

图 5-120

07 展开 NURBS 堆栈栏,选择 ├──点 选项,进入"点"编辑模式,在透视图中选择如图 5-121 所示的两个顶点,然后利用 □ 工具,将节点缩放到如图 5-122 所示的形状。

图 5-121

图 5-122

08 用同样的方法选择另外一个顶点并将其缩放到如图 5-123 所示的形状;选择另外一个顶点并将其缩放到如图 5-124 所示的形状。

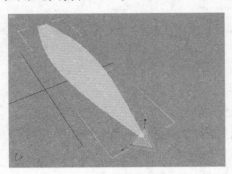

图 5-123

图 5-124

09 选择如图 5-125 所示的顶点,然后利用 ✛ 工具在前视图中将其沿 Y 轴向下移动。

10 进入 ✐ 修改命令面板,单击"点"卷展栏中"优化"选项组下的 曲线 按钮,在透视图中单击鼠标左键添加一个顶点。选中添加的顶点,并利用 ✛ 工具在前视图中将其沿 Y 轴向上移动,移动效果如图 5-126 所示。

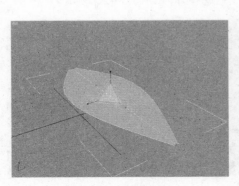

图 5-125

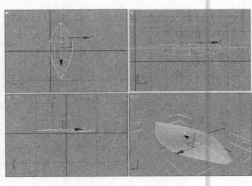

图 5-126

第6章 常见复合对象的创建与编辑

学习目标

本章将学习复合对象创建与编辑命令。复合对象是三维造型中使用非常广泛的一种编辑方法，常用的有通过对二维图形的放样创建复杂的三维模型、通过布尔运算的加减来合成三维模型。其他复合命令包括散布、变形、一致、连接、水滴网格、图形合并、地形以及网格化等。复合对象编辑命令在实际应用中极为广泛，因此，应熟练掌握各种命令的使用方法和技巧。

要点导读

1. 常见复合对象的创建与编辑
2. 其他复合对象
3. 案例详解——制作仙人掌
4. 案例详解——制作窗帘
5. 案例详解——制作饮水机

精彩效果展示

6.1 常见复合对象的创建与编辑

修改对象通常针对一个对象或一个对象群进行，合成物体则是将两个或两个以上的对象通过特定的命令结合成新的对象。利用物体的合成过程来进行调节和产生动画，可以创建复杂的造型和动画效果。

6.1.1 认识复合对象创建面板

在 ⚪（几何体）创建面板中，选择 标准 下拉列表框中的 复合对象 选项，即可打开 复合对象 创建面板，如图 6-1 所示。

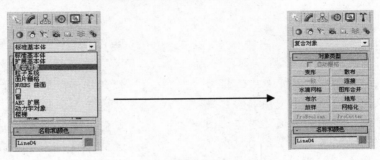

图 6-1

选择场景中的编辑对象，然后选择对象类型面板中的编辑命令即可对选择对象进行编辑修改了。

常见的复合对象类型有变形、散布、一致、连接、水滴网络、图形合并、布尔、地形、放样和网络化等，本章将重点介绍散布、放样和布尔。

6.1.2 散布

散布能将源对象根据指定的数量和分布方式覆盖到目标对象的表面，如图 6-2 所示。散布面板的参数卷展栏如图 6-3 所示。

图 6-2

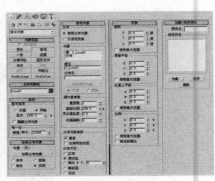

图 6-3

1."显示"卷展栏

图 6-4

该卷展栏中的参数用来控制散布对象的显示情况，如图 6-4 所示。

❑ ⊙ **代理** 此选项将以简单的方块替代源对象，以此加快视图的刷新速度，常用于结构复杂的散布合成对象，如图 6-5 所示。

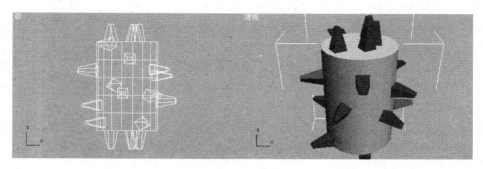

图 6-5

❑ ⊙ **网格** 此选项显示源对象的原始形态，如图 6-6 所示。

图 6-6

❑ **显示**：用于设置所有源对象在视图中的显示百分比，不会影响渲染结果，系统默认参数为 100%。

❑ **隐藏分布对象** 此选项将会隐藏目标对象，仅显示源对象，该选项影响渲染结果。

❑ **新建** 用于随机生成新的种子数。

❑ **种子**：用于设置并显示当前的散布种子数，可以在相同设置下产生不同的散布效果。

图 6-7

2."拾取分布对象"卷展栏

该卷展栏用于选择散布的目标对象，其操作方法很简单，直接单击 **拾取分布对象** 按钮，单击用于散布的目标对象即可，卷展栏如图 6-7 所示。

3．"散布对象"卷展栏

该卷展栏用于指定源对象如何进行散布，并可访问构成散布合成物体的源对象和目标对象，卷展栏如图 6-8 所示。

图 6-8

（1）"分布"选项组

该选项组用于选择分布的方式。

- ❏ ⦿ **使用分布对象**　选择该选项，将源对象散布到目标对象的表面。

- ❏ ○ **仅使用变换**　选择该选项，将不使用目标对象，通过"变换"卷展栏中的设置来影响源对象的分配。

（2）"对象"选项组

该选项组用于显示参与"散布"命令的源对象和目标对象的名称，并可对其进行编辑。其操作方法与创建对象时的相应的参数一致，在此不再详细讲述。

（3）"源对象参数"选项组

该选项组用于设置源对象的一些属性，其参数只对源对象产生影响。

- ❏ **重复数**：用于设置源对象分配在目标对象表面的复制数量，
- ❏ **基础比例**：用于设置源对象的缩放比例。
- ❏ **顶点混乱度**：用于设置源对象随机分布在目标对象表面的顶点混乱度，值越大，混乱度就越大。
- ❏ **动画偏移**：用于设置源对象的分布数量时的帧偏移量。

（4）"分布对象参数"选项组

该选项组用于设置源对象在目标对象表面上不同的分布方式，只有使用了目标对象，该选项组才被激活，下面举例说明当重复数为 20 时不同选项的效果。

- ❏ ☑ **垂直**　勾选此选项，每个复制的源对象都与其所在的顶点、面或边保持垂直关系，如图 6-9 所示。

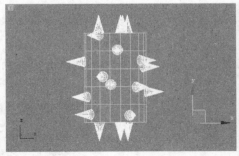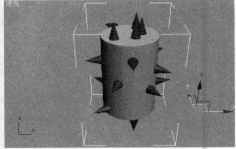

图 6-9

- ❏ ☐ **仅使用选定面**　此选项可将散布对象分布在目标对象所选择的面上，如图 6-10 所示。

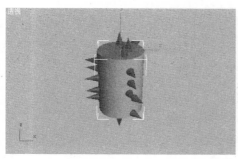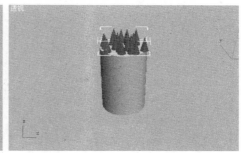

图 6-10

❑ ⊙ 区域　此选项可将源对象分布在目标对象的整个表面区域，如图 6-11 所示。

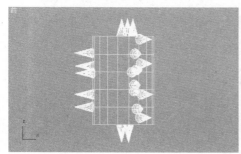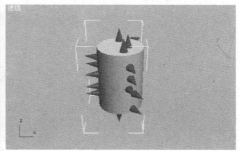

图 6-11

❑ ⊙ 偶校验　此选项将源对象以偶数的方式分布在目标对象上，如图 6-12 所示。

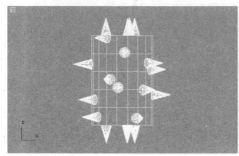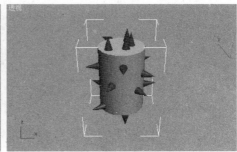

图 6-12

❑ ○ 跳过 N 个：　此选项可设置面的间隔数，源对象将根据间隔数进行分布。图 6-13 是参数为 5 时的分布效果。

❑ ○ 随机面　此选项可将源对象以随机的方式分布在目标对象的表面，如图 6-14 所示。

❑ ○ 沿边　此选项可将源对象以随机的方式分布在目标对象的边上，如图 6-15 所示。

❑ ○ 所有顶点　此选项可将源对象以随机的方式分布在目标对象的所有基点上，其数量与目标对象顶点数相同，如图 6-16 所示。

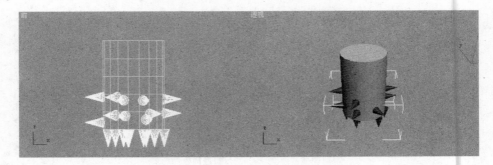

图 6-13

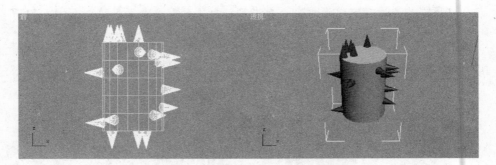

图 6-14

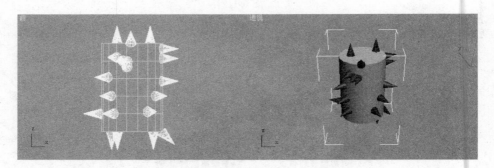

图 6-15

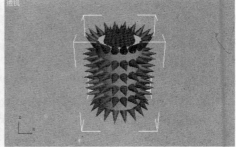

图 6-16

❑ ○ 所有边的中点　此选项可将源对象随机分布到目标对象边的中心，其数量与目标对象边数相同，如图 6-17 所示。

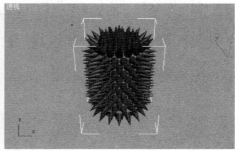

图 6-17

❑ ○ 所有面的中心　此选项可将源对象随机分布到目标对象每个三角面的中心，其数量与目标对象面数相同，如图 6-18 所示。

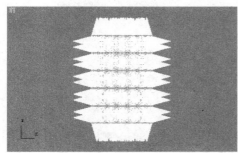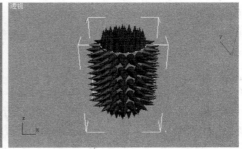

图 6-18

❑ ○ 体积　此选项可将源对象随机分布到目标对象的体积内部，如图 6-19 所示。

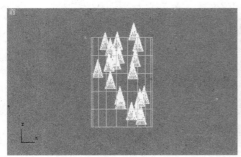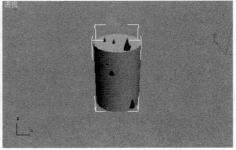

图 6-19

❑ ◉ 结果　此选项将显示分布后的结果。
❑ ○ 操作对象　此选项只显示操作源对象，即操作对象。

4."变换"卷展栏

该卷展栏用于设置源对象分布在目标对象表面后的变换偏移量,并可调记录为动画,其参数面板如图 6-20 所示。

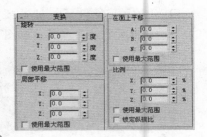

6.1.3 案例详解——制作仙人掌

图 6-20

本例将制作如图 6-21 所示的仙人掌。主要练习二维、三维对象的编辑,练习"车削"命令、"散布"命令等的使用方法。

操作步骤

01 单击 命令面板中 创建命令面板下的 线 按钮,在前视图中绘制如图 6-22 所示的曲线,制作花盆剖面线。

图 6-21

02 再单击 按钮,进入修改命令面板,选择 修改器列表 下拉列表框中的 车削 选项,将剖面曲线进行旋转,设置 参数 卷展栏中的 分段: 值为 30,再单击 Y 按钮与 最小 按钮,旋转后的效果如图 6-23 所示,这样花盆就做好了。

03 接下来制作仙人掌模型。单击 命令面板中的 按钮,进入创建命令面板,并单击 球体 按钮,在顶视图的花盆中央创建球体并命名为"仙人掌",结合 工具,将球体调整到花盆正上方,如图 6-24 所示。

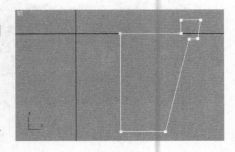

图 6-22

04 再单击工具栏中的 (等比缩放)工具按钮,并按住该按钮不放,选择下拉工具列表中的 (选择并非均匀缩放)工具,分别在顶视图、前视图中将其沿 Y 轴方向进行缩放,最终效果如图 6-25 所示,制作仙人掌造型。

05 下面制作仙人掌上的小刺。单击 命令面板中的 创建命令面板下的 圆锥体 按钮,在前视图中创建如图 6-26 所示的模型并命名为"小刺"。

图 6-23

06 确认以上创建的小刺模型处于选择状态,单击工具栏中的 工具按钮,按住 Shift 键,单击前视图中的小刺模型,将其在原位复制两个,并在弹出的"克隆选择"对话框中选择 复制 选项,如图 6-27 所示,再单击 确定 按钮,关闭对话框。

07 分别选择复制的小刺模型,在 面板中的 参数 卷展栏内调整

常见复合对象的创建与编辑

半径 1:与 高度:的参数值，使其大小各
不相同。再单击工具栏中的 ⟲ 工具，调
整小刺的角度，使 3 个小刺底部都重合，
结果如图 6-28 所示。

08 选择其中一个小刺，选择 ✐ 面板下
修改器列表 ▼ 下拉列表框中的
编辑网格选项，添加"编辑网格"修改
命令，单击 - 编辑几何体 卷展
栏中的 附加 按钮，单击视图中其
他的小刺，将其附加为一个整体，结果
如图 6-29 所示。最后，单击 附加 按钮，退出当前命令。

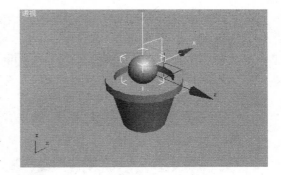

图 6-24

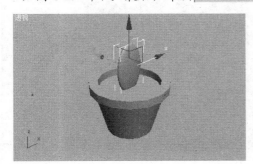

图 6-25

图 6-26

图 6-27

图 6-28

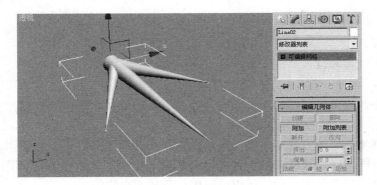

图 6-29

163

09 然后单击 命令面板中的 按钮，选择 标准基本体 下拉列表框中的 复合对象 选项，进入"复合对象"创建命令面板，确认小刺模型处于选择状态，单击 散布 按钮，再单击 - 拾取分布对象 中的 拾取分布对象 按钮，单击透视图中的仙人掌模型，结果如图 6-30 所示。

10 以上效果为仙人掌模型外包裹了一层与小刺颜色相同的膜，下面将进入 - 显示 卷展栏，勾选 ☑ 隐藏分布对象 选项，去掉白色的膜，效果如图 6-31 所示。

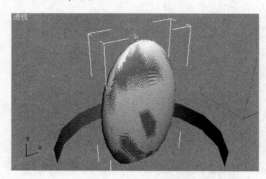

图 6-30　　　　　　　　　　　　　　　　图 6-31

11 在 - 散布对象 卷展栏中选择 ⊙ 所有面的中心 选项，结果如图 6-32 所示，小刺布满了仙人掌模型。

12 最后赋上材质，这样仙人掌模型就做好了，效果如图 6-33 所示。

图 6-32　　　　　　　　　　　　　　　　图 6-33

6.1.4　放样

放样是指在一条曲线路径上插入各种截面，从而合成新的三维模型，其应用效果如图 6-34 所示，参数面板如图 6-35 所示。

创建放样物体必须具备两个条件：放样路径和截面图形。一个放样物体只有一条且唯一的一条放样路径，放样路径的曲线可以是封闭，也可以是开放或交错的。而截面图形可以是一个或多个曲线，曲线可以是封闭、开放或交错的。

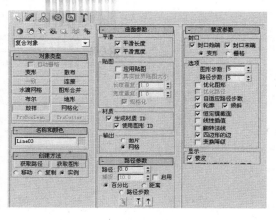

图 6-34　　　　　　　　　　　图 6-35

放样系统中提供大量的控制参数，共分为 5 个卷展栏，下面将逐一进行讲解。

1."创建方式法"卷展栏

该卷展栏用于提供选择放样的方式，其参数面板如图 6-36 所示。

- 获取路径　以路径的方式进行放样，选择截面后，单击该按钮，在视图中拾取的二维图形将作为放样路径。
- 获取图形　以截面的方式进行放样，选择路径后，单击该按钮，在视图中拾取的二维图形将作为放样截面。

2."曲面参数"卷展栏

图 6-36

该卷展栏用于对放样后的对象进行光滑处理，还可设置材质贴图和输出处理，卷展栏如图 6-37 所示。

（1）"平滑"选项组

该组参数用来指定放样对象表面的光滑方式，如图 6-38 所示。

图 6-37　　　　　　　　　　　图 6-38

（2）"贴图"选项组

该组参数用来控制贴图在路径上的重复次数。

- 应用贴图　该选项将指定自身贴图坐标，同时激活其下方的 4 个参数栏。
- 规格化　该选项将忽略路径与截面上顶点的间距，直接影响长度方向上截面走向上的贴图，如图 6-39 所示。

应用前的效果　　　　　　　　　　　　　　　　应用后的效果

图 6-39

（3）"材质"选项组

❑ ☑生成材质 ID　该选项将在放样过程中自动创建材质 ID 号。

❑ ☑使用图形 ID　该选项将使用曲线的材质 ID 号作为放样材质的 ID 号。

（4）"输出"选项组

该组参数用来控制输出的对象类型。

❑ ○面片　该选项将通过放样过程建立输出一个面片物体，如图 6-40 所示。

❑ ◉网格　该选项将通过放样过程建立输出一个网格物体，如图 6-41 所示。

图 6-40　　　　　　　　　　　　　　　　　　图 6-41

3．"路径参数"卷展栏

该卷展栏参数用来设置沿放样物体路径上各个截面图形的间隔位置，如图 6-42 所示。

❑ 路径：通过输入值确定路径的插入点位置，取决于选定的测量方式，其应用效果如图 6-43 所示。

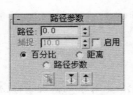
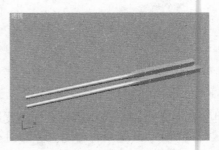

图 6-42　　　　　　　　　　　　　　　　　图 6-43

- ☐ **捕捉**：设置捕捉路径上截面图形的增量值。
- ☐ **☑ 启用** 该选项将激活上面的"捕捉"设置框。
- ☐ **⊙ 百分比** 该选项将以百分比的方式来测量路径。
- ☐ **○ 距离** 该选项将以实际距离长度的方式来测量路径。
- ☐ **○ 路径步数** 该选项将以分段数的方式来测量路径。
- ☐ 单击该按钮，可在多重截面放样中选择放样截面，选中的截面在视图中显示为绿色。
- ☐ 选择当前截面的前一截面。
- ☐ 选择当前截面的后一截面。

图 6-44

4．"蒙皮参数"卷展栏

该卷展栏参数用来控制放样后的对象表面的各种特性，其命令面板如图 6-44 所示。

（1）"封口"选项组

该组参数用来控制放样物体的两端是否封闭。

勾选 **☑ 封口始端** 或者 **☑ 封口末端** 选项，封闭放样路径的起始或结束处，如图 6-45 和图 6-46 所示。

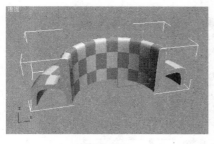

图 6-45

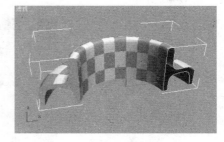

图 6-46

- ☐ **⊙ 变形** 选择此选项，建立变形物体而保持端面的点、面数不变。
- ☐ **○ 册格** 选择此选项，根据端面顶点创建网格面，渲染效果优于变形。

（2）"选项"选项组

- ☐ **图形步数**：设置截面图形的分段数，值越大放样物体外表越光滑。
- ☐ **路径步数**：设置路径上的分段数，值越大弯曲处越光滑。
- ☐ **□ 优化图形** 勾选该选项，将忽略"图形步数"的设置值，对截面图形进行自动优化处理，默认状态是取消选中的。
- ☐ **□ 优化路径** 勾选该选项，对路径进行自动优化处理，将忽略 Path Steps 的设置值，默认状态是取消选中的。
- ☐ **☑ 自适应路径步数** 勾选该选项，自动对路径曲线进行适配处理，忽略路径步幅值，以得到最优的表皮属性。
- ☐ **☑ 轮廓** 勾选该选项，截面图形在放样时会自动校正角度，得到正常的造型。
- ☐ **☑ 倾斜** 勾选该选项，截面图形在放样时自动进行倾斜，使其与切点保持垂直，默认状态是勾选的。

- ☑ 恒定横截面 勾选该选项，截面图形将在路径上自动放缩以保证整个截面具有统一的尺寸。否则，它将不发生变化而保持原来的尺寸。
- ☐ 线性插值 勾选该选项，将在每个截面图形之间使用直线边界制作表皮，否则会用光滑的曲线来制作表皮，没有特殊的要求，一般采用系统默认状态就行了。
- ☐ 翻转法线 勾选该选项，将翻转法线。
- ☑ 四边形的边 勾选该选项，将相同边数的相邻剖面以方形进行缝合。
- ☐ 变换降级 勾选该选项，则在对路径或截面图形进行次级物体变动编辑时放样物体的表皮消失。

（3）"显示"选项组

该组参数用来控制放样造型在视图中的显示情况。

- ☑ 蒙皮 勾选该选项将在视图中显示放样物体的表皮造型。
- ☐ 蒙皮于着色视图 勾选该选项将忽略表皮设置，显示表皮造型。

5. "变形"卷展栏

在该卷展栏下可以对放样物体进行适当的变形，其卷展栏参数如图 6-47 所示。

- 缩放 将路径上的剖面在 X、Y 坐标上做缩放变形。"缩放变形"对话框如图 6-48 所示。

图 6-47   图 6-48

- 扭曲 将路径上的剖面绕 Z 轴方向进行扭曲旋转，其对话框与"缩放变形"对话框相似，应用效果如图 6-49 所示。

没有扭曲变形的放样模型

添加了扭曲变形后的效果

图 6-49

❑　**倾斜**　将路径上的剖面绕 X、Y 轴方向旋转，其对话框与"缩放变形"对话框相似，应用效果如图 6-50 所示。

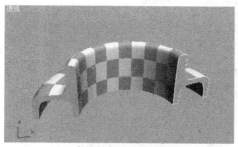
没有倾斜变形的放样模型

添加了倾斜变形的放样模型

图 6-50

❑　**倒角**　在剖面图形局部坐标系下进行倒角变形，其对话框中提供了 3 种不同的倒角类型供选择，对话框如图 6-51 所示，应用效果如图 6-52 所示。

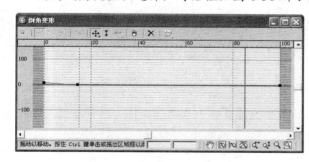

图 6-51

图 6-52

➢　（**法线倒角**）　忽略路径曲率创建平行倒角效果。
➢　（**线性适配倒角**）　依据路径曲率使用线性样条改变倒角效果。
➢　（**立方适配角**）　依据路径曲率使用立方曲线样条改变倒角效果。

❑　**拟合**　依据机械制图中的三视图原理，通过两个或三个方向上的轮廓图形，将这些复合对象外边缘进行拟合，利用该工具可以放样生成复杂的对象，图 6-53 所示的电话就是采用该变形方式编辑而成的，其对话框编辑如图 6-54 所示。

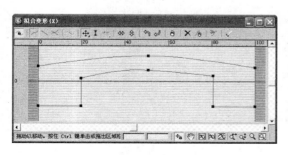

图 6-53

图 6-54

6.1.5 案例详解——制作窗帘

下面制作如图 6-55 所示的窗帘模型，练习"放样"命令的使用方法。

操作步骤

01 单击 ▼ 命令面板中的 ◎ 按钮，进入二维图形创建命令面板，单击 线 按钮，在顶视图中绘制窗帘截面图形，如图 6-56 所示。

图 6-55

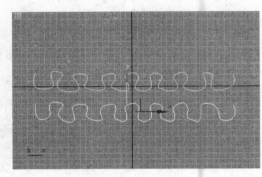

图 6-56

02 再单击 线 按钮，在前视图中绘制窗帘的一条竖线，作为放样路径，如图 6-57 所示。确认路径处于选择状态，单击 ▼ 命令面板中的 ◎ 按钮，进入几何体创建面板，选择 标准基本体 ▼ 下拉列表框中的 复合对象 选项，进入复合对象创建面板，单击 放样 按钮，进入放样面板，然后单击 获取图形 按钮，单击顶视图中的第一条放样截面 Line01，如图 6-58 所示。

03 放样后生成窗帘模型，为了正确显示模型，应激活透视图，单击视图控制工具栏中的 ◎（弧形旋转）工具，调整透视图，然后在 — 路径参数 卷展栏中设置路径参数为 100，如图 6-59 所示。

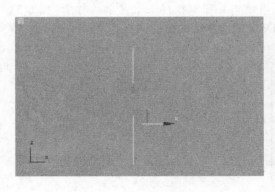

图 6-57

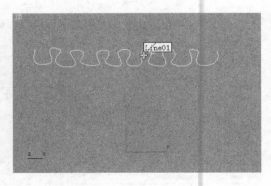

图 6-58

常见复合对象的创建与编辑

04 接下来，在 ┌──路径参数──┐
卷展栏中设置**路径:**参数为 0，
再 单 击 ┌──创建方法──┐
卷展栏中的 获取图形 按钮，
单击视图中的第二个截面
Line02，如图 6-60 所示。

05 单击 ☞ 按钮，进入修改命令面
板，单击 ┼──变形──┐
卷展栏，在展开的面板中单击
缩放 按钮，打开"缩放变
形"对话框，单击对话框中的 ┼
（插入角点）按钮，在对话框中
的红线上单击，插入顶点。再
单击"缩放变形"对话框中的 ✛
按钮，调整插入顶点的位置，
并在该顶点上单击，在弹出的
快捷菜单中选择 Bezier-角点 选
项，如图 6-61 所示。

06 利用"缩放变形"对话框中的 ✛
按钮，分别拖动顶点左侧和右
侧的控制点，调整曲线的形态，
使其更加光滑，并调整右侧的
顶点，如图 6-62 所示。

07 调整好后，关闭对话框，放样
模型如图 6-63 所示。

08 接下来，单击修改堆栈中 ⊞ Loft
前的"+"号按钮，在展开的次
物体选项中选择 ┠── 图形选项，
进入"图形"次物体编辑模式，

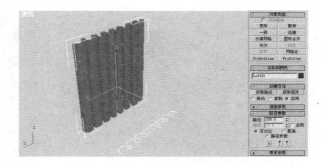

图 6-59

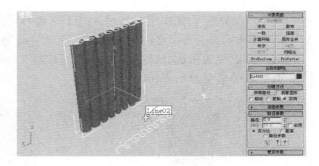

图 6-60

171

框选整个放样模型，找到放样图形，此时 图形命令 卷展栏中的选项可用，单击
右 按钮，调整模型，结果如图 6-64 所示。

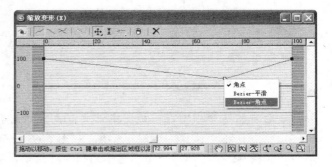

图 6-61

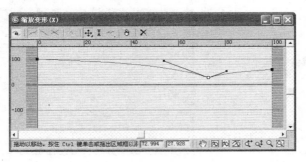

图 6-62

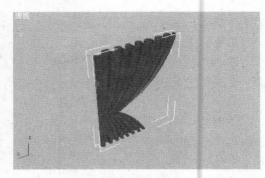

图 6-63   图 6-64

09 调整后的模型长宽比例不协调，接下来进行调整，首先选择修改堆栈中的 ┅┅ 图形选项，退出当前命令，在视图中找到用于放样的竖线路径，在修改命令面板中单击 ·· 按钮，在前视图中选择顶部的顶点，将其沿 Y 轴向上移动，如图 6-65 所示。

10 调整后的模型如图 6-66 所示。

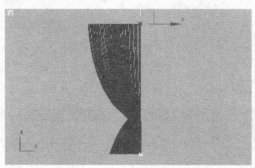

图 6-65   图 6-66

11 最后再将窗帘模型在前视图中沿 X 轴向左进行移动复制一个，并在弹出的"克隆选项"对话框中选择 ● 复制 选项，如图 6-67 所示。

12 单击 确定 按钮，关闭"克隆选项"对话框，确认复制所得的窗帘模型处于选择状态，单击修改面板中 - 变形 卷展栏下的 缩放 按钮，在弹出的"缩放变形"对话框中选择插入的顶点并将其删除，并用 ✛ 工具，调整顶点的位置，如图 6-68 所示。

图 6-67

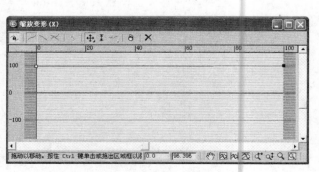

图 6-68

⒔ 调整后的窗帘上小下大，这样窗帘就做好了，在透视图中的效果如图 6-69 所示。

⒕ 下面制作窗帘轨。单击 命令面板中的 按钮，进入二维图形创建命令面板，单击
　线　按钮，在左视图中绘制窗帘扣带剖面图形，如图 6-70 所示。

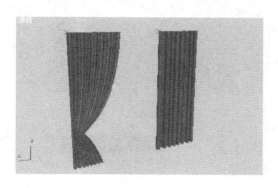

图 6-69

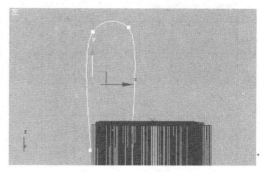

图 6-70

⒖ 单击 按钮，进入修改命令面板，单击 按钮，进入"样条线"编辑模式，在
　　几何体　卷展栏中单击 轮廓 按钮，在左视图中单击并拖动光标，将
曲线向内偏移，结果如图 6-71 所示。

⒗ 在修改面板中选择 修改器列表 下拉列表框中的 挤出 选项，为窗帘扣带添加"挤出"
修改命令，并适当调整 数量:参数，在透视图中的效果如图 6-72 所示。

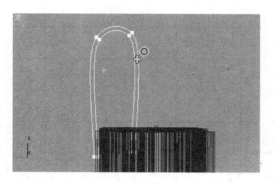

图 6-71

图 6-72

⒘ 再用关联复制的方法完成其余窗帘扣带的制作，结果如图 6-73 所示。

⒙ 单击 命令面板中的 按钮，选择 复合对象 下拉列表框中的 标准基本体 选项，进入
标准基本体 创建命令面板，单击 圆柱体 按钮，在左视图中创建窗帘轨，在透视图中
的效果如图 6-74 所示。

⒚ 最后，单击 圆锥体 按钮，在左视图中创建窗帘轨端盖，在透视图中的效果如图 6-75
所示。激活前视图，确认窗帘轨端盖圆锥体处于选择状态，单击工具栏中的 （镜
像）工具，将其进行镜像关联复制，对话框中的选项如图 6-76 所示。

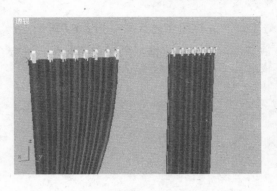

图 6-73

图 6-74

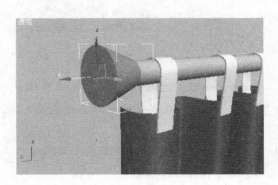

图 6-75

图 6-76

174

20 单击 确定 按钮，关闭"镜像"对话框，
并利用 ✛ 工具对镜像关联复制的端盖圆
锥体的位置进行调整，这样窗帘就做好，
如图 6-77 所示，最后赋上材质即可。

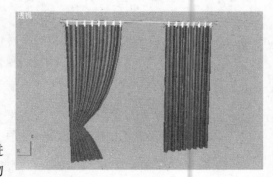

图 6-77

6.1.6 布尔

布尔是通过对两个或两个以上的物体进
行并集、差集、交集的运算，从而得到新的物
体。在该命令下一共有 3 个卷展栏，其参数面
板如图 6-78 所示。

在布尔运算中，参与运算的对象一个叫对象 A，另一个叫对象 B，把当前选择并执
行"布尔"命令时的对象称为 A 对象，把单击 拾取操作对象 B 按钮后，要在视图中拾取的对
象称为 B 对象。

下面重点讲解各参数卷展栏的含义及用法。

1. "拾取布尔"卷展栏

该卷展栏用来拾取布尔运算的对象，如图 6-79 所示，单击 拾取操作对象 B 按钮，拾取

视图窗口中的对象即可完成布尔操作。

该卷展栏中的 4 个选项分别表示拾取操作对象 B 后，对象 B 的存在方式。

- ❍ 参考　选择该选项，拾取操作对象 B 后，对象 B 在视图窗口中以参考的方式被复制一个，复制对象与原对象 B 之间是参考关系。

- ❍ 移动　该选项为系统默认选项，拾取操作对象 B 后，对象 B 在视图窗口中被移走。

- ❍ 复制　选择该选项，拾取操作对象 B 后，对象 B 在视图窗口中被复制一个，且对复制的对象进行修改时，都不会影响布尔运算后的结果。

图 6-78

- ❍ 实例　选择该选项，拾取操作对象 B 后，对象 B 在视图窗口中被关联复制一个，且复制对象与原对象 B 之间具有关联性。

2. "参数"卷展栏

该卷展栏用于设置对象进行布尔运算的方式，卷展栏如图 6-80 所示。

图 6-79

175

（1）"操作对象"选项组

该选项组用来显示所有运算对象的名称，当选择显示框中的名称时，下面的按钮被激活，可进行相应的操作。

（2）"操作"选项组

该选项组主要用于指定运算的方式，下面以图 6-81 中的对象为例讲解运算结果，将当前选择的正方体作为对象 A，圆锥作为对象 B。

- ❍ 并集　将对象 A 与对象 B 进行并集计算，合并成一个新对象，新对象继承对象 A 物体的名称和颜色，如图 6-81 所示。

图 6-80

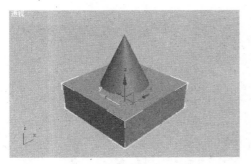

布尔运算前

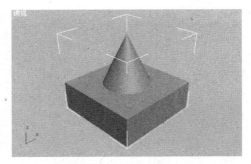

并集布尔运算效果

图 6-81

❑ 交集 将对象 A 与对象 B 进行交集计算，删除不相交的部分，如图 6-82 所示，相交体成一个新对象，新对象继承对象 A 的名称和颜色。

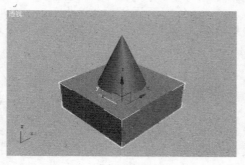 

布尔运算前   交集布尔运算效果

图 6-82

❑ 差集(A-B) 将对象 A 与对象 B 进行差集计算，A 对象为被减集，B 对象为减集，即将 B 物体从 A 物体中挖掉，如图 6-83 所示。

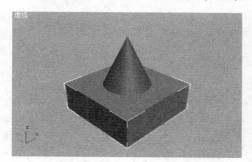 

布尔运算前   差集（A-B）布尔运算效果

图 6-83

❑ 差集(B-A) 将对象 A 与对象 B 进行差集计算，对象 A 为减集，对象 B 为被减集，即从对象 B 中把对象 A 和对象 A 与对象 B 相交的部分同时挖去，如图 6-84 所示。

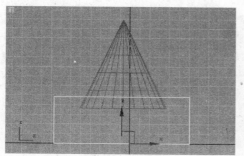 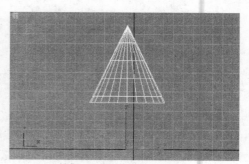

布尔运算前   差集（B-A）布尔运算效果

图 6-84

- ☐ ⊙ 切割　用 B 物体切除 A 物体，但不在 A 物体上添加 B 物体的任何部分，当选择 ⊙ 切割 选项时，下面的切割方式被激活。

- ☐ ⊙ 优化　根据 A 对象和 B 对象的相交线，将 A 对象分割成两个独立的面。

- ☐ ⊙ 分割　与细化相似，不同的是分割后的 A 对象是各自独立的。

- ☐ ⊙ 移除内部　在 A 对象的表面删除与 B 对象相交的部分。

- ☐ ⊙ 移除外部　在 A 对象的表面删除与 B 对象不相交的部分。

3. "显示" / "更新" 卷展栏

图 6-85

该卷展栏参数用来控制是否在视图中显示运算结果以及每次修改后何时进行重新计算，更新视图，如图 6-85 所示。

（1）"显示"选项组

该组参数用来决定是否在视图中显示布尔运算的结果，包含 3 个选项。

- ☐ ⊙ 结果　该选项为系统默认选项，显示布尔运算的最终结果。

- ☐ ⊙ 操作对象　选择此选项，只显示参与布尔运算的对象，不显示结果。

- ☐ ⊙ 结果 + 隐藏的操作对象　选择此选项，将隐藏的操作对象显示为线框方式。

（2）"更新"选项组

该选项组用得比较少，这里就不再详细讲述具体用法。

6.1.7　案例详解——制作饮水机

本例将制作如图 6-86 所示的饮水机。主要练习线、切角长方体的编辑，主要练习车削、布尔、三维对象的编辑，练习"车削"、"放样"、"散布"等编辑命令的使用方法。

操作步骤

01　单击 🔧 命令面板中 ⊙ 创建命令面板下的 ▨ 线 ▨ 按钮，在前视图中绘制如图 6-87 所示的曲线，制作饮水桶轮廓剖面线。

02　再单击 ✏ 按钮，进入修改命令面板，单击 ▨ 选择 ▨ 卷展栏中的 ⋮ 按钮，选择如图 6-88 所示的顶点，在视图区域内右击，选择快捷菜单中的 平滑 选项。

03　单击工具栏中的 ✚ 工具，调整顶点的位置以及所在曲线的形态，调整好后的效果如图 6-89 所示。

04　确认曲线为选择状态，单击修改面板中 ▨ 选择 ▨ 卷展栏中的 ⋀ 按钮，进入"样条线"次物体编辑模式，单击 ▨ 几何体 ▨ 卷展栏中的 轮廓 按钮，在前视图

图 6-86

中拖动光标,将剖面线向内拉出轮廓厚度并单击,如图 6-90 所示,右击右键退出 轮廓 命令。

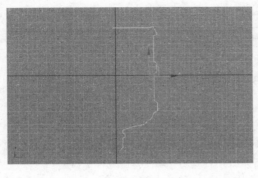

图 6-87

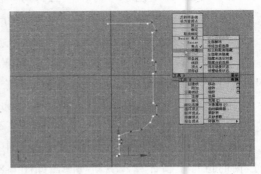

图 6-88

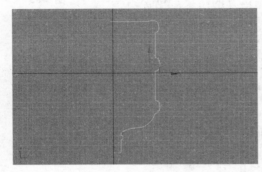

图 6-89

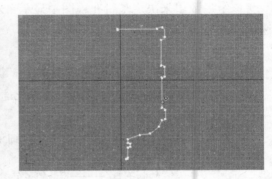

图 6-90

05 选择修改面板 修改器列表 下拉列表框中的 车削 选项,将剖面曲线旋转为实体,设置 - 参数 卷展栏中的 分段: 值为 30,再单击 Y 按钮与 最小 按钮,旋转后的效果如图 6-91 所示,这样水桶就做好了。

06 接下来制作饮水机。首先制作柜机顶盖,单击 创建 面板中的 线 按钮,在前视图中创建如图 6-92 所示的剖面线。

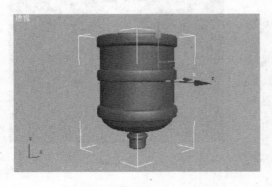

图 6-91

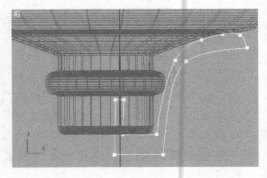

图 6-92

07 为以上创建的剖面线添加 车削 修改命令,单击 对齐 栏中的 最小 按钮,车削后的效果如

图 6-93 所示。

08 车削后的柜机顶盖并没有完全包裹饮水桶下口，下面将通过调整轴的位置校正以上现象。确认以上柜机顶盖车削对象处于选择状态，单击修改堆栈中 🔧 ⊞ 车削 前的"+"号按钮，在展开的次物体选项中选择 ⋯⋯ 轴 选项，在前视图中沿 X 轴移动轴的位置，调整后的效果如图 6-94 所示。

图 6-93

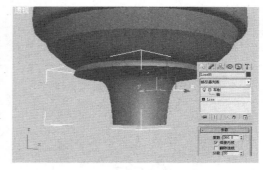

图 6-94

09 接下来制作饮水柜机，在 ⊙ 创建面板 标准基本体 下拉列表框中选择 扩展基本体 选项，进入 扩展基本体 创建面板，单击 切角长方体 按钮，在顶视图中创建 长度 、 宽度 :均为 180、 高度 :为 404、 圆角 :为 12 的切角长方体，效果如图 6-95 所示。

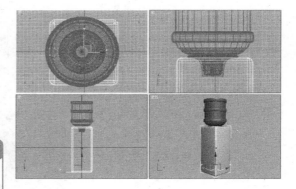

图 6-95

> **！ 提示**
>
> 若按以上参数创建的切角长方体与读者创建的水桶的比例不协调，可用工具栏中的 🔲 工具适当调整水桶的比例。

10 激活左视图，单击 线 按钮，绘制如图 6-96 所示的曲线，用于后面修剪造型。选择以上绘制的曲线，在修改命令面板中为其添加 挤出 修改命令，并设置 数量 :参数为 131，调整其位置，使其位于切角长方体的中上部，如图 6-97 所示。

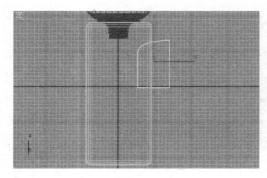

图 6-96

图 6-97

⑪ 选择切角长方体,在 ⊙ 创建面板中选择 标准基本体 下拉列表框中的 复合对象 选项,进入 复合对象 创建面板,单击 布尔 按钮,进入布尔编辑面板,单击 拾取操作对象 B 按钮,单击视图中的上一步创建的挤出对象,修剪后的效果如图 6-98 所示。

⑫ 接下来修剪出柜机顶的进水口。为了方便观察,将水桶隐藏,再选择柜机顶盖车削模型,将其复制一个,并在弹出的"克隆选项"对话框中选择 ⊙ 复制 选项,如图 6-99 所示。

图 6-98

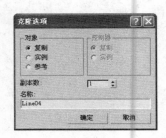

图 6-99

> **提示**
>
> 隐藏对象时,可先选择要隐藏的对象,并在视图中右击,在弹出的快捷菜单中选择 隐藏当前选择 选项即可;若要显示隐藏的对象,直接在快捷菜单中选择 全部取消隐藏 或 按名称取消隐藏 选项即可。

⑬ 确认复制的柜机顶盖处于选择状态,进入 ☑ 修改面板中,选择修改堆栈中的 ➕ Line 命令层级,并选择该命令层级中的 ━ 顶点 选项,对剖面进行修改,删除内侧多余的顶点并调整内侧顶点的位置,使修改后的对象与原顶盖大小相同并为实心体,如图 6-100 所示。

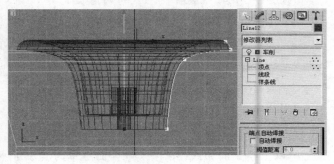

图 6-100

⑭ 选择修改堆栈中的 ♀ ➕ 车削 命令层级,返回顶层修改面板,结果如图 6-101 所示。

⑮ 选择柜机,进入 ⊙ 创建面板,单击 布尔 按钮,再单击 拾取操作对象 B 按钮,单击视图中修改后的实心端盖,完成进水口的修剪,结果如图 6-102 所示。

图 6-101

16 下面制作水龙头。单击 创建面板 标准基本体 ▼ 中的 圆环 按钮，在顶视图中创建 半径 1:为 4.8、半径 2:为 1.8 的圆环，如图 6-103 所示。

图 6-102

图 6-103

17 进入修改命令面板，选择 修改器列表 ▼ 下拉列表框中的 编辑网格 选项，为圆环添加"编辑网格"命令，单击 ■ 按钮，在前视图中选择圆环顶部面，如图 6-104 所示。

18 单击工具栏中的 ✛ 工具，沿 Y 轴向上移动选择面，拉出高度，单击 ▢ 工具，放大选择面，结果如图 6-105 所示。

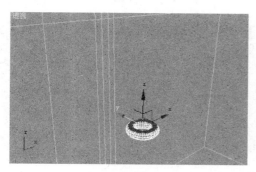

图 6-104

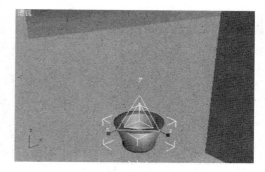

图 6-105

19 接着上一步的操作，在 编辑几何体 卷展栏中，单击 挤出 后面的 ▲▼ 按钮，将选择面向上挤出一定高度，制作水龙头出水管，如图 6-106 所示。

20 再单击 挤出 后面的 ▲▼ 按钮，再次将选择面向上挤出一点，单击 ▢ 工具，向内侧将开放口缩小，结果如图 6-107 所示。

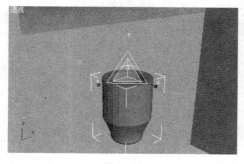

图 6-106

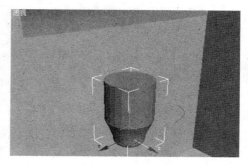

图 6-107

[21] 单击 ▢线 按钮，在左视图中绘制如图 6-108 所示的曲线，用于制作开关。选择上一步创建的样条线并为其添加 挤出 修改命令，适当设置 数量：参数，使其与出水管一般大小，如图 6-109 所示。

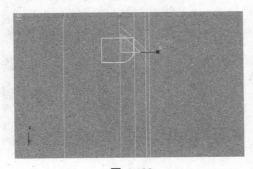

图 6-108　　　　　　　　　　　　　图 6-109

[22] 单击 ▢线 按钮，在左视图中开关一侧绘制如图 6-110 所示的曲线，用于制作开关拉手路径。激活顶视图，确认上一步绘制的样条线处于选择状态，将其沿 X 轴方向进行移动复制，并在弹出的"克隆选项"对话框中选择 ⊙ 复制 选项即可，复制的位置如图 6-111 所示。

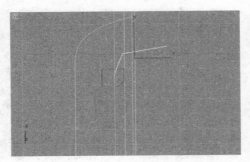
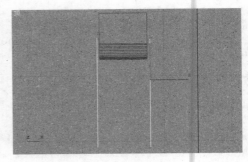

图 6-110　　　　　　　　　　　　　图 6-111

[23] 确认复制的样条线处于选择状态，进入修改命令面板，单击 - 几何体 卷展栏中的 附加 按钮，在视图中单击另一条用于制作开关的样条线，如图 6-112 所示，将其附加为一个整体。

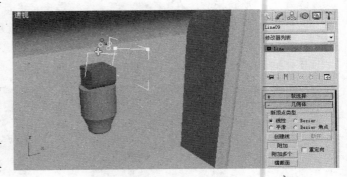

图 6-112

[24] 单击 附加 按钮退出当前命令，接下来将样条线开口接起来。首先，单击修改堆栈中 ▪ Line 前的"+"号按钮，在展开的次物体选项中选择 - 顶点 选项，进入"顶点"编辑模式，单击 - 几何体 卷展栏中的 连接 按钮，在样条线一开口处单击向另一开口处拖动光标并单击创建连

接，如图 6-113 所示。

提 示

若单击 `创建线` 按钮来创建开口间的连线，此时无法完成连接线两端点的圆角操作，因为两端点并非处于闭合状态，要执行圆角操作，还需要选择连接线两端端点进行 `焊接` 处理。

25 连接好后，在视图中选择如图 6-114 所示的顶点，单击 `几何体` 卷展栏下的 `圆角` 按钮，在视图中拖动光标对选择顶点进行圆角处理。

26 圆角后的效果如图 6-115 所示，这样开关的拉手放样路径就做好了。

27 接下来制作放样截面。单击 创建面板中的 `矩形` 按钮，在顶视图中创建 `长度` 为 3.5、`宽度` 为 2.9、`角半径`

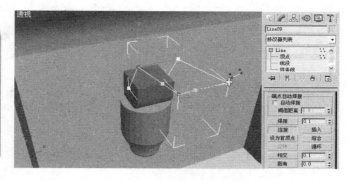

图 6-113

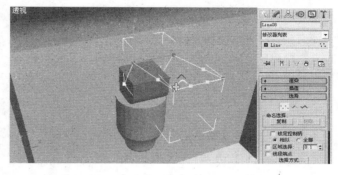

图 6-114

为 1.1 的圆角矩形作为放样截面，如图 6-116 所示。

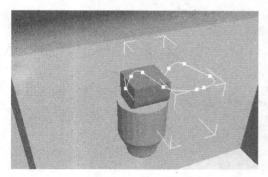

图 6-115

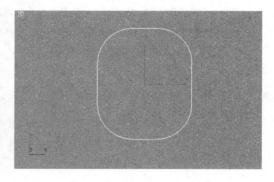

图 6-116

28 选择放样路径，进入 创建面板中的 `复合对象` 面板，单击 `放样` 按钮，在展开的放样编辑面板中单击 `获取路径` 按钮，单击开关拉手放样路径，结果如图 6-117 所示。

提 示

通过该图片我们看到开关拉手与开关有重叠的现象，下面将通过调整开关拉手放样体截面的位置来较正重叠的现象。

29 确认放样体处于选择状态，进入 ✐ 修改命令面板，单击修改堆栈中 ⊞ Loft 前的 "+" 号，在展开的次物体选项中选择 ⫶⫶⫶⫶图形 选项，在前视图中框选整个放样体，找到图形，将其沿 X 轴向外侧移动，使开关拉手处于开关的外侧，如图 6-118 所示。

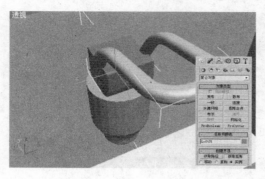
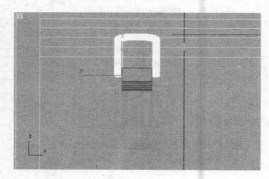

图 6-117   图 6-118

30 接下来制作固定钉。单击 ⬤ 创建面板 标准基本体 ▾ 中的 圆柱体 按钮，在左视图中创建一圆柱体，并对其位置进行调整，使其穿过拉手两端，结果如图 6-119 所示，这样固定钉就创建好了。

31 下面制作柜机与水龙头的连接管。单击 ⬤ 创建面板 标准基本体 ▾ 中的 圆环 按钮，在前视图中柜壁上创建如图 6-120 所示的圆环。

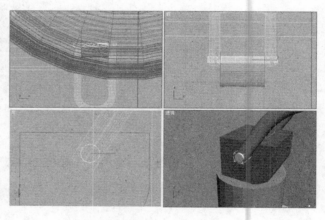

图 6-119

32 进入 ✐ 修改命令面板，选择 修改器列表 ▾ 下拉列表框中的 编辑网格 选项，为圆环添加"编辑网格"命令，单击 ▦ 按钮，按住 Ctrl 键，在前视图中选择圆环内部第二圈上的面，如图 6-121 所示。

33 单击工具栏中的 ✛ 工具，在左视图中右击，将选择面沿 X 轴向右移动使其与水龙头相交，如图 6-122 所示，这样水龙头就

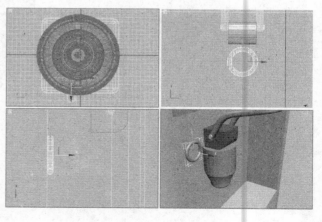

图 6-120

做好了。

34 最后将水龙头关联复制一个到右侧，制作右侧的水龙头，结果如图 6-123 所示。

35 最后制作柜门、指示灯、标识等，并赋上材质、打上灯光，完成后的最终效果如图 6-124 所示。

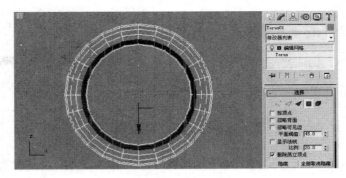

图 6-121

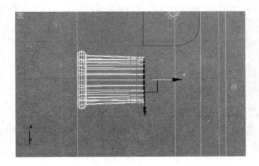

图 6-122

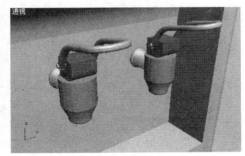

图 6-123

图 6-124

6.2 其他复合对象

前面介绍了几种常用的复合对象，下面简要介绍其他几种复合对象。

6.2.1 变形

变形主要应用于变形动画的制作。通过多个对象的顶点位置的自动配置，将当前对象变形为目标对象，其应用效果及参数面板如图 6-125、图 6-126 所示。

图 6-125

图 6-126

1. "拾取目标"卷展栏

❑ 拾取目标 单击该按钮,可在视图中拾取作为变形的目标对象。

❑ ○ 参考 选择此选项,将当前对象以参考复制的形式进行变形合成,合成的新对象与目标对象相同。

❑ ○ 复制 选择此选项,将当前对象以复制的形式进行变形合成,合成的新对象与目标对象相同。

❑ ○ 移动 选择此选项,当前对象将与目标对象变形合成为与目标对象相同的新对象。

❑ ● 实例 选择此选项,将当前对象以关联复制的形式进行变形合成,合成的新对象与目标对象相同。

2. "变形目标名称"卷展栏

❑ 变形目标: 在列表框中显示用于变形合成的目标对象和源对象的名称。

❑ 创建变形关键点 单击该按钮,可为选定的变形对象创建关键点。

❑ 删除变形目标 单击该按钮,用来删除当前所选择的目标对象,并连同其所有的变形关键点一并删除。

6.2.2 一致

一致是通过把一个物体表面的顶点投影到另一个物体(被包裹对象物体)上,使被投影的物体产生形变而形成合成物体,其应用效果和参数面板如图 6-127、图 6-128 所示。

图 6-127

(a)参数设置面板 1　　　　(b)参数设置面板 2

图 6-128

1. "拾取包裹到对象"卷展栏

该卷展栏用来选择被包裹的对象,其操作方法与创建变形对象时相应的参数一致,在此不再详述。

2. "参数"卷展栏

该组参数用于显示包裹器对象和被包裹对象的名称，并可对其进行编辑。

（1）"对象"选项组

❏ 对象 在对象列表框中列出包裹器对象的名称和被包裹对象的名称。

❏ 包裹器名: 为包裹对象重命名。

❏ 包裹对象名: 为被包裹对象重命名。

（2）"顶点投影方向"选项组

该选项组中提供了 7 种顶点投影方式，不同的投影方式产生的效果也不相同。

（3）"包裹器参数"选项组

❏ 默认投影距离: 用于设置包裹器上的顶点从其原始位置移动的距离。

❏ 间隔距离: 用于设置投影计算后包裹对象与被包裹对象节点之间的距离，值越小，造型越接近被包裹对象。

❏ ☐ 使用选定顶点 该选项只对包裹器上所选择的点的集合进行包裹变形。

6.2.3 连接

连接能将两个或多个表面上有开口的对象进行焊接使其成为新对象，开口之间将建立封闭、光滑过渡的表面，其应用效果如图 6-129 所示。

对于连接的物体，指定材质贴图的坐标比较困难，还没有很直接的方法控制中间体的贴图坐标，这需要通过选择面来为它指定多维材质。

"连接"的参数面板可分成"拾取操作对象"卷展栏、"参数"卷展栏和"显示/更新"卷展栏 3 部分。

1. "拾取操作对象"卷展栏

该卷展栏用来拾取操作对象，其操作方法与创建其他复合对象时相应的参数一致，在此不再详述。

2. "参数"卷展栏

在该卷展栏下可以设置连接对象的参数，其卷展栏参数如图 6-130 所示。

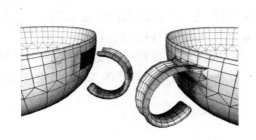

图 6-129

图 6-130

187

（1）"操作对象"选项组

该选项组用来显示所有参与连接的物体的名称，并对它们进行相关操作，其操作方法与创建其他复合对象时相应的参数一致，在此不再详述。

（2）"插值"选项组

该组参数用于设置两个物体之间连接桥的属性。

❑ 分段：设置连接桥的片段数。

❑ 张力：设置连接桥的曲率，值越大连接过渡越柔和。

（3）"平滑"选项组

❑ ☐ 桥　勾选此选项，将对连接桥表面进行自动光滑处理。

❑ ☐ 末端　勾选此选项，将连接桥与连接对象之间的接缝处进行表面光滑处理。

3．"显示/更新"卷展栏

在该卷展栏下可选择显示方式与更新的方式，其卷展栏参数如图 6-131 所示。

图 6-131

（1）"显示"选项组

该选项组有两个选项可以选择，用于确定是否显示图形操作对象。

❑ ⦿ 结果　选择该选项，则显示操作结果，为系统默认选项。

❑ ○ 操作对象　选择该选项，则显示操作对象。

（2）"更新"选项组

该选项组有 3 个选项可以选择，用于确定何时重新计算复合对象的投影。

❑ ⦿ 始终　选择该选项，对象将始终更新。

❑ ○ 渲染时　选择该选项，仅在渲染场景时才重新计算对象。

❑ ○ 手动　选择该选项，激活 更新 按钮，手动重新计算。

6.2.4　水滴网格

水滴网格可以在视图中直接创建合成辅助对象，用于制作软体或液态物质的效果，常与粒子系统配合使用，其应用效果如图 6-132 所示。

图 6-132

当将几何体或粒子系统与水滴网格合成时，每一个水滴颗粒的位置和大小将根据创建物体的不同分布在每个节点或每个粒子上。其大小由最初所创建的水滴网格对象决定，利用"软选择"选项可以变化水滴颗粒的大小；对于粒子系统，则由粒子系统中每一个粒子的大小来决定。其卷展栏参数如图 6-133 所示。

1．"参数"卷展栏

❑ 大小：设置每个水滴的大小。在粒子系统中创建水滴网格，大小由粒子系统来决定。

(a)"参数"卷展栏

(b)参数设置面板

(c)"粒子流参数"卷展栏

图 6-133

- ❑ 张力：　决定网格表面的松紧程度，值越小表面越松散。
- ❑ 计算粗糙度：　用于设定水滴的粗糙度和密度。可以在渲染和视图显示中设置不同的粗糙度。
- ❑ ☐ 相对粗糙度　应用于粗糙效果。
- ❑ ☐ 使用软选择　应用于水滴的大小和布置。
- ❑ 最小大小　设置软选择的最小尺寸。
- ❑ ☐ 大型数据优化　当水滴数比较多时，此选项提供比默认情况下更加高效的显示水滴的方法。一般在粒子系统下应用。
- ❑ ☐ 在视口内关闭　在视图中不显示水滴网格，不影响渲染结果。
- ❑ 拾取　单击此按钮，可在场景中拾取要加入水滴网格的对象或粒子系统。
- ❑ 添加　单击此按钮，在打开的对话框中可选择要加入水滴网格的对象或粒子系统。
- ❑ 移除　单击此按钮，可删除水滴网格中的物体或粒子。

2."粒子流参数"卷展栏

- ❑ ☑ 所有粒子流事件　勾选此选项，所有的粒子流事件都将产生水滴。
- ❑ 粒子流事件　将在列表框中显示应用了水滴网格的粒子系统的名称。
- ❑ 添加　单击此按钮，可在 Particle Flow Events 列表中添加事件。
- ❑ 移除　单击此按钮，可在 Particle Flow Events 列表中删除所选中的粒子流事件。

6.2.5　图形合并

图形合并能将一个网格对象的多个几何体图形进行合并，产生切割或合并的效果，其应用效果如图 6-134 所示。

"图形合并"的参数面板可分成"拾取操作对象"卷展栏、"参数"卷展栏和"显示/更新"卷展栏 3 部分。

1."拾取操作对象"卷展栏

该卷展栏用来拾取操作对象，其操作方法与创建其他复合对象时相应的参数一致，

189

在此不再详述。

2."参数"卷展栏

在该卷展栏下可以对连接对象的参数进行设置，其卷展栏参数如图 6-135 所示。

图 6-134　　　　　　　　　　　　　　图 6-135

（1）"操作对象"选项组

该选项组用来显示合成物体中所有操作对象的名称，并对其做相关的操作，其操作方法与创建其他复合对象时相应的参数一致，在此不再详述。

（2）"操作方式"选项组

该组参数用来决定几何图形将如何应用到网格物体上。

- ❑　 饼切 　选择该选项，将根据二维几何图形切割网格物体上的相应的部分。
- ❑　 合并 　选择该选项，将几何图形合并到网格物体的表面。
- ❑　 反转 　勾选此选项，与"饼切"和"合并"命令的功能相反。

（3）"输出子网格选择"选项组

该组参数提供了 4 种选项，决定以哪种次物体级选择形式上传到高级的修改加工中，包括点、面、边界 3 种基本次物体级别。

- ❑　 无 　表示输出整个物体。
- ❑　 边 　表示输出合并体的边界。
- ❑　 面 　表示连同几何图形以面的形式输出。
- ❑　 顶点 　表示输出由几何图形边缘所决定的顶点。

6.2.6　地形

"地形"合成命令可通过代表等高线的二维封闭图形建立地形物体，对每条等高线的阶梯高度进行过渡连接，如图 6-136 所示。

1."拾取操作对象"卷展栏

该卷展栏用来拾取操作对象，其操作方法与创建其他复合对象时相应的参数一致，在此不再详述。

2."参数"卷展栏

在该卷展栏下可以对地形对象进行操作和指定不能的形式,其卷展栏参数如图6-137所示。

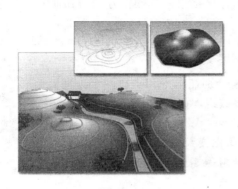

图 6-136 图 6-137

（1）"操作对象"选项组

该选项组用来显示合成物体中所有操作对象的名称,并对其做相关的操作,其操作方法与创建其他复合对象时相应的参数一致,在此不再详述。

（2）"外形"选项组

该组参数用来指定地形变换的形式,包括 3 种形式和两个选项框。

❑ **分级曲面**　选择此选项,将根据等高线建立分级的梯状网格物体,如图 6-138所示。

❑ **分级实体**　选择此选项,建立表面分等且具有实体效果的网格地形物体。

❑ **分层实体**　选择此选项,将建立分层的阶梯状实体网络地形物体,如图 6-139所示。

图 6-138 图 6-139

❑ **缝合边界**　选择此选项,禁止在复合对象边界创建新的三角形。

❑ **重复三角算法**　选择此选项,决定尖锐的地方是否变的平坦。

（3）"显示"选项组

❑ ⦿ 地形　选择此选项，只显示等高线上的三角形网格。

❑ ○ 轮廓　选择此选项，只显示地形物体等高线的框架。

❑ ○ 二者　选择此选项，同时显示三角形网格和等高线框架。

（4）"更新"选项组

该选项组用来决定是否在视图中显示计算结果，其操作方法与其他复合对象时相应的参数一致，在此不再详述。

3．"简化"卷展栏

该卷展栏用来对参与地形运算的对象分别在水平和垂直两个方向上进行有关简化的设置，其中包括两个参数组，如图 6-140 所示。

图 6-140

（1）"水平"选项组

❑ ⦿ 不简化　选择此选项，不使用简化模式。

❑ ○ 使用点的 1/2　选择此选项，使用等高线上 1/2 的顶点建立网格物体的方式进行简化。

❑ ○ 使用点的 1/4　选择此选项，使用等高线上 1/4 的顶点来建立网格物体的方式进行简化。

❑ ○ 插入内推点 * 2　选择此选项，使用等高线上 2 倍运算对象的节点数目的方式，以建立更精细的网格物体。

❑ ○ 插入内推点 * 4　选择此选项，使用等高线上 4 倍运算对象的节点数目的方式，以建立更精细的网格物体。

（2）"垂直"选项组

❑ ⦿ 不简化　选择此选项，不使用简化模式。

❑ ○ 使用线的 1/2　选择此选项，使用垂直方向 1/2 的样条曲线的方式简化网格物体。

❑ ○ 使用线的 1/4　选择此选项，使用垂直方向 1/4 的样条曲线的方式简化网格物体。

4．"按海拔上色"卷展栏

该卷展栏下的参数可以根据地形的海拔高度进行着色，不同高度之间使用渐变过渡的颜色，如图 6-141 所示。

❑ 最大海拔高度　显示地形物体的最大高度。

❑ 最小海拔高度　显示地形物体的最小高度。

❑ 参考海拔高度　用来输入参考的高度值，系统将根据该值为不同的高度区域进行着色。大于该值将作为陆地，小于该值作为海洋。

（1）"按基础海拔分区"选项组

❑ 创建默认值　单击该按钮，根据参考高度创建一个海拔区域，在下方列表中列出了各个区域底部的海拔高度。

图 6-141

（2）"色带"选项组

❑ 基础海拔： 设置水平线的高度。

❑ 基础颜色： 单击色块可重新设置当前选择区域的颜色。

❑ ⦿ 与上面颜色混合 选择此选项，混合当前区域与上一区域的颜色。

❑ ○ 填充到区域顶部 选择此选项，保持色彩区域的顶部为实体色彩，不进行混合。

❑ 修改区域 单击该按钮，修改选定色彩的区域的选项。

❑ 添加区域 单击该按钮，添加新的色彩区域。

❑ 删除区域 单击该按钮，删除在列表框中被选择的区域。

6.2.7 网格化

使用"网格化"命令，可以在视图中直接创建网格复合对象，并可以使自己的形状变成任何网格物体，其参数面板如图 6-142 所示。

（a）参数设置面板 1

（b）参数设置面板 2

图 6-142

❑ 拾取对象 单击 None 按钮后，在视图中拾取要与网格对象相关联的物体，相关联的对象名称将显示在该按钮上。

❑ 时间偏移： 设置网格物体的粒子系统与原物体粒子系统帧的时间差值。

❑ ☐ 仅在渲染时生成 选择此选项，网格物体只应用于渲染，可加快视图刷新速度。

❑ 更新 单击此按钮，手动更新对原粒子系统或网格物体时间偏移设置的修改。

❑ ☐ 自定义边界框 选择此选项，网格物体会使用所关联对象的边界盒代替粒子系统中的动态边界盒。

❑ 拾取边界框 单击此按钮，然后在视图中选取定制的边界框对象。

❑ ☑ 使用所有粒子流事件 勾选该选项，对所有的粒子流事件都使用"网格"合成方式。

❑ 粒子流事件 在列表中显示应用了网格合成方式的粒子流事件的名称。

❑ 添加 单击此按钮，可在列表中添加一个粒子流事件。

❑ 移除 单击此按钮，可从列表中删除选中的粒子流事件。

归 纳 总 结

通过本章对 3ds Max 中复合对象的创建与编辑方法的学习，相信大家已经掌握了复合对象的应用范围以及常用的编辑命令。要熟练掌握放样、布尔、散布和变形这几种编辑方法的使用技巧，只有熟悉这些常用的编辑命令才能得心应手地创建三维模型。

互 动 练 习

1．选择题

（1）图 6-143 左边所示的是两个相互独立的几何体，通过 复合对象 ▼ 创建命令面板下的 布尔 按钮的哪种操作，可得到右边的修剪效果？（ ）

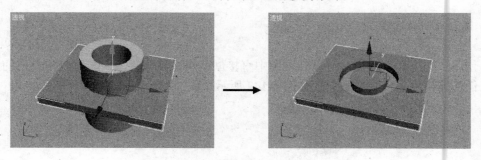

图 6-143

A. ⊙ 交集　　　　B. ⊙ 差集(A-B)　　　　C. ⊙ 差集(B-A)　　　　D. ⊙ 切割

（2）图 6-144 所示的放样体是由以下哪两个图形制作的放样截面？（ ）

A．矩形　　　　B．星形　　　　C．圆　　　　D．多边形

（3）执行二维布尔命令的二维图形必须是（ ）。

A．附加为一个整体的对象　　　　B．相互独立的对象

C．具有关联属性的对象　　　　D．群组对象

（4）执行三维布尔命令的二维图形必须是（ ）。

A．附加为一个整体的对象　　　　B．相互独立的对象

C．具有关联属性的对象　　　　D．群组对象

2．上机题

本练习将制作如图 6-145 所示的手镯模型。主要练习使用"放样"命令将二维曲线放样生成手镯模型。

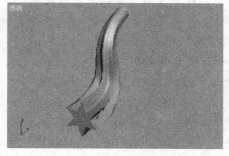

图 6-144

图 6-145

操作提示

01　单击 ⊕ 创建命令面板中的 ▢ 圆 ▢ 按钮，在顶视图中绘制两个大小不同的圆形线框，如图 6-146 所示。

02　选择小圆形线框，将其转换为可编辑样条线，然后进入"顶点"编辑模式，将其编辑成如图 6-147 所示的形状。

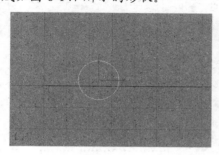

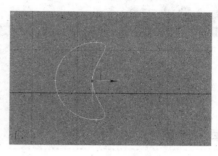

图 6-146　　　　　　　　　　　　　　　　图 6-147

03　选择大圆形线框，使用"放样"命令进行放样编辑。单击"创建方法"卷展栏中的 ▢获取图形▢ 按钮，然后将光标移动到小圆形线框上并单击鼠标左键，放样结果如图 6-148 所示。

04　调整参数。展开"蒙皮参数"卷展栏，调整"图形步数"和"路径步数"的参数，调整后的效果如图 6-149 所示。

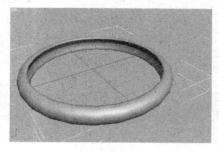

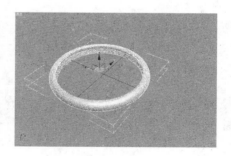

图 6-148　　　　　　　　　　　　　　　　图 6-149

05　进一步细化模型。展开"变形"卷展栏，单击 ▢ 缩放 ▢ 按钮，调整曲线形状，调整后的效果如图 6-150 所示。

06　使用同样的方法，调整"变形"卷展栏中的"倒角"变形器，如图 6-151 所示。

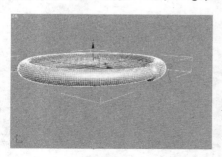

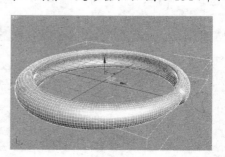

图 6-150　　　　　　　　　　　　　　　　图 6-151

第 7 章　材质应用

 学习目标

　　本章主要讲解材质编辑器的使用方法，包括熟悉"材质编辑器"窗口、材质的类型、多种材质参数的设置与应用，以及如何创建自己的材质库等相关内容。

 要点导读

1. 认识材质编辑器
2. 材质的类型
3. 材质参数卷展栏
4. 3ds Max 中材质的基本操作
5. 案例详解——制作玻璃材质
6. 案例详解——制作不锈钢材质
7. 案例详解——制作石材材质
8. 案例详解——制作多维子材质

 精彩效果展示

7.1 认识材质编辑器

材质是营造空间氛围的重要表现手法,通过 3ds Max 软件中的"材质编辑器"可以使创建的模型更形象、逼真,从而营造出室内空间真实的色彩与质感(如图 7-1 所示),可以制作出照片质量的设计作品。

单击工具栏中的  (材质编辑器)按钮,打开"材质编辑器"对话框,如图 7-2 所示。"材质编辑器"窗口由两部分组成,上部分是菜单栏、材质样本球示例窗、材质编辑器工具栏,下部分是 8 个参数卷展栏,用于控制材质参数。

图 7-1

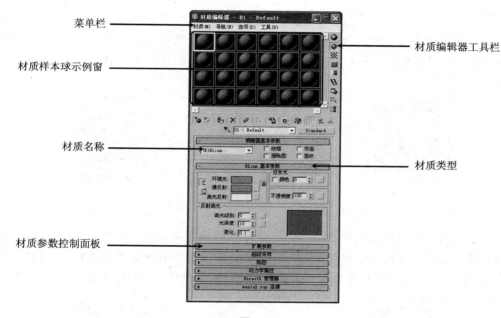

图 7-2

! 提 示

按 M 键可打开"材质编辑器"对话框。执行"渲染"→"材质编辑器"命令,也可打开"材质编辑器"窗口。

1. 菜单栏

菜单栏位于材质编辑器的顶部,提供了各种材质编辑命令。

2. 样本球示例窗

默认情况下,样本球示例窗显示 6 个材质样本球,将鼠标指针放在材质样本球之间的分格框上，在鼠标指针变成  时，按住鼠标左键不放，拖动鼠标可平移材质框显示其他的材质样本球。在样本球示例窗中共有 24 个材质样本球，在激活的样本球示例窗上右击，在弹出的快捷菜单中选择 6×4 示例窗 选项，可显示 24 个材质样本球，如图7-3 所示。

图 7-3

> **！提示**
>
> 　　快捷菜单中的拖动/旋转命令允许以拖动和旋转的方式调整材质样本球；重置旋转命令用于将材质样本球恢复到系统默认状态时的显示角度； 选项…命令用于打开"选项"对话框； 放大…命令可将选择的材质样本球以窗口的方式最大化显示；"3×2 示例窗"命令用于设置示例窗中材质球的显示个数为 6 个；"5×3 示例窗"命令用于设置示例窗中材质球的显示个数为 15 个；"6×4示例窗"命令用于设置示例窗中材质球的显示个数为 24 个。

　　材质样本球通常以黑色边框显示，当前被激活的材质具有白色边框。当材质样本球的材质赋给场景对象后，材质样本球以白色边框显示且边框的 4 角有白色小三角标记，如图 7-4 所示。

　　未选择状态　　　　　　　激活状态　　　　　　赋予材质状态

图 7-4

　　根据材质在场景中的使用情况，样本球示例窗的材质有冷、热之分。把没有赋予场景对象的材质样本球称为冷材质，把赋予场景对象的材质样本球称为热材质。通过材质样本球边框是否有白色小三角形标记来判断当前材质是热材质还是冷材质，如图 7-5 所示。

　　　热材质　　　　　　　　热材质　　　　　　　冷材质

图 7-5

　　当热材质的材质样本球边框的 4 个角为实心白色三角形标记▼时，表明用了此材质的场景对象当前处于选择状态；若边框的 4 个角为▫空心白色三角形标记，表明用了此材质的场景对象当前不处于选择状态。

3．工具栏

　　工具栏位于样本球示例窗右侧和下方，呈横竖两排包围样本球示例窗。这些工具用来管理和更改贴图及材质的按钮和其他控件。工具栏中各个按钮的功能如表 7-1 所示。

表 7-1　工具栏中各个按钮的功能

按钮	说明
●	采样类型按钮，用于控制样本球的采样形态，按住该按钮不放可显示圆柱体 ▯ 和立方体 ▣ 形态，移动光标到需要的形态上可进行切换，如图 7-6 所示
●	背光按钮，用于在材质样本球后面添加辅助光源，以增加一个背光效果，在系统默认情况下，该按钮为按下状态 ●，即开启背光
▨	背景按钮，用于为材质样本球增加方格背景，对于查看透明材质的透明度很有帮助
▢	采样 UV 平铺按钮，用来测试贴图重复的效果
▯	视频颜色检查按钮，用于检查材质表面颜色是否超过了视频限制
▤	生成预览按钮，单击该按钮将打开"创建材质预览"对话框，可以预览材质动画的效果
▣	选项按钮，单击该按钮将打开"材质编辑器选项"对话框，用于设置访问材质编辑器的全部选项
▨	按材质选择按钮，可将场景中全部赋予当前材质的对象一同选中
▤	材质/贴图导航器按钮，单击该按钮将打开"材质/贴图导航"对话框，可通过材质中贴图的层次或复合材质中子材质的层次快速导航
●	获取材质按钮，单击该按钮将打开"材质/贴图浏览器"对话框，用于获取材质和贴图
●	将材质放入场景按钮，当场景中存在同名材质时此按钮才可用
●	将材质指定给选定对象按钮，用于将当前激活的材质样本球的材质指定给场景中选择的物体
✕	重置贴图/材质为默认设置按钮，单击此按钮将当前材质样本球重新设置为默认值
●	复制材质按钮，用于复制当前选中的热材质
▣	放入库按钮，单击此按钮可打开"入库"对话框，将当前材质保存到材质库里
◎	材质 ID 通道按钮，用于为材质指定特殊效果，按住该按钮不放可显示 16 个通道
●	在视口中显示贴图按钮，单击该按钮可以在场景中显示材质的贴图效果
╫	显示最终结果按钮，单击此按钮会保持显示最终材质的效果
▣	转到父对象按钮，用于返回上一个材质层级面板
➡	转到下一个同级项按钮，单击此按钮，可以快速切换到另一个相同级别的材质层级中
✎	从对象拾取材质按钮，可将场景物体上所赋的材质重新拾取到材质球上

系统默认的球形态

圆柱体形态

立方体形态

图 7-6

⚠ 提 示

双击材质样本球，可以将材质样本球以窗口的方式最大化显示，单击 ✕ 按钮，则可关闭最大化显示窗口。

工具栏下方的 `01 - Default ▾` 栏为材质名称栏，可在该栏中输入名称，为当前选择的材质样本球重命名，名称栏后面的 按钮是"材质类型"按钮，该按钮为系统默认的标准材质类型，当打开"材质编辑器"对话框时，就直接显示标准材质相关的编辑面板。

> **！提示**
>
> 在开始使用材质时，务必为材质指定一个唯一且有意义的名称。

7.2 基本材质参数设置面板

基本材质的参数面板一般有 8 个卷展栏，用户通过设置这些参数便可制作出许多具有不同特性的材质，8 个卷展栏分别是"明暗器基本参数"、"Blinn 基本参数"、"扩展参数"、"超级采样"、"贴图"、"动力学属性"、"DirectX 管理器"、"mental ray 连接"。材质的主要编辑和修改都是通过材质参数面板来控制的，因此，掌握各种材质的特性与参数设置是非常重要的。

7.2.1 "明暗器基本参数"卷展栏

"明暗器基本参数"卷展栏如图 7-7 所示。3ds Max 中的材质就由"各向异性"、Blinn、"金属"、"多层"、Oren-Nayar-Blinn、Phong、Strauss 和"半透明明暗器"8 种阴影模式组成。

- ❑ **"各向异性"** 该明暗器类型只有一层高光控制区，主要产生不规则的高亮发光点，常用于模拟头发、玻璃与陶瓷材质的高光效果。可创建拉伸并成角的高光，而不是标准的圆形高光，应用效果如图 7-8 所示。

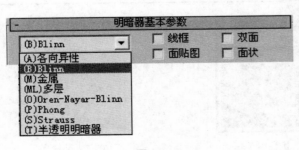

图 7-7

图 7-8

- ❑ **Blinn** 系统默认的明暗器，是效果图制作过程中使用最频繁的明暗器类型。与 (P)Phong 明暗器具有相同的功能，但它在数学上更精确，应用效果如图 7-9 所示。
- ❑ **"金属"** 该明暗器类型专用于制作金属材质，可以反映金属特有的强烈的高光区域。应用效果如图 7-10 所示。
- ❑ **"多层"** 该明暗器类型可以用于表现玻璃，以及复杂且高度擦亮的磨砂金属的效果，能生成两个具有独立控制的不同高光，可模拟如覆盖了发亮蜡膜的金属，应用效果如图 7-11 所示。

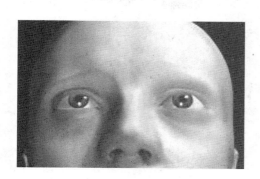

图 7-9

图 7-10

- **Oren-Nayar-Blinn**　是 Blinn 明暗器的改编版，该明暗器类型比 Blinn 明暗器多了 高级漫反射 和 粗糙度 参数，它可为对象提供多孔而非塑料的外观，适用于像皮肤一样的表面，应用效果如图 7-12 所示。

图 7-11

- **Phong**　一种经典的明暗方式，它是第一种实现反射高光的方式，适用于塑胶表面，应用效果如图 7-13 所示。

图 7-12

图 7-13

- **Strauss**　适用于金属。可用于控制材质呈现金属特性的程度，应用效果如图 7-14 所示。
- **"半透明明暗器"**　半透明明暗方式与 Blinn 明暗方式类似，但它还可用于指定半透明。半透明对象允许光线穿过，并在对象内部使光线散射。可以使用半透明来模拟被霜覆盖的和被侵蚀的玻璃，应用效果如图 7-15 所示。

图 7-14   图 7-15

认识了 8 种阴影模式的特点和应用范围后，下面介绍"线框"、"双面"、"面贴图"和"面状"这几个选项的含义，它们是这些阴影模式共同拥有的参数。

❑   ☐ 线框   勾选此选项，将材质用线框的形状来表现物体，对物体所具有的边缘进行渲染，如图 7-16 所示。

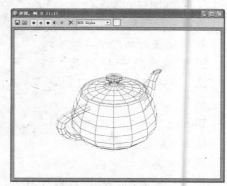

不使用线框材质渲染图   使用线框材质渲染图

图 7-16

❑   ☐ 双面   勾选此选项，为对象的两面强制指定材质，常用在表面对象内部材质，如图 7-17 所示。

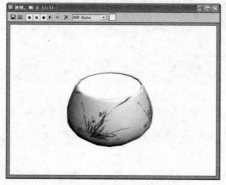

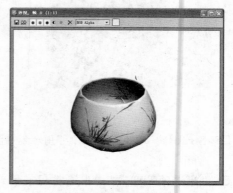

未使用双面材质的渲染图   使用双面材质的渲染图

图 7-17

❑　□ 面贴图　勾选该选项，为对象的每个多边形面都进行贴图，如图 7-18 所示。

 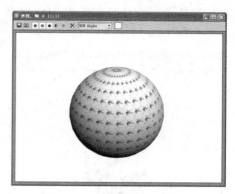

未使用面贴图材质的球体渲染图　　　　　　使用面贴图材质的球体渲染图

图 7-18

❑　□ 面状　勾选此选项，以拼图方式来处理对象的每一个面，形成晶格般的效果，如图 7-19 所示。

未使用面状的材质球　　　　　　　　　　使用面状的材质球

图 7-19

7.2.2 "Blinn 基本参数"卷展栏

主要用于指定物体贴图，设置材质的颜色、反光度、自发光、透明度等基本属性，如图 7-20 所示。

❑　环境光：　表现物体阴影部分的颜色。

❑　漫反射：　表现物体的基本颜色或质感，直接受光线的影响。

❑　高光反射：　物体接受光线最明亮的区域。

❑　 "锁定颜色"按钮，用于锁定不同受光区域的颜色。

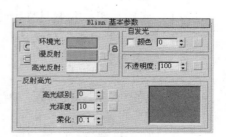

图 7-20

❑ ▢ 颜色 可设置当前 漫反射:颜色的发光强度，勾选该选项后，可重新设置自发光的颜色。当自发光值为 100 时就不会受光线的影响，从而不能表现阴影效果，如图 7-21 所示。

"自发光"=0   "自发光"=100

图 7-21

❑ 不透明度: 用于设置材质的不透明度，值越小越透明，常用于表现玻璃、纱质等透明材质，如图 7-22 所示。

"不透明度"=0   "不透明度"=30

图 7-22

❑ 高光级别: 用于控制材质的高光强度。

❑ 光泽度: 用于控制材质的受光面积的大小。

❑ 柔化: 用于柔化"漫反射"和"高光"在过渡时的粗糙边界。

7.2.3 "扩展参数"卷展栏

主要用于设置物体的透明度、反射、线框大小以及透明材质的折射率等，如图 7-23 所示。

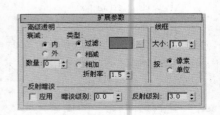

图 7-23

❑ 衰减: 该选项区中的参数主要用于控制透明材质的透明衰减效果。当选择 ⦿ 内 选项时，材质质感由边缘向中心衰减，当选择 ⦿ 外 选项时，材质质感由中心向 边缘衰减，衰减的程度主要由 数量 参数控制，如图 7-24 所示。

"内"数量=0　　　　　　　　"内"数量=50　　　　　　　　"外"数量=50

图 7-24

❑ 类型: 该选项区中有 ⦿ 过滤 、 ◯ 相减 和 ◯ 相加 3 种透明类型选项。⦿ 过滤 为系统 默认选项，用于过滤颜色和贴图；◯ 相减 选项是从材质本身的颜色中删减过渡颜 色，将材质整体暗淡；◯ 相加 选项是从材质本身的颜色中增加过渡颜色，将材 质整体提亮；如图 7-25 所示。

"过滤"选项类型　　　　　　"相减"选项类型　　　　　　"相加"选项类型

图 7-25

❑ 折射率: 用于设置材质的折射率。

❑ 线框 该选项区主要用于设置线框的大小，对应 明暗器基本参数 卷展栏中的 ☑ 线框 渲染模式，如图 7-26 所示。其 大小 参数控制线框的大小；⦿ 像素 参数以像 素为单位进行线框贴图；◯ 单位 参数按场景远近单位进行线框贴图。

"线框"大小为 1 像素选项　　　"线框"大小为 4 像素选项　　　"线框"大小为 4 单位选项

图 7-26

❑ 反射暗淡 该选项组用于设置材质在反射后产生阴影的反射值亮度。勾选☐应用选项将启用反射模糊；暗淡级别:选项用于调整物体反射部分的阴暗度和 Ambient 区域的反射率；反射级别:选项用于调整物体明亮部分的反射值，值越高反射效果越好。

7.2.4 "超级采样"卷展栏

它是一种外部附加的抗锯齿方式，针对标准材质和光线跟踪材质，如图 7-27 所示。
❑ ☑使用全局设置 勾选该选项将使用全局设置，不进行超级采样，取消该选项，其他选项被激活，默认设置为启用状态。
❑ ☐启用局部超级采样器 勾选该选项将激活局部设置，默认设置为禁用状态。
❑ ☑超级采样贴图 勾选该选项将使用超级采样，并可在下拉列表框中选择不同的采样方式，默认为"Max 2.5 星"选项。图 7-28 所示为超级采样的抗锯齿效果。

图 7-27　　　　　　　　　　　　　　　　图 7-28

7.2.5 "贴图"卷展栏

"贴图"卷展栏用于设置物体的贴图类型，可以使物体表现出丰富的质感和纹理效果，在标准材质类型的"贴图"卷展栏中有 12 个贴图通道，不同的贴图通道对应了材质不同的属性，如图 7-29 所示。通过单击贴图通道后面的 None 按钮，可打开如图 7-30 所示的"材质/贴图浏览器"对话框，可为其指定不同的位图贴图或程序贴图。

在"材质/贴图浏览器"对话框中选择贴图后，其贴图名称和类型将显示在贴图通道后面的 None 按钮上。贴图通道名称前的复选框用于禁用或启用贴图效果，处于☑状态表示启用贴图，且在渲染后可看到贴图效果；处于☐状态表示禁用贴图，且在渲染后看不到贴图效果。

下面介绍"贴图"卷展栏中各选项的含义。
❑ ☐环境光颜色 勾选此选项，"环境光"贴图有效，可通过 None 按钮和输入框进行贴图选择和贴图强度的设置。
❑ ☐漫反射颜色 勾选此选项，"漫反射"贴图有效，可通过 None 按钮和输入框进行贴图选择和贴图强度的设置。用于表现在物体过渡色上的贴图，如图

7-31 和图 7-32 所示。

图 7-29　　　　　　　　　　　　　　　　　图 7-30

　　　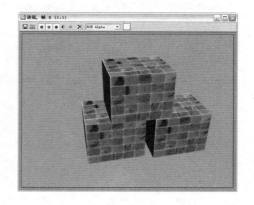

图 7-31　　　　　　　　　　　　　　图 7-32

❑ **高光颜色**　勾选此选项，"高光颜色"贴图有效，可通过 None 按钮和输入框进行贴图选择和贴图强度的设置。用于表现高光处的贴图。

❑ **高光级别**　勾选此选项，"高光反射"贴图有效，可通过 None 按钮和输入框进行贴图选择和贴图强度的设置。用于表现反光处的贴图。

❑ **光泽度**　勾选此选项，"光泽度"贴图有效，可通过 None 按钮和输入框进行贴图选择和贴图强度的设置。常用于制作反光处的纹理。

❑ **自发光**　勾选此选项，"自发光"贴图有效，可通过 None 按钮和输入框进行贴图选择和贴图强度的设置。该贴图不受灯光影响。

❑ **不透明度**　勾选此选项，"不透明度"贴图有效，可通过 None 按钮和输入框进行贴图选择和贴图强度的设置。通常配合黑白贴图作为蒙版使用，如图 7-33 和图 7-34 所示。

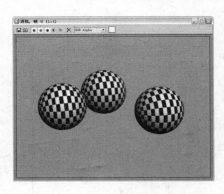

图 7-33 图 7-34

❑ ☐过滤色 勾选此选项，"过滤色"贴图有效，可通过 None 按钮和输入框进行贴图选择和贴图强度的设置。该贴图一般用于过滤各种专有颜色。

❑ ☐凹凸 勾选此选项，"凹凸"贴图有效，可通过 None 按钮和输入框进行贴图选择和贴图强度的设置。该贴图通道常用于表现对象表面的凹凸效果，值为正数，白色为凸起效果，黑色为凹陷效果，如图 7-35 和图 7-36 所示。

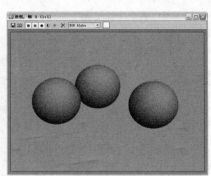

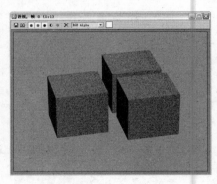

图 7-35 图 7-36

❑ ☐反射 勾选此选项，"反射"贴图有效，可通过 None 按钮和输入框进行贴图选择和贴图强度的设置。主要用于指定反射贴图，常用于表现金属、玻璃等效果，如图 7-37 和图 7-38 所示。

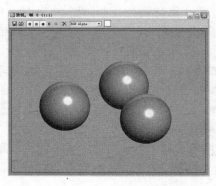

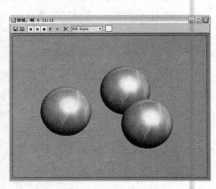

图 7-37 图 7-38

❏　☐折射　勾选此选项，"折射"贴图有效，可通过 None 按钮和输入框进行贴图选择和贴图强度的设置。常用于表现透明物质的折射效果。

❏　☐置换　勾选此选项，"置换"贴图有效，可通过 None 按钮和输入框进行贴图选择和贴图强度的设置。"置换"贴图可根据图像改变对象的形态结构。

7.2.6 "动力学属性"卷展栏

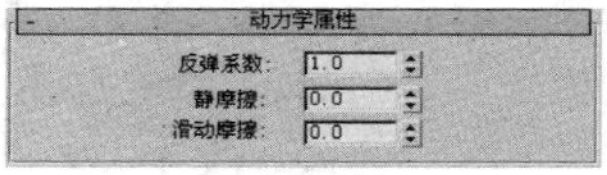

为动力学系统进行的辅助设置，只有在动力学系统中这些设置才可用，如图 7-39 所示。

图 7-39

❏　反弹系数：数值框中的数值是物体反弹时的强度，该值为 0 时，物体的反弹没有任何能量损失，也就是说，物体将以原来的速度进行反弹。

❏　静摩擦：数值框中的数值是物体由静态向动态变化时的最大摩擦力，该值为 1 时，摩擦力最大。

❏　滑动摩擦：数值框中的数值是物体滑动时的最大摩擦力，该值为 1 时，摩擦力最大。

7.2.7 "mental ray 连接"卷展栏

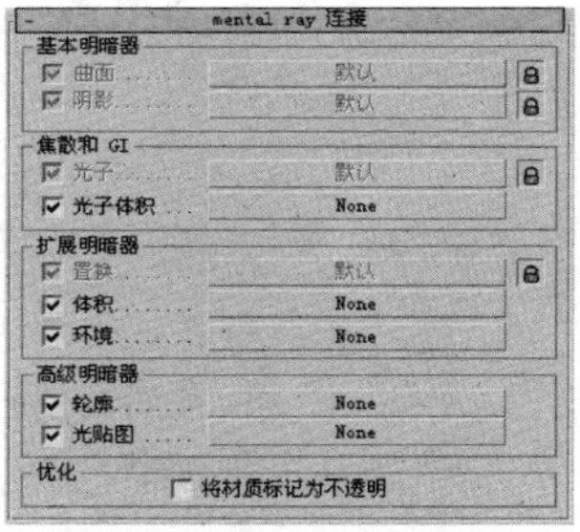

该卷展栏仅用于 mental ray 渲染方式，而对其他渲染方式不起作用，如图 7-40 所示。

图 7-40

❏　☑曲面　勾选该选项，应用表面的阴影方式。

❏　☑阴影　勾选该选项，应用阴影的阴影方式。

❏　☑光子　勾选该选项，应用光子。

❏　☑光子体积　勾选该选项，应用光子体积，并可为其指定贴图。

❏　☑置换　勾选该选项，应用置换，并可为其指定贴图。

❏　☑体积　勾选该选项，应用体积，并可为其指定贴图。

❏　☑环境　勾选该选项，应用环境，并可为其指定贴图。

❏　☑轮廓　勾选该选项，应用轮廓，并可为其指定贴图。

❏　☑光贴图　勾选此选项，应用光贴图，并可为其指定贴图。

7.2.8 "Direct X 管理器"卷展栏

"DirectX 管理器"卷展栏如图 7-41 所示。用于设置标准材质以 DirectX 着色显示。对于多维/子对象材质和壳材质并不显示此卷展栏，这些材质只是其他材质的容器。

图 7-41

❏　☐标准材质以 DX 显示　勾选该选项，将活动材质显示为 DX 明暗器。通过单击"另存为.FX 文件"，可以将材质保存为 FX 文件。

❑ 另存为 FX 文件 启用"标准材质以 DX 显示"选项时，此按钮被激活，单击该按钮，可显示"保存效果文件"对话框，用于将活动材质另存为 FX 文件。

❑ □ 启用插件材质 勾选此选项，可在着色视口中使用所选的 DirectX 明暗器。默认设置为禁用状态。

❑ 无 ▼ 在下拉列表可选择 DirectX 视口明暗器"光贴图"和"金属凹凸 9"。启用"标准材质以 DX 显示"时，该列表不可用。

图 7-42

7.3 材质的类型

单击"材质编辑器"窗口中的 Standard 按钮，将打开"材质/贴图浏览器"对话框，在该对话框中列出了 17 种材质类型，如图 7-42 所示，通过该对话框可以选择需要的材质的类型。

"材质/贴图浏览器"对话框中各工具按钮的简介如表 7-2 所示。

表 7-2 "材质/贴图浏览器"对话框中的按钮简介

按钮	说明
☰	查看列表按钮，列表框中的内容以名称列表的方式显示
☷	查看列表按钮+图标按钮，列表框中的内容以图标加文字的方式显示
●	查看小图标，列表框中的内容以小图标的方式显示
●	查看大图标，列表框中的内容以大图标的方式显示
⚒	从材质库中更新场景中的材质，用于替换场景与该列表框中同名的材质
✕	用于从材质库中删除被选择的材质
▣	清除材质库，用于清除材质库中的所有材质

> **提 示**
>
> 浏览自: 栏中的 ● 新建 选项为系统默认选项，此时可以从中选择材质类型，在该栏中还有 ○ 材质库 、○ 材质编辑器 、○ 活动示例窗 、○ 选定对象 、○ 场景 5 种浏览方式，选择不同的方式在右边的列表中将显示相应的材质或贴图。

每种材质类型都有自己的参数和特性，下面简要介绍这些材质类型的含义和用法。

● 7.3.1 高级照明覆盖材质

用于微调光能传递或光线跟踪器上的材质效果。此材质不需要对高级照明进行计算，但是有助于增强效果，对应的材质编辑面板如图 7-43 所示。

❑ 反射比 用于设置反射光线的强弱。

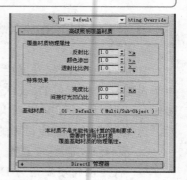

图 7-43

- ❏ `颜色渗出`　用于控制材质的溢色现象。
- ❏ `透射比比例`　用于设置透射光线的强弱。
- ❏ `亮度比`　用于设置自发光对象的亮度比例。
- ❏ `间接灯光凹凸比`　用于设置在反射光照的区域仿真凹凸贴图。
- ❏ `基础材质`　可以访问基本材质。

7.3.2　混合材质

用于将两种材质混合使用到对象的一个面上，主要是通过在遮罩通道添加黑白图片进行混合。对应的材质编辑面板如图 7-44 所示。

- ❏ `材质 1`　勾选该选项，应用第一个混合材质。
- ❏ `材质 2`　勾选该选项，应用第二个混合材质。
- ❏ `遮罩`　勾选该选项，应用蒙版贴图。
- ❏ `交互式`　在不同混合物上选择此项，可将其作为主体显示在材质表面。
- ❏ `混合量`　用于调整两个材质的混合比例，当值为 0 时，只显示第一种材质；为 100 时，只显示第二种材质。使用了蒙版时该值无效。

图 7-44

- ❏ `混合曲线`　勾选该选项，使用曲线控制材质的混合。
- ❏ `转换区域`　通过更改"上部"和"下部"的数值达到控制混合过渡曲线的目的。

该材质常用于表现绣花窗纱和建筑天花板上嵌有栅格灯具的材质效果，其应用效果如图 7-45 所示。

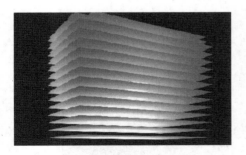

混合没有遮罩贴图的效果

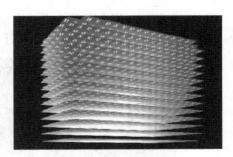

混合有遮罩贴图的效果

图 7-45

7.3.3　顶/底材质

将为对象的顶部和底部指定两种不同的材质，对应的材质编辑面板如图 7-46 所示。

- ❏ `顶材质`　可直接访问物体顶部的子材质。

❑ 底材质 可直接访问物体底部的子材质。
❑ 世界 选择此选项，以世界坐标系为标准进行混合。
❑ 局部 选择此选项，以局部坐标系为标准进行混合。
❑ 混合 对顶部和底部的边界进行混合。
❑ 位置 指定物体当中两个材质的边界区位置。

7.3.4 多维/子对象材质

使用此材质可以采用几何体的子对象级别事先设置对象的 ID 面，再进行多维材质 ID 设置分配不同的材质，对应的材质编辑面板如图 7-47 所示。

图 7-46

图 7-47

❑ 设置数量 用于设置子材质的数量。
❑ 添加 增加一个子材质。
❑ 删除 删除当前选中的子材质。
多维材质的应用效果如图 7-48 所示。

标准材质效果 1

多维材质效果 2

图 7-48

7.3.5 光线跟踪材质

此材质是高级表面着色的材质，能够创建全光线跟踪反射和折射，同时支持雾、颜色密度、半透明、荧光以及其他的特殊效果，对应的材质编辑面板如图 7-49 所示。

1. "光线跟踪基本参数" 卷展栏

"光线跟踪基本参数" 卷展栏如图 7-50 所示，对光线跟踪的一般设置都在该卷展栏中完成。其基本选项并没有发生变化，"着色" 列表提供的 5 种光影过滤器能得到更加丰富和完美的质感。

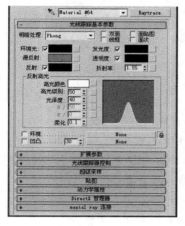

图 7-49

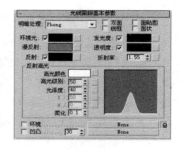

图 7-50

- ❏ **环境光**　选择此选项，应用环境色或环境贴图。
- ❏ **反射**　选择此选项，应用反射颜色或贴图。
- ❏ **发光度**　选择此选项，应用自身的颜色设置发光颜色或贴图。
- ❏ **透明度**　选择此选项，应用透明度颜色或贴图。
- ❏ **折射率**　设置折射率。
- ❏ **"环境"贴图**　选择此选项，应用环境，并可为环境指定贴图。
- ❏ **"凹凸"贴图**　选择此选项，应用凹凸，并可为其贴图。

2. "扩展参数" 卷展栏

"扩展参数" 卷展栏主要针对光线跟踪类型材质的特殊效果进行设置，如图 7-51 所示。

- ❏ **附加光**　设置对象之间反射的光的颜色。
- ❏ **半透明**　设置表面具有半透明的材质效果。
- ❏ **荧光**　设置荧光效果。
- ❏ **荧光偏移**　设置荧光的亮度。
- ❏ **透明环境**　选择此选项，可为按照折射率的 "光线跟踪" 物体进行贴图。

3. "光线跟踪器控制" 卷展栏

"光线跟踪器控制"卷展栏更多地控制光线跟踪材质的外部参数，主要用于渲染优化，最大化地提高渲染速度，如图 7-52 所示。

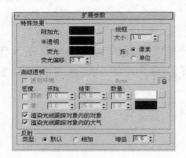

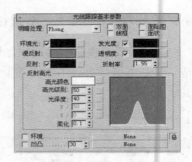

图 7-51   图 7-52

- ❑ **启用光线跟踪**　选择此选项，打开光线跟踪。
- ❑ **启用自反射/折射**　选择此选项，对自身也进行反射和折射。
- ❑ **光线跟踪大气**　选择此选项，打开大气的光线跟踪效果。
- ❑ **反射/折射材质 ID**　选择此选项，并运用到特效处理中。
- ❑ **光线跟踪反射**　选择此选项，对反射进行光线跟踪计算。
- ❑ **光线跟踪折射**　选择此选项，对折射进行光线跟踪计算。
- ❑ **凹凸贴图效果**　设置反射或折射光线上的凹凸贴图效果。

"光线跟踪"材质的应用效果如图 7-53 所示。

无材质的效果

光线跟踪材质效果

图 7-53

7.3.6　其他材质

1. 明暗器材质

●DirectX Shader——"明暗器"材质能够使用 DirectX 9（DX9）明暗器对视口中的对象进行着色，该材质类型的编辑面板如图 7-54 所示。

2. 卡通材质

●Ink 'n Paint——"卡通"材质用于创建卡通效果，该材质类型的编辑面板如图 7-55

所示。

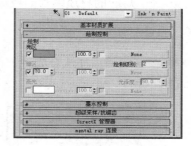

图 7-54   图 7-55

"卡通"材质提供带有"墨水"边界的平面着色，效果如图 7-56 所示。

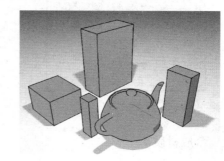

"标准"材质效果   "卡通"材质效果

图 7-56

3．Lightscape 材质

● Lightscape 材质——该材质类型是在采用 Lightscape 光能传递网格渲染时使用的 3ds Max 材质类型，对应的材质编辑面板如图 7-57 所示。

4．变形器材质

● 变形器——可以使变形对象在多种材质下进行变形。对应的材质编辑面板如图 7-58 所示。

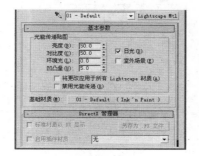

图 7-57   图 7-58

5．卡通材质

●标准——是材质编辑器示例窗中系统默认的材质类型，它为表面建模提供了非常直观的方式。对应的材质编辑面板如图 7-59 所示。

6．虫漆材质

●虫漆——它使用加法合成将一种材质叠加到另一种材质上，对应的材质编辑面板如图 7-60 所示。

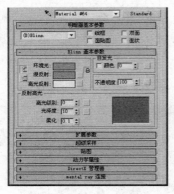

图 7-59

图 7-60

7．合成材质

●合成——通过添加颜色、相减颜色或者不透明混合的方法，可以将多种材质混合在一起，最多能合成 10 种材质，对应的材质编辑面板如图 7-61 所示。

8．建筑材质

●建筑——此材质能提供物理上精确的材质属性，是从 Lightscape 软件中移植过来的材质类型。当它与光度学灯光和光能传递一起使用时，能够提供最逼真的效果，同时此材质也能与默认的扫描线渲染器一起使用。对应的材质编辑面板如图 7-62 所示。

图 7-61

图 7-62

9.壳材质

图 7-63

⊙**壳材质**——用于存储和查看渲染的纹理，对应的材质编辑面板如图 7-63 所示。

- ❑ **原始材质** 为物体指定的原材质。
- ❑ **烘焙材质** 使用烘焙贴图时形成的纹理材质。
- ❑ **视口** 选择在视图中显示原材质或烘焙材质。
- ❑ **渲染** 选择对原材质或烘焙材质进行渲染。

10．双面材质

图 7-64

⊙**双面**——此材质类型可为面对象的外表面和内表面指定两种不同的材质，对应的材质编辑面板如图 7-64 所示。

"双面"材质的应用效果如图 7-65 所示。

"标准"材质类型渲染效果　　　"双面"材质类型渲染效果

图 7-65

11．外部参照材质

⊙**外部参照材质**——此材质类型可以通过从外部已赋好材质的 max 文件中提取需要的对象材质进行当前材质的制作。对应的材质编辑面板如图 7-66 所示。

12．无光/投影材质

⊙**无光/投影**——应用此材质后，灯光的阴影会透过赋予"无光"材质的对象，直接将阴影投射到环境或环境贴图上，且赋予"无光"材质的对象在场景中不可见。对应的材质编辑面板如图 7-67 所示。

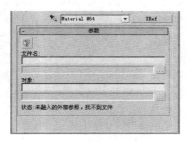

图 7-66

图 7-67

"无光/投影"材质的应用效果如图 7-68 所示。

"标准"材质渲染效果 　　　　　　　　　　　"无光"材质渲染效果

图 7-68

7.4 3ds Max 中材质的基本操作

7.4.1 访问材质

当某一场景对象是已赋好材质的场景，此时需要对材质进行修改或查看其参数设置时，就必须对材质进行访问，具体操作方法如下。

01 打开配套光盘中"源文件与素材\第 7 章\毛笔.max"文件，如图 7-69 所示。当前场景为已赋好材质的场景，下面将对以上场景中的材质进行访问，查看其参数设置。

02 现在要查看毛笔笔尖的材质参数设置，首先按 M 键，打开"材质编辑器"对话框，再选择场景中的毛笔对象，此时材质示例窗口中的第一个材质样本球四周出现了白色的实心三角图标，表明该材质为场景中选择对象的材质，如图 7-70 所示。

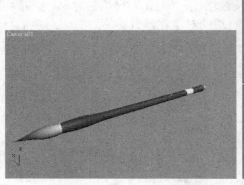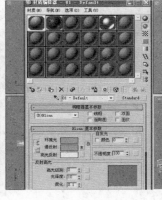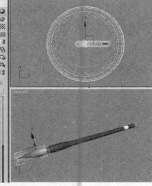

图 7-69 　　　　　　　　　　　　　　　　　图 7-70

提 示

　　若要通过材质样本球来选择使用了该材质的场景对象，可执行"工具"→"按材质选择对象"命令，如图 7-71 所示。执行以上命令后，会弹出"选择对象"对话框，如图 7-72 所示。赋了该材质的对象在对话框的列表框中为选择状态，单击 选择 按钮，即可选择对象。

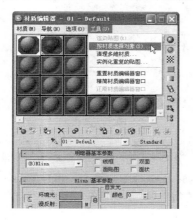

图 7-71

图 7-72

03　此时，在"材质编辑器"对话框中可以看到毛笔材质的 Blinn 基本参数 卷展栏中 漫反射:后面的按钮上有 M 图标，表明在 漫反射:贴图通道中添加了贴图，其参数面板如图 7-73 所示。

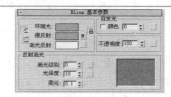

图 7-73

提 示

　　若要删除 漫反射:后面的贴图，可直接将面板中任意一个 按钮拖到 M 按钮上；将 漫反射:后面的 M 按钮，拖到任意的 按钮上，可将贴图复制到其他通道上，此时会弹出"复制（实例）贴图"对话框，如图 7-74 所示。

　　（1） ● 实例 ——用关联的方式制作所拖动贴图的实例。最新指定的贴图并不独立，调整一个贴图或其他贴图的参数将同时更改它们。

　　（2） ○ 复制 ——用复制的方式复制所拖动的贴图。最新指定的贴图是可以单独调整其参数的副本。

　　（3） ○ 交换 ——用交换的方式交换贴图。从一个卷展栏拖到另一个卷展栏时不显示此选项。

图 7-74

04　要查看贴图类型，可单击 漫反射:后面的 M 按钮，此时进入贴图参数面板，Gradient 按钮表明当前贴图为渐变贴图，其渐变贴图的参数设置在 渐变参数 卷展栏中可进行查看，如图 7-75 所示。

05　若要返回顶层材质编辑面板，可单击 ☝ （转到父对象）按钮，若要对贴图的数量参数进行查看，可在顶层材质编辑面板中单击 贴图 卷展栏，在展开的贴图卷展栏中查看贴图的数量参数，如图 7-76 所示。

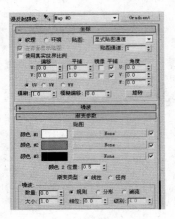

图 7-75

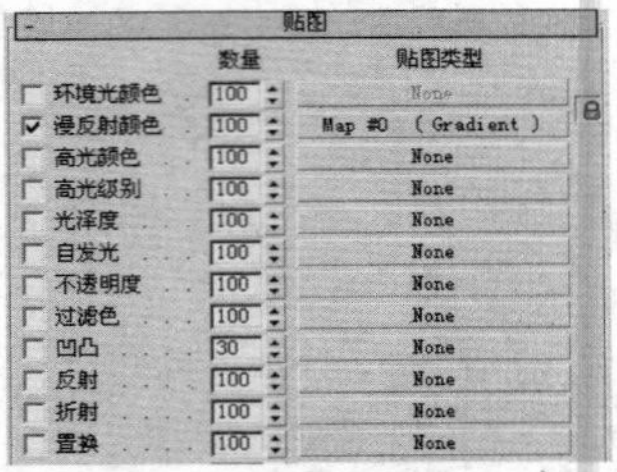

图 7-76

> **提示**
>
> 在 贴图 卷展栏中，单击☑ 漫反射颜色 后面的 Map #0 （Gradient） 按钮，同样可查看贴图的参数设置。 贴图 卷展栏中的 数量 参数用于控制贴图的强度，默认值为 100。

7.4.2　制作材质库

制作材质库的方法很简单，其目的主要是将制作好的材质以材质库的方式进行保存，当下一个场景需要用时，就可以通过加载的方式调用材质库中的材质为对象赋予材质。制作材质库的具体操作方法如下。

01 打开配套光盘中"源文件与素材\第 7 章\装饰品.max"文件，如图 7-77 所示。按 M 键打开"材质编辑器"对话框，该面板显示了当前场景中所制作的材质，如图 7-78 所示。

图 7-77

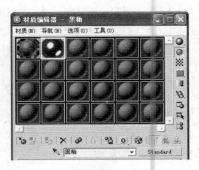

图 7-78

> **提示**
>
> 当材质位于材质编辑器中或应用于对象时，它是场景的一部分，并且可以与场景一同保存。然而，对于复杂场景而言，使所有材质在材质编辑器中都处于活动状态不是易事。此时就可以将材质放入材质库中保存。3ds Max 9 提供了一些库，文件 3ds Max.mat 是默认库。用户既可以将材质添加到此库中，也可以创建自己的库。

02 下面创建材质库。单击"材质编辑器"对话框中的 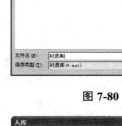 （获取材质）按钮，在弹出的"材质/贴图浏览器"对话框中选择 ● 场景 选项，显示当前场景中的材质样本球，如图 7-79 所示。

03 单击 另存为... 按钮，在弹出的对话框中为当前材质库指定路径并命名为"材质集"，如图 7-80 所示，再单击 保存(S) 按钮。

04 创建的"材质集"相当于创建的一个文件夹，下面需要在"材质集"中装入材质，首先应在"材质编辑器"对话框中选择要入库的材质样本球，本例选择名为"金蛋纹理"的材质球，再单击下方的  （放入库）按钮，此时弹出"入库"对话框，在 名称: 栏给入库的材质进行命名，以便日后调用时可通过名称进行识别，如图 7-81 所示。

图 7-79

图 7-80

图 7-81

05 单击 确定 按钮，此时选择的材质被存放到名为"材质集"的材质库中了，如图 7-82 所示。

提 示

在 浏览自: 区域中选择了 ● 材质库 选项时，才会在 文件 栏中全部显示 打开... 、 合并... 、 保存... 、和 另存为... 4 个按钮，否则仅显示 另存为... 按钮。

06 同理，还可以选择名为"黑釉"的材质样本球，单击  按钮，将其放入名为"材质集"的材质库里，结果如图 7-83 所示。

图 7-82

图 7-83

图 7-84

7.4.3　加载材质库

加载材质库的方法很简单，首先应确认已创建了材质库，在新的场景中需要用时，就可以通过加载的方式调用材质库里的材质为当前物体赋予材质，具体操作方法如下。

01　打开配套光盘中的"源文件与素材\第 7 章\花瓶.max"文件，如图 7-84 所示，下面将调用名为"材质集"材质库中的"金蛋纹理"材质赋给当前的花瓶对象。

02　按 M 键，打开"材质编辑器"对话框，选择一个没有编辑过的材质样本球，如图 7-85 所示。

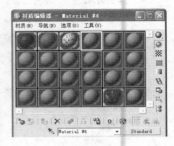

图 7-85

03　单击"材质编辑器"对话框中的 按钮，在弹出的"贴图/贴图浏览器"对话框中选择 材质库 选项，此时面板状态如图 7-86 所示。

04　单击以上面板中的 打开... 按钮，在弹出的"打开材质库"对话框中加载已保存的"材质集"文件路径（源文件与素材\第 7 章\材质集.mat 文件），如图 7-87 所示，并单击 打开(0) 按钮。

05　此时，"材质集.mat"材质库中的所有材质出现在当前场景的"贴图/贴图浏览器"对话框中，如图 7-88 所示。

图 7-86

06　选择列表框中的 金蛋纹理 选项，并双击它，此时该材质加载到材质编辑器中选择的样本球上，如图 7-89 所示。

07　选择场景中的花瓶对象，单击"材质编辑器"对话框中的 （赋材质）按钮，将材质赋给花瓶对象，视图中的效果如图 7-90 所示。

图 7-87

图 7-88

222

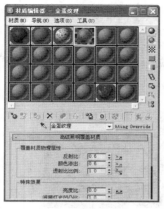

图 7-89

图 7-90

7.4.4　从 3ds Max 文件中获取材质

　　从 3ds Max 文件中获取材质，实际是将 Standard 材质类型改为 ⬤外部参照材质 材质类型再通过加载已赋予材质的文件中的对象来获取材质，具体操作步骤如下。

01 首先，打开配套光盘中的"源文件与素材\第 7 章\茶杯.max"文件，当前场景文件中的对象还没有赋材质，如图 7-91 所示。

02 单击工具栏中的 🔲（材质编辑）按钮，打开"材质编辑器"对话框，选择一个没有用过的材质样本球，如图 7-92 所示。

图 7-91

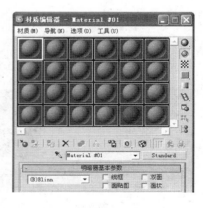

图 7-92

03 单击 Standard 按钮，在打开的"材质/编辑浏览器"对话框中选择 ● 外部参照材质选项，如图 7-93 所示。

04 双击 ● 外部参照材质选项，材质类型变成外部参照材质 XRef ，编辑面板如图 7-94 所示。

图 7-93

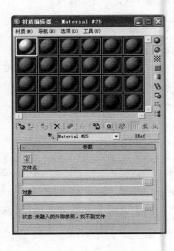

图 7-94

05 单击 参数 卷展栏下 文件名: 后的浏览文件按钮 ... ，打开配套光盘中的"源文件与素材\第 7 章\花瓶.max"文件，如图 7-95 所示。

06 此时弹出的"外部参照合并—花瓶.max"对话框中选择 花瓶 选项，如图 7-96 所示，再单击 确定 按钮，将花瓶材质合并到材质编辑面板中。

07 执行以上合并操作后，"材质编辑器"对话框中的材质变成如图 7-97 所示的效果。选择视图中的茶杯模型，单击"材质编辑器"对话框中的 按钮，将材质指定给选择的对象，并单击 （在视图中显示贴图）按钮，结果如图 7-98 所示。

图 7-95

图 7-96

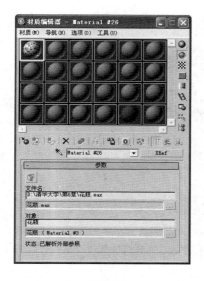

图 7-97   图 7-98

7.4.5 从场景对象中获取材质

从场景对象中获取材质的具体操作步骤如下。

01 首先，打开配套光盘中的"源文件与素材\第 7 章\拾取材质.max"文件，当前场景文件中的对象已经赋予了材质，如图 7-99 所示。

02 单击工具栏中的 按钮，打开"材质编辑器"对话框，选择一个没有用过的材质样本球，如图 7-100 所示。

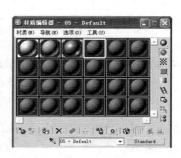

图 7-99   图 7-100

03 再单击对话框工具栏中的 （从对象拾取材质）按钮，将"滴管"光标移动到场景中的香皂模型上。当"滴管"光标位于包含材质的香皂模型时，滴管充满"墨水"呈 状态，如图 7-101 所示。

04 在场景中单击香皂模型，此时场景中的香皂材质被拾取到当前的材质样本球上，材质球如图 7-102 所示。

图 7-101

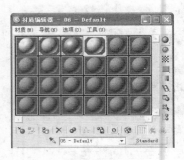

图 7-102

> **提 示**
>
> 材质样本球在采用 🔧 工具在场景对象上拾取材质后，以前的材质样本球被当前的材质球替换，且与以前的材质球同名，以前的材质球变成冷材质，若要使用以前的材质样本球制作新的材质，将其重命名再进行编辑即可。

7.5 案例详解——制作玻璃材质

图 7-103

玻璃材质的制作方法有多种，主要根据对象造型以及场景表现要求来决定玻璃材质的制作方法，如窗户玻璃材质的表现，主要设置其材质的透明度并添加反射光线跟踪贴图表现反射属性即可；对于玻璃茶几等能看到侧面轮廓的玻璃对象来说，则需要设置 ID 单独表现轮廓的材质效果。下面将制作常见的玻璃瓶罐材质，效果如图 7-103 所示。

操作步骤

01 打开配套光盘中的"源文件与素材\第 7 章\瓶罐.max"文件，如图 7-104 所示。

02 按 M 键打开"材质编辑器"对话框，选择一个没有编辑过的材质样本球，在 明暗器基本参数 卷展栏中设置明暗为 (P)Phong 类型，单击 漫反射 后面的颜色按钮，在弹出的"颜色选择器"对话框中，设置颜色为蓝灰色 红:199、绿:211、蓝:216，如图 7-105 所示。

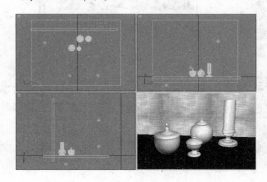

图 7-104

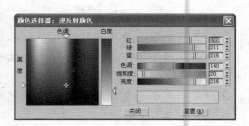

图 7-105

03 单击 关闭 按钮，返回材质编辑面板，设
置 反射高光 栏的参数，材质球效果与参数
面板设置如图 7-106 所示。

04 单击 贴图 卷展栏中的 反射 ....
后面的 None 按钮，在弹出的"材
质 / 贴图浏览器"对话框中双击
光线跟踪 选项，设置反射贴图为光线
跟踪，并单击 按钮，返回 贴图 卷展
栏，设置 反射 .... 的 数量 参数为
25，如图 7-107 所示。

图 7-106

05 下面制作玻璃的折射效果，在 贴图 卷展栏中，将 反射 .... 后的 Map #2 （Raytrace） 拖
到 折射 .... 后面的 None 按钮上，进行贴图复制，并在弹出的"复制（实例）
贴图"对话框中选择 实例 选项，设置其 数量 参数为 12，如图 7-108 所示。

图 7-107

图 7-108

06 再进入 扩展参数 卷展栏，设置 数量 参数为 50，如图 7-109 所示。

07 通过以上操作，玻璃材质就做好了，现在选择视图中的瓶对象，单击"材质编辑器"
对话框中的 按钮，将材质指定给选择的对象，并对摄像机视图进行渲染，结果如
图 7-110 所示。

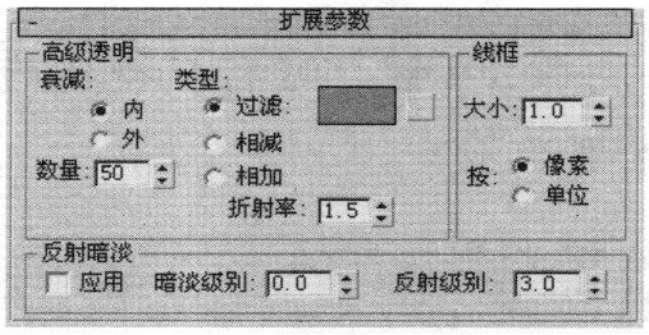

图 7-109

图 7-110

7.6 案例详解——制作不锈钢材质

不锈钢材质是效果图中最难表现的材质,它与周围环境有着密切的关系,其表现手法也多种多样,最常用的是选择 `(M)金属` 过滤类型,再通过添加光线跟踪反射贴图来模拟不锈钢的反射效果。下面将使用常用的方法来制作如图 7-111 所示效果的镜面不锈钢花瓶。

图 7-111

操作步骤

01 打开配套光盘中的"源文件与素材\第 7 章\花瓶.max"文件,如图 7-112 所示。

02 按 M 键打开"材质编辑器"对话框,选择一个没有编辑过的材质样本球并命名为"不锈钢",在 `明暗器基本参数` 卷展栏中选择 `(M)金属` 选项,单击 `漫反射:` 后面的颜色按钮,在弹出的"颜色选择器"对话框中设置颜色为浅灰色 `红:`、`绿:`、`蓝:` 参数均为 180,再设置 `反射高光` 栏中的参数值,材质样本球的效果与参数如图 7-113 所示。

图 7-112

图 7-113

03 单击 `贴图` 卷展栏中 `反射 ....` 后面的 `None` 按钮,在弹出的"材质/贴图浏览器"对话框中双击 `光线跟踪` 选项,赋予反射光线跟踪贴图,单击 按钮,返回 `贴图` 卷展栏,结果如图 7-114 所示。

04 选中视图中的花瓶物体,单击 按钮,将材质赋给它,再按 F9 键,对相机视图进行渲染,结果如图 7-115 所示,镜面不锈钢材质的花瓶就做好了。

> ⓘ **提 示**
>
> 通过调整 `贴图` 卷展栏内的 `☑反射 ....` 的 `数量` 参数值,可控制不锈钢材质的反射强度,参数越小反射特性就越弱。

228

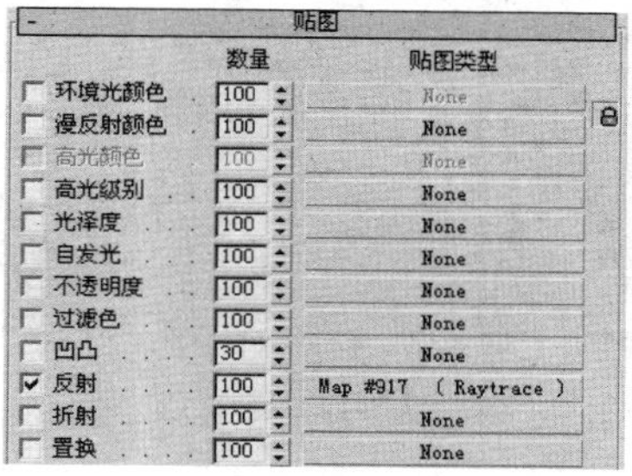

图 7-114

图 7-115

7.7 案例详解——制作石材材质

为了表现真实的石材贴图纹理，通常是在"漫反射"贴图通道指定一个石材位图贴图，并在"反射"贴图通道指定光线跟踪程序贴图来表现石材的反射属性，下面将制作如图 7-116 所示的贴图效果，其中石材大小为 800×800。

图 7-116

操作步骤

01 打开配套光盘中的"源文件与素材\第 7 章\客厅.max"文件，如图 7-117 所示。

02 单击工具栏中的 按钮，打开"材质编辑器"对话框，选择第一个材质样本球并命名为"地砖"，单击 漫反射 后面的 按钮，在弹出的"材质/贴图浏览器"对话框中双击 位图 选项，打开配套光盘中的"源文件与素材\第 7 章\材质\金花米黄.JPG"文件，如图 7-118 所示。

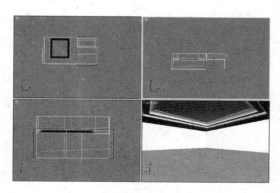

图 7-117

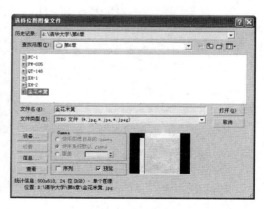

图 7-118

03　再单击 按钮，返回顶层材质编辑面
　　板，设置 高光级别: 参数为 114、光泽度: 参
　　数为 43，材质球与参数面板如图 7-119
　　所示。

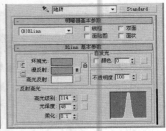

图 7-119

04　单击 贴图 卷展栏内的 反射 .....
　　后面的 None 按钮，在弹出的"材
　　质 / 贴图浏览器"对话框中双击
　　 光线跟踪 选项，赋予反射光线跟踪贴
　　图，单击 按钮，返回 贴图 卷展栏，
　　设置 ☑ 反射 ..... 的 数量 参数为
　　12，结果如图 7-120 所示。

05　按 H 键打开"选择对象"对话框，选
　　择 地面 选项，如图 7-121 所示，再单
　　击 选择 按钮，选择该对象同时关闭对
　　话框。

图 7-120

06　单击"材质编辑器"对话框中的 按
　　钮，将材质赋给视图中选择的地面对象，再单击 （显示贴图材质）按钮，贴图效
　　果如图 7-122 所示。

图 7-121

图 7-122

07　以上地面石材纹理过大，有失真现象产生，下面将通过为地面对象添加"贴图坐标"
　　修改命令来制作 800×800 的纹理效果。确认地面对象为选择状态，单击 按钮，进
　　入修改命令面板，选择 修改器列表 下拉列表框中的 UVW 贴图 选项，添加"贴图坐标"
　　命令，设置 长度: 和 高度: 参数均为 800，如图 7-123 所示，此时摄像机视图中显示石
　　材贴图纹理。

08　再按 F9 键对相机视图进行渲染，结果如图 7-124 所示，这样地砖贴图就做好了。

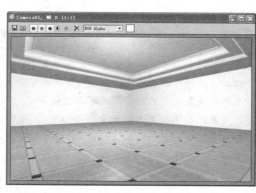

| 图 7-123 | 图 7-124 |

7.8 案例详解——制作多维子材质

下面将用多维子材质制作如图 7-125 所示的烛台材质，练习对象 ID 面的设置和材质 ID 的设置。

操作步骤

01 打开配套光盘中的"源文件与素材\第 7 章\烛台.max"文件，当前场景文件中的对象 没有赋材质，如图 7-126 所示。

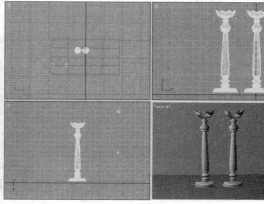

| 图 7-125 | 图 7-126 |

02 在赋材质之前，应先设置对象的 ID 号，选择场景中任意一烛台对 象，单击 ◢ 按钮，进入修改命令 面板，看到该对象只有 **⊞ 可编辑网格** 命令层级，为可编辑 网格对象，如图 7-127 所示，这 样就可以直接设置对象的 ID 号了。

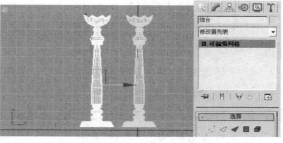

图 7-127

! 提示

　　若对象不是可编辑网格则无法设置 ID 号，通常需要将其转换，其转换方法有两种。一种是在视图中选择对象后右击，选择快捷菜单中的 转换为可编辑网格 选项即可，如图 7-128 所示。

　　第二种方法是在修改命令面板中为当前对象添加 编辑网格 修改命令来设置 ID 号。不同之处在于第一种方法将对象原始的操作命令全塌陷为一个"可编辑网格"命令，此时再也无法回到最初的命令层级对对象参数进行修改，而后者仅仅是在原始操作命令的基础上增加了一个"编辑网格"命令，此时仍然可回到最初的命令层级中修改对象参数，图 7-129 所示的是采用两种不同方法将长方体物体转为可编辑网格的修改堆栈效果。

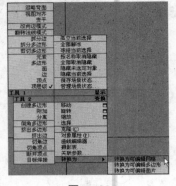

图 7-128

对象原始命令

快捷菜单转为可编辑网格

添加"编辑网格"命令的效果

图 7-129

03 在 ✐ 命令面板中，单击 - 选择 卷展栏中的 ▦ 按钮，在前视图中框选烛台底部造型，如图 7-130 所示，并在 - 曲面属性 卷展栏中设置 设置 ID 参数为 1。

04 在前视图中框选如图 7-131 所示的灯托面，并在 - 曲面属性 卷展栏中设置 设置 ID: 参数为 2。

05 确定 ID2 选择面为选择状态，按住 Ctrl 键加选烛台顶座，执行"编辑"→"反选"命令，反选顶部花朵造型面，如图 7-132 所示，在 - 曲面属性 卷展栏中设置 设置 ID: 参数为 3。

图 7-130

06 下面设置材质 ID 号。按 M 键，打开"材质编辑器"对话框，选择一个没有用过的材质样本球，单击 Standard 按钮，在弹出的"材质/贴图浏览器"对话框中双击 ⬡ 多维/子对象 选项，如图 7-133 所示。

07 此时材质类型变成多维材质类型，并在弹出的"替代材质"对话框中单击 确定 按钮，材质编辑面板如图 7-134 所示。

232

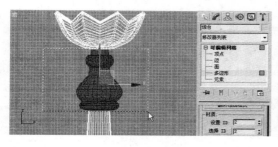

图 7-131

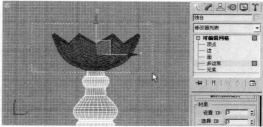

图 7-132

图 7-133

图 7-134

08 单击 设置数量 按钮，在弹出的"设置材质数量"对话框中，设置 **材质数量**: 为 3，此时子材质由系统默认的 10 个变为 3 个，如图 7-135 所示。

> ⓘ **提 示**
>
> **多维/子对象基本参数** 卷展栏中的 **ID** 为材质 ID，**ID** 下方的 1、2、3 分别表示 3 个材质样本球，且这 3 个材质样本球中的材质赋给对象时，系统会自动通过材质 ID 号分配到对象对应的 ID 编号，即材质 **ID** 1 对应对象中的 设置 ID: 1；材质 **ID** 2 对应对象中的设置 ID: 2；材质 **ID** 3 对应对象中的设置 ID: 3。

09 单击 **多维/子对象基本参数** 卷展栏中的 **ID** 1 后的 **Default（Standard）** 按钮，进入 ID1 材质编辑面板，单击 **漫反射**: 后面的颜色按钮，在弹出的"颜色选择器"对话框中，设置颜色为黑色 **红**: 0、**绿**: 0、**蓝**: 0，如图 7-136 所示。

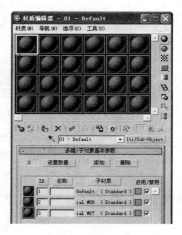

图 7-135

10 单击 关闭 按钮，返回材质编辑面板，设置 **反射高光** 栏的参数，如图 7-137 所示。

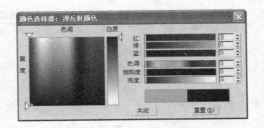

图 7-136

图 7-137

11 设置好后，单击材质编辑面板中的 按钮，返回顶层材质编辑面板。下面设置 ID2 的材质，单击 ID 2 后的 ial #26 （Standard）按钮，进入 ID2 材质编辑面板，设置明暗器 为 (M)金属 ，单击 漫反射 后面的颜色按钮，在弹出的"颜色选择器"对话框中，设置颜色为白色红、绿、蓝均为 255，如图 7-138 所示。

12 单击 关闭 按钮，返回材质编辑面板，设置 反射高光 栏的参数，如图 7-139 所示。

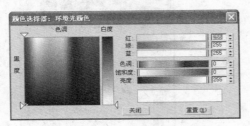

图 7-138

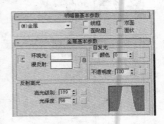

图 7-139

13 再进入 贴图 卷展栏，单击 反射 . . . . 后面的 None 按钮，在弹出的"材质/贴图浏览器"对话框中双击 光线跟踪 选项，赋予所选对象反射光线跟踪贴图，单击 按钮，返回 贴图 卷展栏，设置 反射 . . . . 的数量 参数为 50，结果如图 7-140 所示。

14 单击材质编辑面板中的 按钮，返回顶层材质编辑面板，单击 ID 3 后 ial #27 （Standard） 按钮，进入 ID3 材质编辑面板，单击 漫反射 后面的颜色按钮，在弹出的"颜色选择器"对话框中，设置颜色为红色红:255、绿:0、蓝:0，如图 7-141 所示。

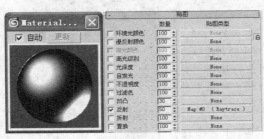

图 7-140

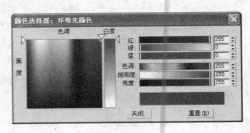

图 7-141

15 单击 关闭 按钮，返回材质编辑面板，设置 反射高光 栏的参数，并设置 不透明度 为 38，自发光 参数为 40，如图 7-142 所示。

16 单击材质编辑面板中的 按钮，返回顶层材质编辑面板，此时材质样本球与材质面板如图 7-143 所示。

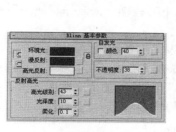

图 7-142   图 7-143

17 选择视图中的烛台对象，单击"材质编辑器"对话框中的 🔲 按钮，将多维材质指定给对象，材质自动分配到指定的对象的 ID 面，在相机视图中的效果如图 7-144 所示。

18 再选择第二个烛台并将制作好的材质赋给它，由于两复制对象之间具有关联性，所以不需要重新设置第二个烛台的 ID 号，赋上材质后的效果如图 7-145 所示。

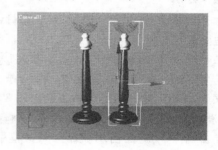

图 7-144   图 7-145

归 纳 总 结

通过本章对 3ds Max 中的材质相关知识的学习，相信大家已经掌握了材质的基本操作以及常见材质的编辑与制作方法。在材质的学习中，应重点掌握标准材质的创建方法，如发光材质、双面材质、多维子材质以及透明材质的创建方法等。材质在建筑效果图表现、三维动画和场景中起着非常重要的作用，只有为三维模型和场景创建逼真的材质，才能模拟有生机和活力的真实世界。希望大家通过实战演练来掌握各种材质的制作与表现方法。

互 动 练 习

1. 选择题

（1）对"材质编辑器"对话框中的 🔲 图标解释正确的选项是（　　　）。

      A．按下该按钮，可显示贴图

      B．按下该按钮，可在视图窗口中显示材质的贴图效果

      C．按下该按钮，可显示材质

      D．按下该按钮，可显示材质颜色

（2）在制作"自发光"材质的过程中，可通过以下哪些操作来制作材质的发光效果？
（　　）

      A．在"材质编辑器"对话框中调整"自发光"参数

      B．在"材质编辑器"对话框中调整"自发光"颜色

      C．在"材质编辑器"对话框中的 自发光 栏添加位图贴图

      D．在"材质编辑器"对话框中的 光泽度 栏添加位图贴图

2．上机题

（1）本例将运用"位图"贴图制作衣柜的"木纹"
材质，主要练习在"漫反射"颜色通道上添加"位图"
贴图的方法与技巧，完成后的最终效果如图 7-146 所示。

📋 **操作提示**

图 7-146

01 打开配套光盘中的"源文件与素材\第 7 章\衣
柜.max"文件。

02 在材质窗口中设置"Blinn 基本参数"卷展栏中"漫
反射"的颜色参数，如图 7-147 所示。

03 设置"漫反射"贴图。单击"贴图"卷展栏中的
"漫反射颜色"贴图通道右侧的 None 按钮，在
弹出的"材质/贴图浏览器"对话框中选择"位图"选项，在弹出的"选择位图图
像文件"对话框中找到并打开配套光盘中的"源文件与素材\第 7 章\木纹.jpg"文
件，即可将选择的位图指定给"漫反射颜色"的贴图通道，如图 7-148 所示。

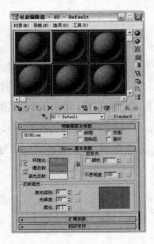

图 7-147

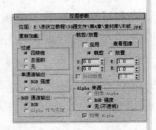

图 7-148

04 将设置好的材质赋给"衣柜"对象，渲染透视图效果。

（2）本练习将使用"多维/子对象"材质类型制作花瓶的材质，主要练习多维材质的设置方法与物体 ID 面的设置技巧，完成后的最终效果如图 7-149 所示。

操作提示

01 打开配套光盘中的"源文件与素材\第 7 章\花瓶.max"文件，对花瓶对象添加"编辑网格"修改命令，选择修改堆栈 ⚙ ☐ **编辑网格** 中的 ┈┈ 多边形 选项，利用 ▶ 和 ◉ 选择工具，选择花瓶面，在"曲面属性"卷展栏设置当前选择面的 ID 号为 1，如图 7-150 所示。

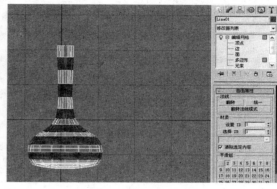

图 7-149   图 7-150

02 反相选择，然后设置反选面的 ID 号为 2，如图 7-151 所示。

03 接下来制作"花瓶"的材质。在材质编辑器中选择一个空白材质样本球，将材质类型设置为"多维/子对象"材质类型，然后再进入"多维/子对象基本参数"卷展栏，设置子材质的数量为 2 个，如图 7-152 所示。

04 进入 ID 号为 1 的子材质的参数面板，设置"漫反射"的颜色为白色，卷展栏中的其他参数设置如图 7-153 所示。进入 ID 号为 2 的子材质的参数面板，设置"漫反射"颜色为黑色，其他参数设置如图 7-154 所示。

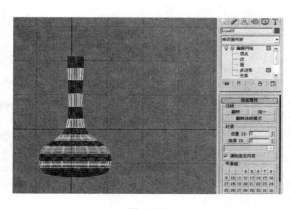

图 7-151   图 7-152

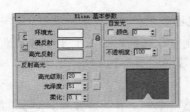

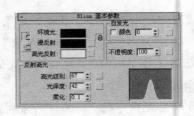

图 7-153   图 7-154

05 为了表现花瓶表面的反射效果，进入"贴图"卷展栏，为"反射"贴图通道添加一个"光线跟踪"材质类型并设置"反射"数量为 15，如图 7-155 所示。

06 接下来给背景指定贴图文件(源文件与素材\第 7 章\素材库\反射贴图.jpg)，如图 7-156 所示。

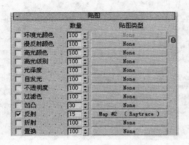

图 7-155   图 7-156

07 在视图中选择名称为"花瓶"的对象，将调好的材质赋给它。

第 8 章　贴图应用

 学习目标

前面已经学习了 3ds Max 9 文件中对象的基本操作等基础知识，本章将学习如何使用它创建简单的三维模型。三维建模是 3ds Max 最基本的技能之一，也是制作效果图和动画的基础，因此，应熟练掌握基本建模命令的使用方法和技巧。

 要点导读

1. 认识贴图
2. 贴图类型
3. 贴图共有的卷展栏
4. UVW 贴图坐标
5. 案例详解——制作冰材质
6. 案例详解——制作苹果材质
7. 案例详解——制作布艺材质
8. 案例详解——制作镂空贴图

 精彩效果展示

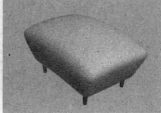

8.1 认识贴图

材质是用来描述对象如何反射或透射灯光的。在材质中，通过添加贴图可以真实地模拟纹理，制作材质的反射、折射和其他效果，如图 8-1 所示。贴图也可以用来表现环境和投射灯光。而材质编辑器是用于创建、改变和应用场景中的材质的对话框。

图 8-1

8.2 贴图类型

在"材质编辑器"对话框的 贴图 卷展栏内，可通过单击贴图通道后面的 None 打开"材质/贴图浏览器"对话框，在其中选择相应的选项为通道指定贴图类型，如图 8-2 所示。

"材质/贴图浏览器"对话框提供了 35 种贴图类型，根据贴图效果将其分为平面贴图、三维贴图、复合贴图、颜色贴图四大类，下面对这些贴图进行讲解。

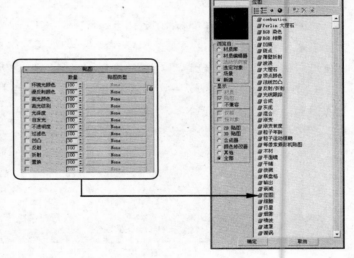

8.2.1 平面贴图

1．"位图"贴图

"位图"贴图即 位图 选项，很多以图像静止图像文件格式保存为像素阵列，包括 JPG、TIFF 静帧图片和 AVI、MOV 等电影文件，它是最基本的贴图。

加载"位图"贴图的具体步骤如下。

01 在"材质/贴图浏览器"对话框中双击 位图 选项。

02 在弹出的"选择位图图像文件"对话框中选择要加载的位图，如图 8-3 所示。

图 8-2

图 8-3

[03] 再单击 打开⑩ 按钮即可。

位图加载完成后,在材质编辑面板中将显示位图的坐标及其他属性参数面板,图 8-4 所示的是 位图参数 卷展栏。

- ❏ 重新加载 单击该按钮将重新载入所选的位图文件。
- ❏ 过滤 选择不同的过滤类型。
- ❏ 单通道输出: 选择不同的单色通道输出方式。
- ❏ RGB 通道输出: 选择彩色或灰度通道输出方式。
- ❏ Alpha 来源 选择 Alpha 通道的来源。
- ❏ □ 应用 勾选此选项,将应用裁剪效果。
- ❏ 查看图像 可以查看当前"位图"贴图的效果,通过调整窗口顶部的微调器或拖动区域轮廓可指定裁剪区域,指定好后,应勾选☑应用选项,此时操作才有效,裁剪后的渲染效果如图 8-5 所示。

图 8-4

没有裁剪的图像

没有裁剪的渲染图

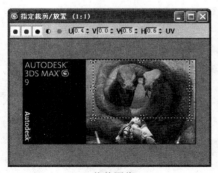

裁剪图像

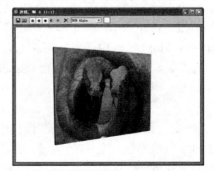

裁剪后的渲染图

图 8-5

- ❏ ⊙ 裁剪 表示对图像进行裁剪操作,为系统默认选项。
- ❏ ○ 放置 选择此选项,表示对图像进行放置操作。

- ❏ U:/V: 调节图像的坐标位置。
- ❏ W:/H: 调整位图或裁剪区域的宽度和高度。
- ❏ ☐ 抖动放置: 勾选此选项，可指定随机偏移的量。0 表示没有随机偏移。范围为 0.0～1.0，系统默认不可用。

2. "棋盘格"贴图

"棋盘格"贴图即 ▦棋盘格 选项，该程序贴图能自动形成棋盘形状，可以利用两种颜色或者是图片来制作图案，默认是黑白方块图案。

加载"棋盘格"贴图的具体步骤如下。

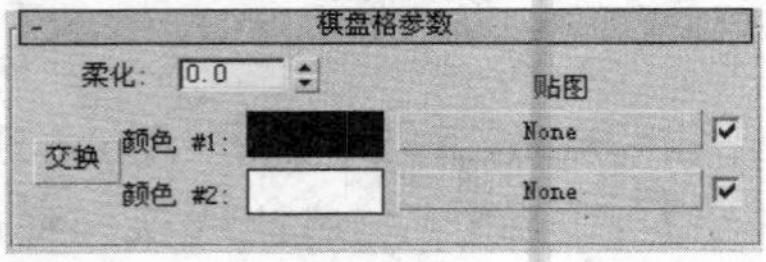

- 01 在"材质/贴图浏览器"对话框中双击 ▦棋盘格 选项。

- 02 此时返回材质编辑面板，显示 棋盘格参数 卷展栏，如图 8-6 所示。

图 8-6

- 03 使用后的效果如图 8-7 所示，该效果是设置 坐标 卷展栏中的 平铺 参数，其中 U 和 V 均为 5。

  - ❏ 柔化: 用来模糊柔和棋子之间的边界。"柔化"值等于 0.0 时，方格颜色之间存在清晰的边缘。较小的正数值将柔化或模拟方格的边界；较大的柔化值可以模糊整个材质。

  - ❏ 交换 可将颜色 1 和颜色 2 进行交换。
  - ❏ 颜色 #1: 设置棋子 1 的颜色或贴图。
  - ❏ 颜色 #2: 设置棋子 2 的颜色或贴图。

图 8-7

3. combustion（Combustion 软件）贴图

combustion 贴图即 ▦combustion 选项，可使用"绘图"或合成操作符创建材质，并依次对 3ds Max 场景中的对象应用该材质。▦combustion 贴图可包括 Combustion 效果，并可为其设置动画。这种贴图不能被 mental ray 渲染器渲染。

4. "渐变"贴图

"渐变"贴图即 ▦渐变 选项，该程序贴图能将 3 种不同的颜色或贴图进行自然连接，形成渐变效果，如表现场景背景等。

加载"渐变"贴图的具体步骤如下。

- 01 在"材质/贴图浏览器"对话框中双击 ▦渐变选项。

- 02 此时返回材质编辑面板，显示 渐变参数 卷展栏，如图 8-8 所示。

- 03 使用后的效果如图 8-9 所示，该效果的 颜色 2 位置 参数

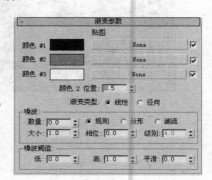

图 8-8

242

为 0.2，噪波：的 大小： 参数为 50。

❑ 颜色 #1/#2/#3 可设置 3 种不同的颜色或贴图。

❑ 颜色 2 位置： 设置中间颜色的位置。位置范围为 0～1。当为 0 时，颜色 2 替换颜色 3；当为 1 时，颜色 2 替换颜色 1。

❑ 渐变类型： 用于选择渐变的类型，系统默认为 ⦿ 线性 选项，线性渐变基于垂直位置（V 坐标）插补颜色，⦾ 径向 渐变则基于距贴图中心的距离插补颜色（中心为 U=0.5,V=0.5）。

图 8-9

5. "渐变坡度" 贴图

"渐变坡度" 贴图即 📰渐变坡度 选项，该程序贴图能将多种不同的色彩进行自然连接，不支持贴图间的渐变。加载 "渐变坡度" 贴图的具体步骤如下。

01 在 "材质/贴图浏览器" 对话框中双击 📰渐变坡度 选项。

02 此时返回材质编辑面板，显示 渐变坡度参数 卷展栏，如图 8-10 所示。

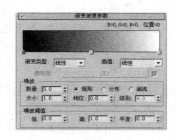

图 8-10

03 使用后的效果如图 8-11 所示，该效果共有 4 种颜色进行渐变，依次为红、淡红、淡黄、淡绿。

❑ 渐变条 展示正被创建的渐变的可编辑表示。渐变的效果从左（始点）移到右（终点）。默认情况下，3 个▢图标依次是黑、灰、白。双击▢图标，在弹出的 "颜色选择器" 对话框中可改变颜色。拖动▢图标可以在渐变内调整它的颜色的位置。起始▢图标是不能移动的，但其他▢图标可以占用这些位置，而且仍然可以移动。

图 8-11

ℹ️ 提 示

若在渐变颜色框内右击，将弹出快捷菜单，如图 8-12 所示。

❑ 渐变类型： 可在下拉列表框中选择 12 种不同的渐变类型。

❑ 插值： 可在下拉列表框中选择不同的插值方法。

❑ 噪波、噪波阈值： 通过应用噪波函数扰动像素的 UV 贴图。如果噪波值高于 "低" 阈值而低于 "高" 阈值，动态范围会拉伸到填满 0～1。这样，在阈值转换时会补偿较小的不连续，因此，会减少可能产生的锯齿。

6. "漩涡" 贴图

"漩涡" 贴图即 📰漩涡 选项，该程序贴图可将两种颜色或图片混合

图 8-12

成漩涡效果，其参数卷展栏如图 8-13 所示，该贴图常用于表现漩涡的贴图效果，如图 8-14 所示。

加载"漩涡"贴图的具体步骤如下。

01 在"材质/贴图浏览器"对话框中双击 漩涡选项。

02 此时返回材质编辑面板，显示 漩涡参数 卷展栏，再进行参数设置即可。

❑ 基本：设置基本的颜色或贴图。

❑ 漩涡：设置漩涡的颜色或贴图。

❑ 颜色对比度：用于设置"基本"与"漩涡"两种颜色的对比度。

❑ 漩涡强度：设置漩涡颜色的强度，值越大颜色越亮。

❑ 漩涡量：设置漩涡颜色的饱和度，值越大颜色越浓。

❑ 扭曲：设置漩涡旋转数。

❑ 恒定细节：设置漩涡效果的精密程度。

❑ 漩涡位置 通过 X：、Y：来设置漩涡的位置。

❑ 随机种子：设置漩涡效果的随机性。

图 8-13

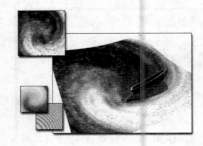

图 8-14

7. "平铺"贴图

"平铺"贴图即 平铺选项，该程序贴图可以不使用图片生成砖墙或房屋盖瓦的图案，其应用效果如图 8-15 所示。平铺贴图由 标准控制 卷展栏和 高级控制 卷展栏组成，如图 8-16 所示。

加载"平铺"贴图的具体步骤如下。

01 在"材质/贴图浏览器"对话框中双击 平铺选项。

02 此时返回材质编辑面板，显示 标准控制 和 高级控制 卷展栏，加载纹理并在图案中使用颜色。

03 设置行和列的平铺数。

04 设置砖缝间距的大小以及粗糙度。

05 在图案中应用随机变化。

06 通过移动来对齐平铺，以控制堆垛布局。

❑ 预设类型：可选择预置的各种砖墙类型，如图 8-17 所示，预设类型效果如图 8-18 所示，依次为"荷兰式砌合"、"连续砌合（Fine）"、"堆栈砌合(Fine)"、"1/2 连续砌合"、"连续砌合"和"堆栈砌合"。

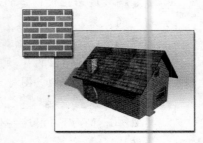

图 8-15

图 8-16

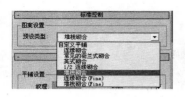

图 8-17　　　　　　　　　　　图 8-18

- ❏ 显示纹理样例 ☑　勾选该选项，显示指定的贴图的纹理。
- ❏ 纹理：　在"平铺设置"区域中，用于设置砖墙纹理的颜色或为砖墙指定贴图。
- ❏ 水平数：　在"平铺设置"区域中，用于设置左右方向上砖的个数。
- ❏ 垂直数：　在"平铺设置"区域中，用于控制上下方向上砖的个数。
- ❏ 颜色变化：　在"平铺设置"区域中，用于设置颜色变化值，值为 0 时无变化。
- ❏ 淡出变化：　在"平铺设置"区域中，用于设置颜色消褪值，值为 0 时无消褪。
- ❏ 纹理：　在"砖缝设置"区域中，用于设置泥灰纹理的颜色或为泥灰指定贴图。
- ❏ 水平间距/垂直间距：　在"砖缝设置"区域中，用于设置左右、上下方向上泥灰的宽度。
- ❏ % 孔：　用于设置砖内陷的窟窿百分比。
- ❏ 粗糙度：　用于设置泥灰之间的粗糙程度。
- ❏ 随机种子：　设置砖墙颜色改变的随机值。
- ❏ 交换纹理条目　单击该按钮，交换砖墙与泥灰的颜色或纹理。

8.2.2　三维贴图

　　3D 贴图属于三维程序贴图，是由数学算法生成的，通过该类贴图可避免位图失真或分辨率降低。

1．细胞

　　"细胞"贴图即 细胞 选项，该三维程序贴图用于表现各种视觉效果的细胞图案，包括马赛克平铺、鹅卵石表面和海洋表面。其参数设置大多在 细胞参数 卷展栏中，如图 8-19 所示，应用效果如图 8-20 所示。

图 8-19

图 8-20

- ❑ 细胞颜色： 可设置细胞的基本颜色或贴图。
- ❑ 变化： 随机改变"细胞颜色"参数的颜色。
- ❑ 分界颜色： 设置细胞边界的颜色。
- ❑ ⦿ 圆形 选择此选项，用圆形来表现单元格。
- ❑ ○ 碎片 选择此选项，用薄片或直线形状表现单元格。
- ❑ □ 分形 调整单元格的大小。
- ❑ 扩散： 用于调整边界颜色的扩展幅度。
- ❑ 凹凸平滑： 可设置单元格之间的柔和程度。
- ❑ ○ 碎片 勾选该选项，表现分裂的单元格的形状。
- ❑ 迭代次数： 调整迭代的运用次数。
- ❑ ☑ 自适应 勾选该选项，防止贴图出现过多的棱角。
- ❑ 粗糙度： 设置"位图"贴图的粗糙程度。
- ❑ 低： 设置单元格的相对大小。
- ❑ 中： 调节第一个边界区域颜色的大小。
- ❑ 高： 调节整个边界区域的大小。

2．凹陷

"凹陷"贴图即 🔲 凹痕 选项，该程序贴图类似于"位图"贴图通道的应用，能够在物体的表面生成凹痕，主要用来表现柏油路、腐蚀的木头或金属、岩石等材质。其参数设置大多在 凹痕参数 卷展栏中，如图 8-21 所示，应用效果如图 8-22 所示。

- ❑ 大小： 设置凹痕的大小。
- ❑ 强度： 设定凹痕的深度。
- ❑ 迭代次数： 设置凹痕的重复次数。

图 8-21

图 8-22

3．衰减

"衰减"贴图即 🔲 衰减 选项，该程序贴图根据物体表面的角度和灯光的位置来表现白色和黑色的过渡，通常把"衰减"贴图用于"不透明度"贴图通道，这样能对物体的不透明程度进行控制，其参数设置大多在 衰减参数 卷展栏中，如图 8-23 所示，应用效果如图 8-24 所示。

图 8-23

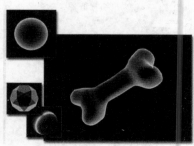

图 8-24

- ❏ 前:侧 选项组 可设置衰减的颜色或贴图。
- ❏ 衰减类型: 在下拉列表框中可选择不同的衰退类型,包括 垂直/平行 、 朝向/背离 、 Fresnel 、 阴影/灯光 和 距离混合 。
- ❏ 衰减方向: 在下拉列表框中可选择不同的衰减方向,包括 查看方向(摄影机 Z 轴) 、 摄影机 X 轴 /Y 轴、 对象 、 局部 X 轴 /Y/Z 轴和 世界 X 轴 /Y/Z 轴等。

图 8-25

4. 大理石

"大理石"贴图即 大理石 选项,该程序贴图针对彩色背景生成带有彩色纹理的大理石曲面,将自动生成第三种颜色。其参数设置大多在 大理石参数 卷展栏中,如图 8-25 所示,应用效果如图 8-26 所示。

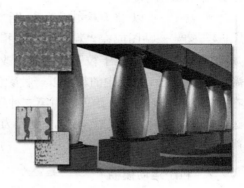

图 8-26

247

- ❏ 大小: 改变纹理图案的整个比例,并更改"纹理宽度"参数,以相对于整个比例改变纹理宽度。"大小"值越大,纹理越宽。"纹理宽度"值越大,相对于整个图案就具有更多纹理。
- ❏ 纹理宽度: 设置大理石纹理的宽度。
- ❏ 交换 该按钮用于切换两个颜色或贴图的位置。
- ❏ 贴图: 可指定要显示在纹理或背景颜色中的位图或程序贴图,可启用或禁用贴图。

5. 噪波

"噪波"贴图即 噪波 选项,它是 3D 贴图中最常使用的类型,使用两种颜色随机地修改物体的表面,可以表现水面或云彩等效果,与 2D 贴图中的"噪波"参数相同,但能够进行更加详细的设置,对应的参数在 噪波参数 卷展栏中进行设置,如图 8-27 所示,应用效果如图 8-28 所示。

图 8-27

- ❏ 规则 选择此选项,使用规则噪波类型。
- ❏ 分形 选择此选项,使用碎片噪波类型。
- ❏ 湍流 选择此选项,使用杂乱噪波类型。
- ❏ 噪波阈值: 通过调整"高"和"低"两个参数更改两个颜色的饱和度和区域。

图 8-28

6．粒子年龄

"粒子年龄"贴图即 <u>粒子年龄</u> 选项，该程序贴图需要与粒子系统配合使用，通过粒子的寿命改变颜色，其卷展栏如图 8-29 所示，应用效果如图 8-30 所示。

通常，可以将 <u>粒子年龄</u> 贴图指定为 <u>漫反射颜色</u> 贴图或在"粒子流"中指定为材质动态操作符。它基于粒子的寿命更改粒子的颜色（或贴图）。系统中的粒子以一种颜色开始，在指定的年龄，它们开始更改为第二种颜色（通过插补），然后在消亡之前再次更改为第三种颜色。

7．粒子运动模糊

"粒子运动模糊"贴图即 <u>粒子运动模糊</u> 选项，该程序贴图也必须和粒子系统配合使用，根据粒子的运动，为粒子添加运动模糊的效果，其参数卷展栏如图 8-31 所示。

8．Perlin 大理石

"Perlin 大理石"贴图即 <u>Perlin 大理石</u> 选项，该程序贴图和 <u>大理石</u> 贴图相似，它除了表现大理石之外还可以表现霉菌或腐蚀质感的材质。其参数设置大多在 <u>Perlin 大理石参数</u> 卷展栏中，如图 8-32 所示，应用效果如图 8-33所示。

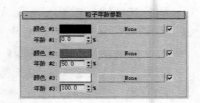

图 8-29

图 8-30

图 8-31

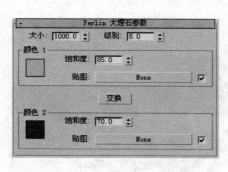

图 8-32

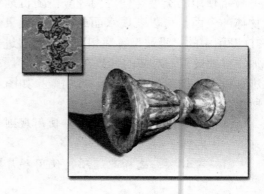

图 8-33

❑ <u>大小</u>：设置大理石图案的大小。更改此设置可相对于对象的几何体更改大理石的比例，默认值为 50。

248

❑ **级别**： 设置湍流算法应用的次数。范围为 1.0～10.0。该值越大，大理石图案就越复杂，默认设置是 8.0。

❑ **饱和度** 控制贴图中颜色的饱和度，并无须更改色样中显示的颜色。值越小颜色越暗，值越大颜色越亮。范围为 1～100；对于颜色 1，默认设置为 85，而对于颜色 2，默认设置为 70。

❑ **交换** 该按钮用于切换两个颜色或贴图的位置。

❑ **贴图**： 单击该按钮可指定贴图，而不是实心颜色。使用复选框可启用或禁用贴图。

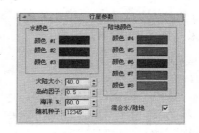

图 8-34

9. 行星

"行星"贴图即 **行星** 选项，该程序贴图主要用于表现行星表面，通过其参数可以控制大陆与海洋的比例等，常用于 **漫反射颜色** 和 **不透明度** 贴图通道。其参数设置大多在 **行星参数** 卷展栏中，如图 8-34 所示，应用效果如图 8-35 所示。

❑ **水颜色** 使用 3 种颜色来设定海水的颜色，"颜色 1"表现水最深的区域；颜色 2 是水中间层的颜色；颜色 3 表现与陆地连接的部分。

❑ **陆地颜色** 可以使用 5 种颜色来设置陆地的颜色，它继续沿着与海水颜色的设置。颜色 4 是陆地海岸线的颜色；颜色 8 是陆地中心的颜色。

图 8-35

❑ **大陆大小**： 设置陆地范围的大小。

❑ **岛屿因子**： 表现陆地部分的岛屿和山脉。

❑ **海洋 %**： 设置海水区域所占的比例。

❑ **随机种子**： 随机改变地形图案。

❑ **混合水/陆地** 勾选该选项，将混合海水和陆地连接部分的颜色。

图 8-36

10. 烟雾

"烟雾"贴图即 **烟雾** 选项，该程序贴图通常用于 **不透明度** 贴图通道，可以随机生成不规则的图案，产生烟雾效果。其参数设置大多在 **烟雾参数** 卷展栏中，如图 8-36 所示，应用效果如图 8-37 所示。

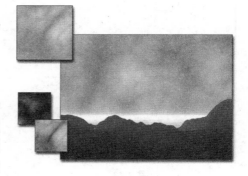

图 8-37

11. 斑点

"斑点"贴图即 斑点 选项，该程序贴图用于给物体增添斑点或污点的效果，能够表现溅水的效果，但更多用于"合成"贴图，其参数设置大多在 斑点参数 卷展栏中，如图 8-38 所示，应用效果如图 8-39 所示。

图 8-38

图 8-39

12. 泼溅

"泼溅"贴图即 泼溅 选项，该贴图可以表现像颜料溅出一样的图案效果，通常用于 漫反射颜色 贴图通道中，其参数设置大多在 泼溅参数 卷展栏中，如图 8-40 所示，应用效果如图 8-41 所示。

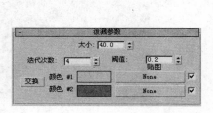

图 8-40

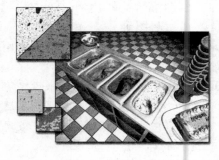

图 8-41

13. 灰泥

"灰泥"贴图即 灰泥 选项，该程序贴图用于表现水泥墙壁或墙纸上的凹陷部分和污垢效果，它通常用于 凹凸 贴图通道，其参数设置大多在 灰泥参数 卷展栏中，如图 8-42 所示，应用效果如图 8-43 所示。

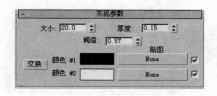

图 8-42

图 8-43

14．波浪

"波浪"贴图即 波浪 选项，该程序贴图可以创建水状外观或水波效果的贴图，用于 漫反射颜色 和 凹凸 贴图通道创建水面效果，也可以配合 不透明度 贴图通道使用，其参数设置大多在 波浪参数 卷展栏中，如图8-44 所示，应用效果如图 8-45 所示。

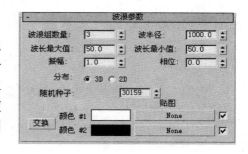

图 8-44

- ❏ 波浪组数量：设置水纹起伏的次数。
- ❏ 波半径：设置水波半径的大小。
- ❏ 波长最大值：设置水波的最大波长。
- ❏ 波长最小值：设置水波的最小波长。
- ❏ 振幅：设置水波的振幅。
- ❏ 相位：设置水波的定位，此参数会使用动画水面产生波动的效果。
- ❏ 3D 选择此选项，设置水波是在三维空间上传播。
- ❏ 2D 选择此选项，设置水波是在二维平面上传播。
- ❏ 随机种子：任意改变水纹的起伏值。

图 8-45

15．木材

"木材"贴图即 木材 选项，该程序贴图可以产生两种颜色的木材纹理，主要用于 漫反射颜色 和 凹凸 贴图通道，其参数设置大多在 木材参数 卷展栏中，如图 8-46 所示，应用效果如图 8-47 所示。

图 8-46

- ❏ 颗粒密度：设置木材纹理的密度。
- ❏ 径向噪波：设置在径向方向上的噪波强度。
- ❏ 轴向噪波：重复在边缘形成的木纹的"噪波"值。

● 8.2.3 复合贴图

"复合"贴图能将几种贴图合成新的贴图，复合类型的贴图包括 合成 贴图、 遮罩 贴图、 混合 贴图和 RGB 相乘 贴图。

图 8-47

1．合成

"合成"贴图即 合成 选项，该程序贴图利用 Alpha 通道来合成贴图，所以被覆盖的贴图必须有 Alpha 通道，其参数设置大多在 合成参数 卷展栏中，如图 8-48 所示，应用效果如图 8-49 所示。

图 8-48

图 8-49

2. 遮罩

"遮罩"贴图即 遮罩 选项，该程序贴图使用蒙版贴图，可以透过一个"遮罩"贴图看到另一个贴图。"遮罩"贴图中的白色区域是不透明的，显示的是原始贴图；黑色区域是透明的，显示的是它底层的贴图。其参数设置大多在 遮罩参数 卷展栏中，如图 8-50 所示，应用效果如图 8-51 所示。

图 8-50

3. 混合

"混合"贴图即 混合 选项，该程序贴图可以将两种颜色或材质进行混合，并通过数值来调整透明度，或者作为蒙版，其参数设置大多在 混合参数 卷展栏中，如图 8-52 所示，应用效果如图 8-53 所示。

图 8-51

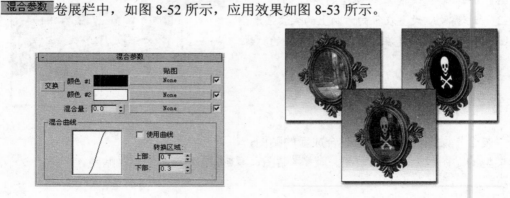

图 8-52

图 8-53

252

4．RGB 相乘

"RGB 相乘"贴图即 RGB 相乘 选项，该程序贴图可通过为两个子贴图增加 RGB 值来合成新贴图，并使用每个贴图的 Alpha 通道合成贴图，以此保持每个贴图的饱和度，如果使用不同的图片，就起到混合彼此 RGB 颜色值的作用。其参数设置大多在 RGB 相乘参数 卷展栏中，如图 8-54 所示，应用效果如图 8-55 所示。

图 8-54

图 8-55

8.2.4　色彩贴图

"色彩"贴图利用材质当中的颜色对贴图的色彩、亮度、饱和度等进行控制调节，避免来回于 Photoshop 等 2D 软件与 3ds Max 软件之间，包括"输出"贴图、"RGB 染色"贴图和"顶点颜色"贴图等。

1．输出

"输出"贴图即 输出 选项，该程序贴图可以将输出设置应用于没有这些设置的程序贴图，如方格或大理石。其参数卷展栏如图 8-56 所示。

输出贴图时在 输出参数 卷展栏中选择应用输出控件的贴图，然后通过 输出参数 卷展栏进行色彩调整。

2．RGB 染色

"RGB 染色"贴图即 RGB 染色 选项，该程序贴图是以 RGB 颜色为基础调整图片的颜色，其参数卷展栏如图 8-57 所示，应用效果如图 8-58 所示。

图 8-56

图 8-57

图 8-58

3．顶点颜色

"顶点颜色"贴图即 顶点颜色 选项，该程序贴图应用于可渲染对象的顶点颜色，必须使用"可编辑面片"控制来指定顶点颜色，使用"指定顶点颜色"工具将是无效的。

顶点颜色贴图用于 **漫反射颜色** 贴图通道，其参数卷展栏如图 8-59 所示，应用效果如图 8-60 所示。

●-- 8.2.5 其他贴图 --

反射 和 **折射** 贴图通道使用的贴图类型有"平面镜"贴图、"光线跟踪"贴图、"反射/折射"贴图和"薄壁折射"贴图等。

图 8-59

1．平面镜

"平面镜"贴图即 **平面镜** 选项，该程序贴图使用一组共面的表面来反射周围环境的物体，它使用在 **反射** 贴图通道中，其参数设置大多在 **平面镜参数** 卷展栏中，如图 8-61 所示，应用效果如图 8-62 所示。

图 8-60

- ❑ **✔ 应用模糊**：勾选此选项，使用模糊。
- ❑ **模糊**：设置模糊的值，值越大模糊就越明显。
- ❑ **⊙ 仅第一帧** 选择此选项，仅在第一帧生成平面镜反射效果。
- ❑ **⊙ 每 N 帧**：选择此选项，设置生成平面镜反射效果的间隔帧数。
- ❑ **✔ 使用环境贴图** 勾选此选项，反射环境贴图。
- ❑ **应用于带 ID 的面**：勾选此选项，应用反射对象面的 ID 号。
- ❑ **⊙ 无** 选择此选项，则不使用变形。
- ❑ **⊙ 使用凹凸贴图** 选择此选项，使用"凸凹"贴图扭曲平面镜反射效果。
- ❑ **⊙ 使用内置噪波** 选择此选项，使用该贴图自身的"噪波"来表现反射面的曲线效果。
- ❑ **扭曲量**：控制扭曲效果的强度。
- ❑ **噪波**：对应"使用内置噪波"选项，可设置不同的噪波类型及参数。

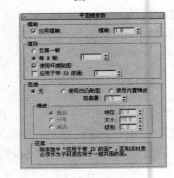

图 8-61

图 8-62

2．光线跟踪

"光线跟踪"贴图即 **光线跟踪** 选项，该程序贴图可以进行最精确的反射和折射的计算，但渲染的时间也很长。其参数设置大多在 **光线跟踪器参数** 卷展栏中，如图 8-63 所示，应用效果如图 8-64 所示。

图 8-63

图 8-64

3．反射/折射

"反射/折射"贴图即 反射/折射 选项，该程序贴图以物体为中心在周围表现反射和折射的效果。与 光线跟踪 贴图相比不够准确。其参数设置大多在 反射/折射参数 卷展栏中，如图 8-65 所示，应用效果如图 8-66 所示。

图 8-65

图 8-66

4．薄壁折射

"薄壁折射"贴图即 薄壁折射 选项，该程序贴图用于模拟通过一块玻璃观看物体产生的折射效果，它会使折射的物体部分发生偏移。这可能得到一个与"反射/折射"贴图同样的效果，但是"薄壁折射"贴图耗费较少的时间和内存。其参数设置大多在 薄壁折射参数 卷展栏中，如图 8-67 所示，应用效果如图 8-68 所示。

图 8-67

图 8-68

8.3 贴图共有的卷展栏

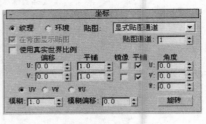

图 8-69

在各类型的贴图中有些卷展栏是它们共有的，如 坐标 、 噪波 、 输出 卷展栏，下面对这些共有的卷展栏进行讲解。

1. "坐标"卷展栏

2D 贴图和 3D 贴图都有 坐标 卷展栏，如图 8-69 和图 8-70 所示。在该卷展中可调整贴图的方向，控制贴图如何与物体对齐以及是否重叠平铺和镜像等。

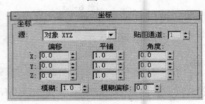

图 8-70

- ⊙ UV/⊙ VW/⊙ WU 可选择不同的 2D 贴图的坐标平面。
- 偏移 用于设置参数平移贴图的偏移位置。
- 平铺 用于设置贴图重复的次数，如图 8-71。默认值 1.0 对位图仅执行一次贴图操作，数值 2.0 对位图执行两次贴图操作，以此类推。分数值会在除了重复整个贴图之外对位图执行部分贴图操作。例如，数值 2.5 会对位图执行两次半贴图操作。
- 镜像 勾选此选项，贴图间产生镜像贴图效果，如图 8-72 所示。"镜像"和"平铺"是相互排斥的设置：如果已经设置这两者之一，则在选择另外一个设置时，原来的设置被禁用。"平铺镜像"效果如图 8-73 所示。

图 8-71

图 8-72

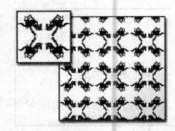

图 8-73

- ⊙ 纹理 选择此选项，使用锁定在物体上的纹理坐标系。 显式贴图通道 下拉列表框中包括了 显式贴图通道 、 顶点颜色通道 、 对象 XYZ 平面 、 世界 XYZ 平面 4 种类型。
- ⊙ 环境 选择此选项，使用锁定在"世界坐标系"上的环境坐标系。 屏幕 下拉列表框中包括了 屏幕 、 球形环境 、 柱形环境 、 收缩包裹环境 4 种纹理坐标系类型。
- 角度 可设置指定贴图坐标轴向上旋转的角度。
- 旋转 可对贴图进行手动旋转。
- 模糊: 设置贴图的模糊度。
- 模糊偏移: 设置贴图的模糊偏移。

2. "噪波"卷展栏

在 噪波 卷展栏中可设置贴图外观的噪波效果，如图 8-74 所示。

- ❑ ☐ 启用 勾选此选项，打开噪波效果。
- ❑ 级别：设置噪波的强度。
- ❑ 数量：设置噪波的数量。
- ❑ 大小：设置噪波范围的大小。
- ❑ 动画：☐ 勾选此选项，可记录动画。
- ❑ 相位：控制噪波的振动效果。

图 8-74

8.4 UVW 贴图坐标

　　一旦给三维物体赋予了贴图，它就包含了"UVW 贴图"信息。UVW 贴图编辑修改器用来控制物体的 UVW 贴图坐标，其"参数"卷展栏如图 8-75 所示，它提供了调整贴图坐标类型、贴图大小、贴图的重复次数、贴图通道设置和贴图的对齐设置等功能。

　　球体和长方体等基本体对象可生成它们自己的贴图坐标，也包括放样对象和 NURBS 曲面，这些对象赋上材质进行渲染就能看到贴图，如果材质显示用户希望的默认贴图显现方式，则不需要调整贴图。并且可在 坐标 卷展栏中，通过调整坐标参数，设置贴图的"平铺"、"镜像"、"移动"等参数来实现其他效果。

(a) 参数设置面板 1　　(b) 参数设置面板 2

图 8-75

　　对于扫描、导入或手动构造的多边形或面片模型不具有贴图坐标系，也包括应用了"布尔"操作的对象，它们都可能丢失贴图坐标。这时可以通过给对象添加 UVW 贴图 编辑修改命令来为其指定贴图坐标，调整贴图坐标类型、贴图大小、贴图的重复次数、贴图通道设置和贴图的对齐设置等，以便渲染出所需要的贴图效果，控制贴图坐标的参数面板如图 8-76 所示。

　　根据贴图投影到对象上的方式以及投影与对象表面交互的方式，贴图分为 ⦿ 平面、○ 柱形、○ 长方体、○ 球形、○ 收缩包裹等几大方式。

图 8-76

> **！ 提 示**
>
> 从 Autodesk Architectural Desktop 和 Autodesk Revit 导入或链接的绘图仍保持由这些产品指定给对象的贴图坐标。

1. 平面贴图方式

平面贴图方式即在 参数 卷展栏中选择 ⊙ 平面 选项，此时系统会从对象上的一个平面投影贴图，在某种程度上类似于投影幻灯片，其应用效果如图 8-77 所示。

2. 柱形贴图方式

柱形贴图方式即在 参数 卷展栏中选择 ⊙ 柱形 选项，此时系统会从圆柱体投影贴图，使用它包裹对象。位图接合处的缝是可见的，除非使用无缝贴图。柱形贴图方式适用于形状为圆柱形的对象，其应用效果如图 8-78 所示。

3. 球形贴图方式

球形贴图方式即在 参数 卷展栏中选择 ⊙ 球形 选项，此时系统会通过球体投影贴图来包围对象。在球体顶部和底部，位图边与球体两极交汇处会看到缝和贴图奇点。球形投影用于基本形状为球形的对象，其应用效果如图 8-79 所示。

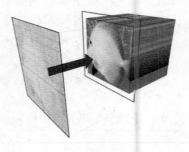

图 8-77

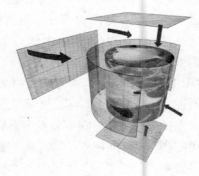

图 8-78

4. 收缩包裹贴图方式

收缩包裹贴图方式即在 参数 卷展栏中选择 ⊙ 收缩包裹 选项，它与球形贴图不同之处在于使用球形贴图时，它会截去贴图的各个角，然后在一个单独极点将它们全部结合在一起，仅创建一个奇点；而收缩包裹贴图用于隐藏贴图奇点，其应用效果如图 8-80 所示。

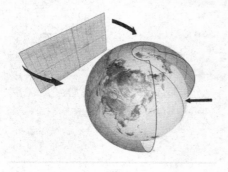

图 8-79

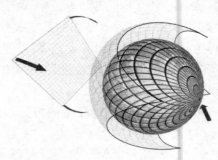

图 8-80

5. 长方体贴图方式

长方体贴图方式即在 参数 卷展栏中选择 ⊙长方体选项，此时系统会从长方体的 6 个侧面投影贴图。每个侧面投影为一个平面贴图，且表面上的效果取决于曲面法线。从其法线几乎与其每个面的法线平行的最接近长方体的表面贴图每个面，其应用效果如图 8-81 所示。

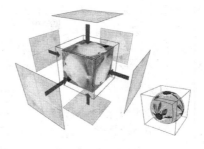

图 8-81

6. 面贴图方式

面贴图方式即在 参数 卷展栏中选择 ⊙面选项，此时系统会对对象的每个面应用贴图副本，使用完整矩形贴图来贴图共享隐藏边的成对面。使用贴图的矩形部分贴图不带隐藏边的单个面，其应用效果如图 8-82 所示。

7. XYZ 到 UVW 贴图方式

XYZ 到 UVW 贴图方式即在 参数 卷展栏中选择 ⊙ XYZ 到 UVW 选项，此时系统会将 3D 程序坐标贴图到 UVW 坐标，这会将程序纹理贴到表面。如果表面被拉伸，3D 程序贴图也被拉伸，其应用效果如图 8-83 所示。

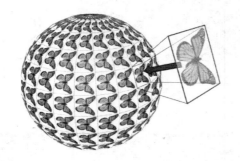

图 8-82

图 8-83

> **! 提示**
>
> 如果在"材质编辑器"对话框的"坐标"卷展栏中，将贴图的"源"设置为"显式贴图通道"，在材质和"UVW贴图"修改器中将使用相同的贴图通道。

8.5 案例详解——制作冰材质

下面将制作如图 8-84 所示的冰块材质，练习"反射"贴图的制作方法。

图 8-84

操作步骤

01 打开配套光盘中的"素材与源文件\
第 8 章\果盘.max"文件，如图 8-85
所示。

02 单击工具栏中的 ⚃ 按钮，打开"材
质编辑器"对话框，选择一个没有
编辑过的材质样本球并命名为"冰
块"，在 明暗器基本参数 卷展栏内选择
(M)金属 ▾ 明暗器类型，单击
金属基本参数 卷展栏中的 C 按钮，使
其呈 C 状态，如图 8-86 所示。

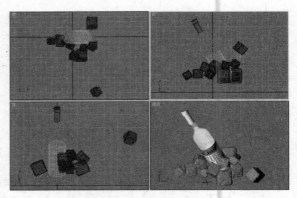

图 8-85

03 单击 环境光: 后面的颜色按钮，在弹出
的"颜色选择器"对话框中，设置
颜色为蓝色 红:127、绿:203、蓝:238，如图 8-87 所示。

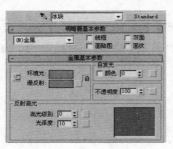

图 8-86

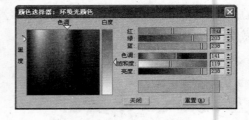

图 8-87

260

04 再单击 漫反射: 后面的颜色按钮，在"颜
色选择器"对话框中设置颜色为白色，
单击 关闭 按钮，返回材质编辑面板，
设置 自发光 栏中的 ▢ 颜色 参数为 20，
不透明度 参数为 40，然后设置 高光级别:参
数为 189，光泽度:参数为 68，如图 8-88
所示。

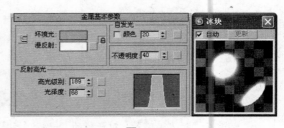

图 8-88

05 单击 贴图 卷展栏中 ▢ 反射 . . . . 后
面的 None 按钮，在弹出的"材质
/贴图浏览器"对话框中双击 光线跟踪
选项，添加"光线跟踪"贴图，并返回
材质编辑面板，单击 ⬆ 按钮，返回
贴图 卷展栏，设置 ✔ 反射 . . . . 的
数量 参数为 8，此时材质球与贴图面板
参数如图 8-89 所示。

图 8-89

06 下面制作"凹凸"贴图，单击 贴图 卷展栏中 凹凸 .... 后面的 None 按钮，在弹出的"材质/贴图浏览器"对话框中双击 噪波选项，添加"噪波"贴图，并返回材质编辑面板，在 噪波参数 卷展栏中设置 大小:参数为 40，如图 8-90 所示。

图 8-90

07 单击 按钮，返回 贴图 卷展栏，设置 凹凸 .... 的 数量 参数为 80，此时材质球与贴图面板参数如图 8-91 所示。

08 选择视图中的冰块立方体对象，单击材质编辑面板中的 按钮，将材质赋给选择的对象，并对透视图进行渲染，效果如图 8-92 所示。

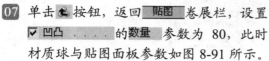

图 8-91

图 8-92

8.6 案例详解——制作苹果材质

下面将制作如图 8-93 所示的苹果材质，主要练习"渐变"贴图的制作方法。

图 8-93

操作步骤

01 打开配套光盘中的"素材与源文件\第 8 章\果盘.max"文件，如图 8-94 所示。

02 首先制作果盘材质，按 M 键打开"材质编辑器"对话框，选择一个没有编辑过的材质样本球并命名为"不锈钢果篮"，选择明暗器为 (M)金属 ，并勾选 线框选项，材质球与参数面板设置如图 8-95 所示。

03 进入 扩展参数 卷展栏，设置 线框栏中的 大小:参数为 1.5，如图 8-96 所示。设置 贴图 卷展栏中 反射 .... 的 数量 参数值为 20，并单击后面的 None 按钮，在弹出的"材质/贴图浏览器"对话框中双击 光线跟踪选项，添加"光线跟踪"反射贴图，单击 按钮，返回 贴图 卷展栏，其参数设置如图 8-97 所示。

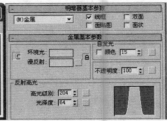

图 8-94

图 8-95

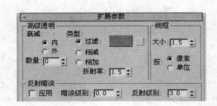

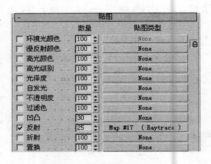

图 8-96

图 8-97

> **提 示**
>
> 栏中的 大小 参数值用于控制线框的粗细，系统默认"大小"参数值为1.0。

04 选中视图中的果盘物体，单击"材质编辑器"对话框中的 按钮，将材质赋给它，在透视图中的效果如图 8-98 所示。

05 接下来制作苹果材质，选择一个没有编辑过的材质样本球并命名为"苹果"，单击 漫反射 后的 按钮，在弹出的"材质/贴图浏览器"对话框中双击 渐变 选项，添加"渐变"贴图，在 渐变参数 卷展栏中设置颜色 #1 为黄绿色 红:215、 绿:249、 蓝:110，如图 8-99 所示，设置颜色 #2 为果绿色 红:216、 绿:237、 蓝:98，如图 8-100 所示，设置颜色 #3 为粉红色 红:255、 绿:56、 蓝:109，如图 8-101 所示。

图 8-98

图 8-99

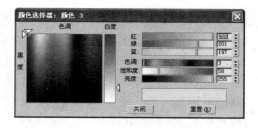

图 8-100   图 8-101

06 颜色设置好后，设置 **颜色 2 位置**:的参数值为 0.77，选择 **渐变类型**:为 ● **线性** ，如图 8-102 所示。

07 单击 按钮，返回顶层材质编辑面板，将 **漫反射**:后面的 **M** 按钮拖到 **自发光** 栏后的 按钮上，进行贴图复制操作，并在弹出的"复制贴图"对话框中选择 ● **实例** 选项，如图 8-103 所示，编辑面板参数设置如图 8-104 所示。

图 8-102

图 8-103

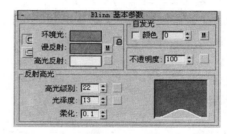

图 8-104

08 进入 **贴图** 卷展栏，设置 ☑ **自发光** 的 **数量** 参数为 10，此时材质球与参数设置如图 8-105 所示。

09 选中视图中的苹果模型，单击"材质编辑器"对话框中的 按钮，将材质赋给苹果，结果如图 8-106 所示。

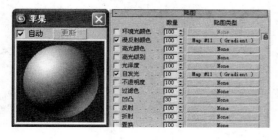

图 8-105

图 8-106

⑩ 下面制作被虫咬过的苹果柄材质，选择一个没有编辑过的材质样本球并命名为"苹果柄"，单击漫反射:后的 按钮，在弹出的"材质/贴图浏览器"对话框中双击泼溅选项，添加"渐变"贴图，在 泼溅参数 卷展栏中设置颜色 #1 为深棕色 红:99、绿:58、蓝:24，如图 8-107 所示，设置颜色 #2 为中黄色 红:239、绿:198、蓝:109，如图 8-108 所示。

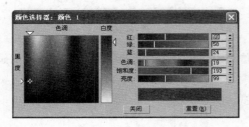

图 8-107　　　　　　　　　　　　　　　　图 8-108

⑪ 颜色设置好后，设置大小:参数为 8，面板状态如图 8-109 所示。

⑫ 单击 按钮，返回顶层材质编辑面板，材质球与面板参数设置如图 8-110 所示，并将材质赋给视图中的苹果柄。

⑬ 对相机视图中的苹果柄进行渲染，效果如图 8-111 所示，苹果材质就做好了。

图 8-109

图 8-110

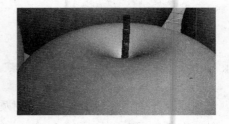

图 8-111

8.7　案例详解——制作布艺材质

下面将制作如图 8-112 所示的布艺材质，主要练习"布纹"材质的表现技巧。

操作步骤

① 打开配套光盘中"源文件与素材\第 8 章\沙发.max"文件，如图 8-113 所示。

② 按 M 键打开"材质编辑器"对话框，选择一个没

图 8-112

264

有编辑过的材质样本球并命名为"沙发布"。单击 漫反射 后面的 □ 按钮,在弹出的"材质/贴图浏览器"对话框中双击 位图 选项,打开"源文件与素材\第 8 章\布纹 2.jpg"文件,此时各参数的设置与材质样本球的效果如图 8-114 所示。

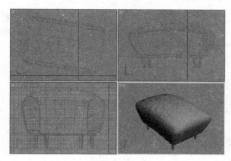

图 8-113

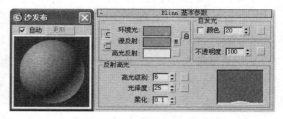

图 8-114

03 进入 贴图 卷展栏,单击□ 凹凸 . . . 后面的 None 按钮,在弹出的"材质/贴图浏览器"对话框中双击 位图 选项,打开"源文件与素材\第 8 章\布纹 1.jpg"文件,单击 按钮,返回 贴图 卷展栏,设置☑ 凹凸 . . . 的 数量 参数值为 100,如图 8-115 所示。

图 8-115

> ❗ **提 示**
>
> 在□ 凹凸 栏中添加一个黑白皱纹贴图,可制作出布艺的褶皱效果,**数量** 的参数值直接影响凹凸的大小。系统默认贴图中的浅色为凸效果,深色为凹效果。

04 选中视图中的沙发垫子,单击"材质编辑器"面板中的 按钮,将材质赋给沙发垫子,并单击 (显示贴图)按钮,效果如图 8-116 所示,此时视图中并没有显示贴图纹理,这是因为该物体没有贴图坐标,当按 F9 键时会弹出如图 8-117 所示的提示对话框。

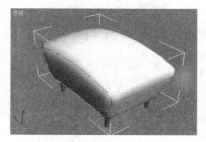

图 8-116

图 8-117

⓵ **提 示**

在弹出的"缺少贴图坐标"对话框中，可看到缺少贴图坐标的对象名称，若单击 继续 按钮，将继续渲染对象；单击 取消 按钮，将取消渲染操作；勾选 ☑ 不显示此消息 选项，下次渲染时将不会弹出提示对话框。

05 下面单击 取消 按钮，设置沙发垫的贴图坐标。确认沙发垫为选择状态，进入 🖊 命令面板，选择 修改器列表 ▾ 下拉列表框中的 UVW 贴图 选项，设置贴图参数，并选择 ⊙ 长方体 选项，再单击修改面板中的 适配 按钮，参数设置与渲染纹理效果如图 8-118 所示。

06 通过以上渲染，可以看到布纹的褶皱纹理有点夸张，下面将进行修改。按 M 键打开"材质编辑器"对话框，进入"沙发布"材质编辑面板，再进入 贴图 卷展栏，修改 ☑ 凹凸 . . . . 的 数量 参数值为 40，此时对透视图进行渲染，参数与效果如图 8-119 所示。

图 8-118

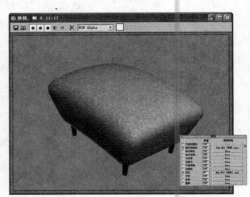

图 8-119

8.8 案例详解——制作镂空贴图

在 3ds Max 场景中，可通过"透明"贴图方式制作"透明"贴图材质，如给场景添加人物、植物等，效果如图 8-120 所示，具体操作方法如下。

🗂 **操作步骤**

01 打开配套光盘中的"源文件与素材\第 8 章\客厅.max"文件，如图 8-121 所示。

02 单击 ❉ 面板中的 ⊙ 按钮，进入二维图形创建面板，单击 矩形 按钮，在前视图中创建一个矩形，用于贴图，位置与大小如图 8-122

图 8-120

所示。

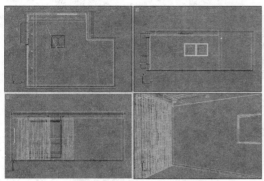
图 8-121

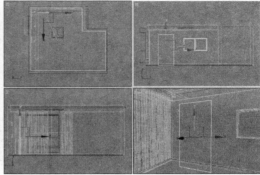
图 8-122

03 单击 ✐ 按钮，进入修改命令面板，选择 修改器列表 ▾ 下拉列表框中的 挤出 选项，添加该修改命令，设置 数量:参数为 0，如图 8-123 所示。

04 按 M 键打开"材质编辑器"对话框，选择一个没有编辑过的材质样本球并命名为"植物"。单击 漫反射:后面的 ▢ 按钮，在弹出的"材质/贴图浏览器"对话框中双击 位图 选项，打开"源文件与素材\第 8 章\植物2.jpg"文件，单击 ⬆ 按钮，此时各参数的设置与材质样本球的效果如图 8-124 所示。

05 选择创建的矩形，单击材质编辑面板中的 ⬚ 按钮，将材质赋给它，并对相机视图进行渲染，效果如图 8-125 所示。

06 通过以上渲染，可以看到贴图没有镂空效果，下面将在"透明"贴图通道中添加一个黑白贴图制作镂空效果。按 M 键打开"材质编辑器"对话框，在名为"植物"的材质面板中单击 不透明度:后面的 ▢ 按钮，在弹

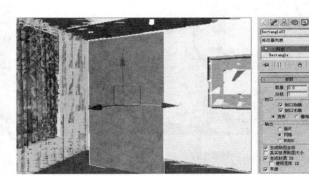
图 8-123

图 8-124

图 8-125

出的"材质/贴图浏览器"对话框中双
击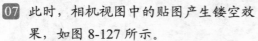位图选项，打开"源文件与素材\
第 8 章\植物 1.jpg"文件，单击 ⬆ 按
钮，此时各参数的设置与材质样本球
的效果如图 8-126 所示。

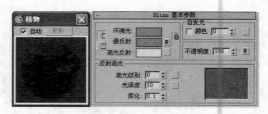

图 8-126

07 此时，相机视图中的贴图产生镂空效
果，如图 8-127 所示。

08 单击工具栏中的 ⟲ 工具，在顶视图中将矩形沿 Z 轴旋转一定角度，使其正对镜头，
并对相机视图进行渲染，结果如图 8-128 所示，这样镂空材质就做好了。

图 8-127

图 8-128

! 提 示

　　制作"透明"贴图的材质的图片必须是两张，一张是实物图片，另一张是黑白图片，黑色
部分完全透明，白色部分保留图案，如图 8-129 所示，从而达到需要的透空效果。

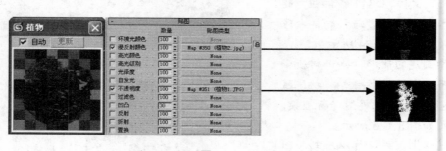

图 8-129

! 提 示

　　在创建"透明"材质时，应将 反射高光 栏中的 高光级别 参数值设置为 0，取消材质的高光
设置，否则"透明"材质的透明区域同时会受到灯光的影响产生高光现象，这样材质没有透明
的效果，如图 8-130 所示。

图 8-130

归 纳 总 结

通过本章对二维图形编辑方法的学习，相信大家已经掌握了一些常用的编辑命令。在实际的三维模型创建中，通过对文字的编辑可以创建三维字体效果，通过对剖、截面图形的编辑可以编辑三维模型的造型。因此，掌握 3ds Max 中常用的二维图形的编辑技巧是非常重要的，特别是掌握网格编辑、面片编辑等，希望大家能通过大量实例的制作多加练习。

互 动 练 习

1．选择题

（1）在室内效果制作过程中，以下哪种贴图类型常用于设置地砖贴图坐标参数？
（   ）

A．● 平面　　　　B．● 柱形　　　　C．● 长方体　　　D．● 面

（2）在"材质编辑器"对话框中，材质球的采样类型有（   ）。

A．球体采样类型

B．圆柱体采样类型

C．立方体采样类型

D．背光球体采样类型

（3）在"材质编辑器"对话框中，通过在 贴图 卷展栏中的哪两个通道上添加 棋盘格贴图可制作如图 8-131 所示的"镂空"材质效果？（   ）

A．□ 漫反射颜色　　B．□ 高光颜色　　C．□ 不透明度　　　D．□ 凹凸

（4）在制作镂空贴图时，为了达到真正的镂空效果，在 不透明度 后添加的贴图必须是（   ）。

A．黑白位图　　B．黑白灰位图　　C．彩色位图　　D．灰色位图

图 8-131

2. 上机题

本练习将制作 500×500 的 "地砖" 材质效果，主要练习 "位图" 贴图和 "光线跟踪" 贴图表现 "地砖" 材质的方法与技巧，完成后的最终效果如图 8-132 所示。

图 8-132

操作提示

01 打开配套光盘中的 "源文件与素材\第 8 章\地砖.max" 文件，打开 "材质编辑器" 对话框，单击 "漫反射" 栏后面的 ▇ 按钮，在弹出的对话框中双击 ▇ 位图 选项，打开配套光盘中的 "源文件与素材\第 8 章\地砖.jpg" 文件，添加一个 "地砖" 贴图，并调整 "反射高光" 栏中的参数，如图 8-133 所示。

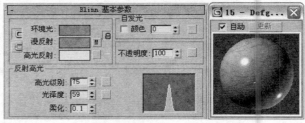

图 8-133

02 进入 "贴图" 卷展栏，添加 "光线跟踪" 贴图，制作地砖的反射效果，并设置 "数量" 参数为 15，如图 8-134 所示。

03 将材质赋给 "地面"，但这种贴图效果并不是想要的，必须对它添加 "UVW 贴图" 命令，设置好参数后，再对摄像机视图进行渲染，结果如图 8-135 所示，这样 500×500 的 "地砖" 贴图就做好了。

图 8-134   图 8-135

第 9 章　灯光与摄像机的应用

学习目标

本章主要讲解灯光和摄像机的创建与编辑方法，包括 3ds Max 灯光的创建、摄像机的创建、布光的基础知识、灯光应用实例等。

要点导读

1. 认识 3ds Max 中的灯光
2. 布光的基础知识
3. 案例详解——制作灯光阴影
4. 摄像机的类型
5. 摄像机的参数设置
6. 案例详解——制作室内反光灯带
7. 案例详解——制作通过窗子的光线

精彩效果展示

9.1 认识 3ds Max 中的灯光

灯光是创建真实世界视觉感受的最有效手段之一，合适的灯光不仅可以增加场景气氛，还可以表现对象的立体感以及材质的质感，如图 9-1 所示。

灯光不仅有照明的作用，更重要的是为营造环境气氛与装饰的层次感而服务，特别是在夜幕降临的时候，灯光会营造整个环境空间的节奏氛围，效果如图 9-2 所示。

图 9-1

9.1.1 灯光的类型

在 3ds Max 9 中，灯光分为标准灯光和光学度灯光两大类型。标准灯光简单易用，光度学灯光比较复杂，但可以提供真实世界照明的精确物理模型。

在 3ds Max 9 中创建灯光的具体操作步骤如下。

图 9-2

01 在 面板上单击 （灯光）按钮，如图 9-3 所示。

02 从 标准 下拉列表中选择 标准 或 光度学 选项，如图 9-4 所示。（"标准"选项是默认设置）

03 在 对象类型 卷展栏中单击要创建的灯光类型。

04 在要创建灯光的视图中适当的位置单击鼠标左键就可以创建一个灯光，对于目标聚光灯和目标有方向的灯光还要拖动鼠标，释放鼠标的位置为灯光的目标点。如 目标聚光灯 、 目标平行光 、 mr 区域聚光灯 、 目标点光源 、 目标线光源 、 目标面光源 、 IES 太阳光 、 IES 天光 等。

05 创建好后，设置创建参数，并根据需要进行调整即可。

> **！ 提 示**
>
> 灯光具有名称、颜色和"常规参数"卷展栏，更改灯光几何体颜色不会对灯光本身的颜色产生影响。灯光创建好后，可以使用对象变换对灯光进行移动、旋转和缩放等操作，以满足场景的需求。

1. 标准灯光

标准灯光是基于计算机的模拟灯光对象，如家用或办公室灯、舞台和电影工作时使用的灯光设备和太阳光本身。不同类型的灯光对象可用不同的方法投射灯光模拟不同种类的光源。标准灯光创建命令面板如图 9-5 所示。

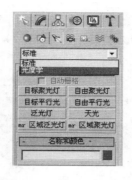

| 图 9-3 | 图 9-4 | 图 9-5 |

❑ 　目标聚光灯 、 自由聚光灯 　是有方向的光源，类似于电筒的光照效果。目标聚光灯有目标点，而自由聚光灯没有目标点，只能够整体的调整，灯光图标如图 9-6 所示，它们可以准确地控制光束的大小，聚光灯的光照区域可以是矩形或圆形的，当为矩形时可表现电影投影图像效果，如图 9-7 所示。

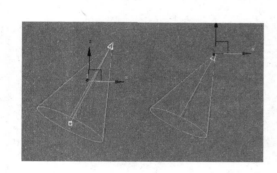

图 9-6

图 9-7

❑ 　目标平行光 、 自由平行光 　是有方向的光源，并且光线互相平行，其光的发射类似于柱状的平行灯光，灯光图标如图 9-8 所示。它的照射效果如图 9-9 所示。

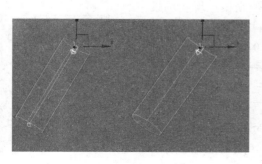

图 9-8

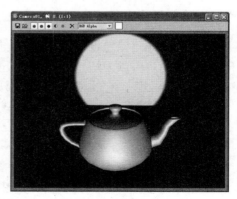

图 9-9

❑ 　泛光灯　、　mr 区域泛光灯　 是将光源以各个方向的方式进行平均照射，与现实生活中的烛光或灯泡的光效果相同。其灯光图标如图 9-10 所示，它的照射效果如图 9-11 所示。

图 9-10

图 9-11

❑ 　天光　按钮 该灯光能够模拟日照效果，图标如图 9-12 所示，天光效果如图 9-13 所示。

图 9-12

图 9-13

❑ 　mr 区域泛光灯　、　mr 区域聚光灯　 该灯光是 mr 渲染器中自带的点光源灯。

2. 光学度灯光

光学度灯光可以通过设置灯光的光度学值来模拟现实场景中的灯光效果。用户可以为灯光指定各种分布方式、颜色，还可以导入特定的光度学文件。它的创建命令面板如图 9-14 所示。

❑ 　目标点光源　、　自由点光源　 用于模拟从一个点向四周发散的光照效果，相对应的图标如图 9-15 所示。它们各有 3 种类型的分布方式，分别是　等向　▼、　Web　▼和　聚光灯　▼。

❑ 　目标线光源　、　自由线光源　 用于模拟从一条线向四周发散的光照效果，如日光灯管，相对应的图标如图 9-16 所示。它们各有两种类型的分布方式：　Web　▼和　漫反射　▼。

图 9-14

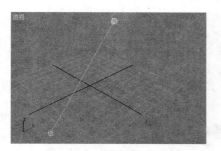

目标点光源 　　　　　　　　　　　　　　　　自由点光源

图 9-15

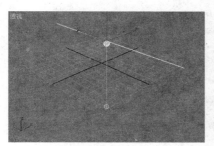

目标线光源 　　　　　　　　　　　　　　　　自由线光源

图 9-16

❑ 目标面光源 和 自由面光源 用于模拟从一个三角形或矩形的面发散的光照效果，如发光的灯箱，相对应的图标如图 9-17 所示，它们的分布方式有 Web ▾ 和 漫反射 ▾ 。

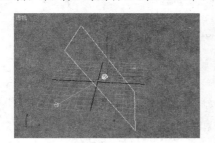

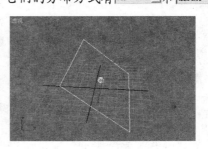

目标面光源 　　　　　　　　　　　　　　　　自由面光源

图 9-17

❑ IES 太阳光 和 IES 天光 可真实模拟自然界的光能分布，相对应的图标如图 9-18 所示。

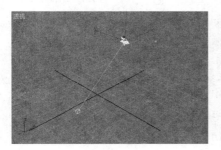

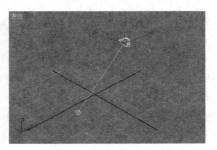

IES 太阳光 　　　　　　　　　　　　　　　　IES 天光

图 9-18

9.1.2 标准灯光与参数

下面以目标聚光灯的参数面板为例对灯光的阴影与相关参数进行介绍，首先单击 目标聚光灯 按钮，在前视图中创建一目标聚光灯，其参数面板如图 9-19 所示。

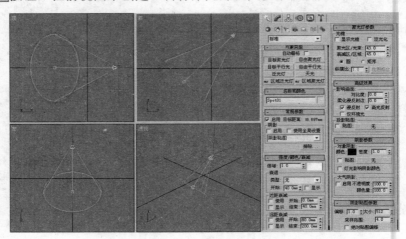

图 9-19

> **提示**
>
> 所有灯光类型（除了"天光"和"IES 天光"）和所有阴影类型都具有"阴影参数"卷展栏，使用该卷展栏可以设置阴影颜色和其他常规阴影的属性。

1."常规参数"卷展栏

常规参数 卷展栏的参数设置对所有类型的灯光都是通用的。通过该卷展栏可设置灯光的打开和关闭，设置灯光阴影的开启和关闭以及阴影的类型，还可以设置灯光排除或包括的对象以及改变灯光的类型等，其卷展栏如图 9-20 所示。

图 9-20

- ☑ 启用 该选项系统默认为勾选状态，即打开灯光照明。当取消勾选时，"灯光"图标在视图中以黑颜色显示，表示照明被关闭。
- ☐ 启用 第二个"启用"选项系统默认为不勾选状态，即不开启灯光阴影，当勾选该选项时，灯光渲染后将产生阴影，如图 9-21 所示。
- ☐ 使用全局设置 勾选该选项时，设置参数将影响所有使用全局参数设置的灯光；未勾选该选项时，只有设置其本身参数才会对灯光产生影响。系统默认为不勾选状态。
- 阴影贴图 该下拉列表框用于选择灯光阴影的类型，在 3ds Max 9 中产生的阴影有 5 种类型："高级光线跟踪阴影"、"mental ray 阴影贴图"、"区域阴影"、"阴影贴图"和"光线跟踪阴影"，如图 9-22 所示。不同的阴影类型产生的阴影也有所不同。

没有开启阴影渲染效果

开启阴影渲染效果

图 9-21

❑ 排除... 单击该按钮将打开"排除/包含"对话框,用于排除场景中被灯光照射的对象,如图 9-23 所示,也可以选择包括选项,作用是包含场景中被灯光照射的对象。

2. "阴影参数"卷展栏

阴影参数 卷展栏用于设置灯光阴影的密度、颜色或添加阴影贴图等,可以模拟现实生活中任何特殊阴影的效果,其卷展栏如图 9-24 所示,下面介绍其中参数的意义。

图 9-22

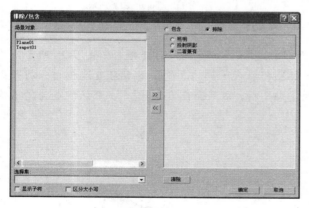

图 9-23

图 9-24

❑ 颜色: 单击后面的颜色样本框将打开"颜色选择器"对话框,如图 9-25 所示,通过该对话框可设置阴影的颜色,系统默认为黑色。当设置阴影颜色为红色时,效果如图 9-26 所示。

❑ 密度: 设置灯光阴影的密度,其参数为默认值 1 时阴影变暗,参数小于 1 时阴影变亮,如图 9-27 所示。

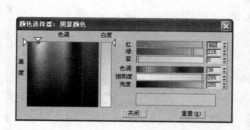

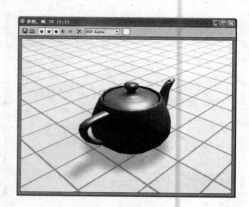

图 9-25   图 9-26

密度=1 时的阴影效果   密度=0.5 时的阴影效果

图 9-27

❑   [　无　]   单击该按钮将打开"材质/贴图浏览器"对话框，如图 9-28 所示，通过该对话框可指定贴图，此时贴图将取代阴影的颜色，[▯ 贴图:]复选框用来打开或关闭该阴影贴图。当打开并指定贴图后，效果如图 9-29 所示。默认设置为禁用状态。

图 9-28   图 9-29

灯光与摄像机的应用

❏ <u>灯光影响阴影颜色</u> 启用此选项后，将灯光颜色与阴影颜色（如果阴影已设置贴图）混合起来。默认设置为禁用状态。

❏ <u>大气阴影：</u> 在该选项组使用这些控件可以让大气产生投射阴影，图9-30所示是城市中云彩投射的彩色阴影效果。

❏ <u>启用</u> 启用此选项后，大气效果如灯光穿过它们一样投射阴影。默认设置为禁用状态。

❏ <u>不透明度：</u> 设置大气阴影的透明度。其参数越低阴影透明，反之则阴影越清晰。

❏ <u>颜色量：</u> 该参数专门针对由物体阴影与

图 9-30

大气阴影相混合生成的阴影区域，用于设置其两者之间阴影颜色的混合度。

3．"阴影贴图参数"卷展栏

当在 <u>常规参数</u> 卷展栏中选择 <u>阴影贴图</u> 阴影类型后，将出现 <u>阴影贴图参数</u> 卷展栏，如图9-31所示。该卷展栏中的参数主要用来控制投射阴影的质量。

❏ <u>偏移：</u> 设置贴图阴影与投射阴影对象之间的偏离距离。

❏ <u>大小：</u> 设置阴影贴图的尺寸，其单位为像素。

❏ <u>采样范围：</u> 设置灯光阴影贴图的模糊程度。

❏ <u>绝对贴图偏移</u> 勾选该选项时，依据场景中的所有对象设置其阴影贴图的偏移范围；未勾选时，只在场景中相对于对象偏移。

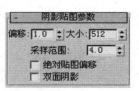

❏ <u>双面阴影</u> 勾选该选项，在计算阴影时同时考虑背面阴影，此时物体内部不被灯光照亮，会耗费更多的渲染时间。

图 9-31

4．"光线跟踪阴影参数"卷展栏

当在 <u>常规参数</u> 卷展栏中选择 <u>光线跟踪阴影</u> 阴影类型后，将出现 <u>光线跟踪阴影参数</u> 卷展栏，如图9-32所示，该卷展栏用于设置光线跟踪阴影的部分参数。

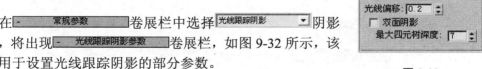

图 9-32

❏ <u>光线偏移：</u> 设置阴影与投射阴影对象之间的偏离距离。

❏ <u>双面阴影</u> 勾选该选项，在计算阴影时同时考虑背面阴影，此时物体内部不被灯光照亮，会耗费更多的渲染时间。

❏ <u>最大四元树深度：</u> 设置光线跟踪的最大深度值。

5．"高级光线跟踪参数"卷展栏

当在 <u>常规参数</u> 卷展栏中选择 <u>高级光线跟踪</u> 阴影类型后，将出现 <u>高级光线跟踪参数</u> 卷展栏，如图9-33所示，该卷展栏提供了更多设置光线跟踪阴影的参数。

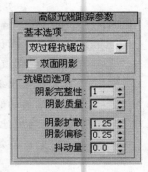

□ 双过程抗锯齿 ▾ 在该下拉列表框中可选择产生阴影的光线跟踪类型。3ds Max 9 提供了 简单 、 单过程抗锯齿 和 双过程抗锯齿 3 种类型。 简单 即以简单光线投射到表面； 单过程抗锯齿 即以单过程抗锯齿的光线投射到表面； 双过程抗锯齿 即以两束实行了反走样的光线投射到表面。

□ □ 双面阴影 勾选该选项，在计算阴影的同时考虑背面阴影，此时物体内部不被灯光照亮，会耗费更多的渲染时间。图 9-34 所示的是添加 "双面阴影" 效果前后的对比。

图 9-33

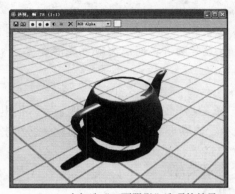
未勾选 "双面阴影" 选项的效果

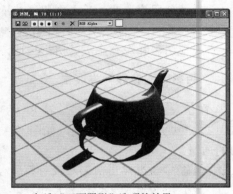
勾选 "双面阴影" 选项的效果

图 9-34

□ 阴影完整性: 设置从光源点投射到表面的光线数量。
□ 阴影质量: 设置从光源点投射到表面的第二束光线数量。
□ 阴影扩散: 设置反走样边缘的模糊半径。
□ 阴影偏移: 设置发射光线的对象到产生阴影的点之间的最小距离。
□ 抖动量: 设置光线位置的随机参数。

6. "区域阴影" 卷展栏

当在 - 常规参数 卷展栏中选择 区域阴影 ▾ 类型后，将出现 - 区域阴影 卷展栏，如图 9-35 所示。该卷展栏用于设置区域阴影的参数。

□ 长方形灯光 ▾ 在该下拉列表框中可选择区域阴影的产生方式。3ds Max 9 提供了 简单 、 长方形灯光 、 圆形灯光 、 长方体形灯光 和 球形灯光 5 个选项。 简单 即以简单光线投射到表面； 长方形灯光 即以矩形的方式将光线投射到表面； 圆形灯光 即以圆角的方式将光线投射到表面； 长方体形灯光 即以立方体的方式将光线投射到表面； 球形灯光 即以球体的方式将光线投射到表面。

□ □ 双面阴影 勾选该选项，在计算阴影时同时考虑背面阴影，此时物体内部未被灯光照亮，会耗费更多的渲染时间。

280

- ❑ 阴影完整性: 设置从光源点投射到表面的光线数量。
- ❑ 阴影质量: 设置从光源点投射到半阴影区域内的光线数量。
- ❑ 采样扩散: 设置反走样边缘的模糊半径。
- ❑ 阴影偏移: 设置发射光线的对象到产生阴影的点之间的最小距离。
- ❑ 抖动量: 设置光线位置的随机参数。
- ❑ 区域灯光尺寸选项组 用于设置计算区域阴影的虚拟光源尺寸，不影响实际光源的大小。

图 9-35

7."强度/颜色/衰减"卷展栏

强度/颜色/衰减 卷展栏用于设置灯光的颜色、强度以及衰减，即近距衰减和远距衰减，如图 9-36 所示。

- ❑ 倍增: 用来设置灯光的照射强度，一般默认为 1，当大于 1 时，亮度增加，小于 1 时亮度减小，为负值时发出暗光，使场景变暗，如图 9-37 所示。

图 9-36

"倍增"值小于 1 的渲染效果

"倍增"值等于 2 的渲染效果

图 9-37

- ❑ **颜色样本框** 在该设置灯光的颜色，单击颜色按钮，弹出"颜色选择器"对话框，如图 9-38 所示，把颜色设置成红色并渲染透视图，其结果如图 9-39 所示。

- ❑ 无 在该下拉列表框中可选择灯光的衰退类型，共有 3 种类型：无、倒数和平方反比。开始:40.0mm 数值框用来设置衰减的起始位置，显示复选框用来控制灯光衰减在场景中的显示与否。

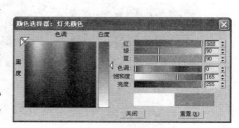

图 9-38

- ❑ 近距衰减选项组 设置灯光近端的衰减情况，在开始:2.43mm 数值框中输入开始衰减的位置，在结束:78.4mm 数值框中输入结束衰减的位置；使用复选框用来控制衰减的开和关；显示复选框用来控制是否显示在灯光中。

□ 远距衰减选项组　设置灯光远距离的衰减情况，在
开始: 134.4mm 数值框中输入开始衰减的位置，在
结束: 200.0mm 数值框中输入结束衰减的位置；□ 使用
复选框用来控制衰减的开和关；□ 显示复选框用来
控制是否显示在灯光中。聚光灯的衰减参数设置
如图 9-40 所示，渲染其透视图，渲染效果如图 9-41
所示。

图 9-39

8．"聚光灯参数"卷展栏

当使用 目标聚光灯 类型创建的灯光时，会在面板中出现- 聚光灯参数 卷展
栏，如图 9-42 所示。

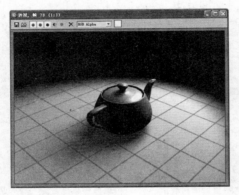

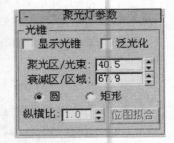

图 9-40　　　　　　　　图 9-41　　　　　　　　图 9-42

□ □ 显示光锥　显示光线照明范围的形状。
□ □ 泛光化　可将聚光灯作为泛光灯来用。它向四周投射光线，仍将投影和阴影限制
在散光区范围以内，如图 9-43 所示。

没有勾选"泛光化"选项的效果　　　　　　　勾选"泛光化"选项的效果

图 9-43

□ 聚光区/光束:/衰减区/区域:　用于设置聚光区与衰减区的光束范围，即调整灯光圆锥

体的角度。聚光区值以度为单位进行测量，默认设置为 43.0；衰减区值以度为单位进行测量，默认设置为 45.0。当两参数分别为 25、27 很接近时，聚光灯的光照效果如图 9-44 所示；当聚光区参数为 20，衰减区参数为 40，两者之间存在倍数关系时，效果如图 9-45 所示。

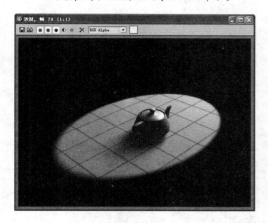 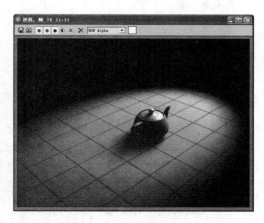

图 9-44   图 9-45

❑ ⦿ 圆 / ○ 矩形　用于设置光束的形状，系统默认选项为 ⦿ 圆 选项，当选择 ○ 矩形 选项时，聚光灯的光束为矩形，可在 纵横比: 栏中设置参数，面板参数如图 9-46 所示，应用效果如图 9-47 所示。

9. "高级效果"卷展栏

在这个卷展栏中设置如何影响对象的表面和灯光如何投射贴图。它有两个选项组： 影响曲面: 和 投影贴图:，如图 9-48 所示。

图 9-46   图 9-47   图 9-48

❑ 对比度:　设置最亮区域和最暗区的对比度，取值范围是 0~100，图 9-49 所示的是值为 0 的效果图，图 9-50 所示的是值为 100 的效果图。

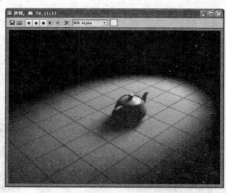
图 9-49

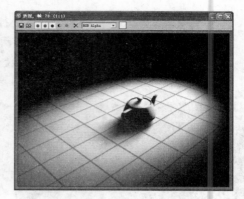
图 9-50

❏ 柔化漫反射边: 该参数用于设置灯光边缘的淡化情况，值越小则越淡化，图 9-51 所示的是值为 0 时的效果图，图 9-52 所示的是值为 100 时的效果图。

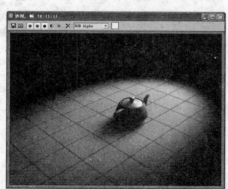
图 9-51

图 9-52

❏ 无 该按钮用于加载贴图，若在投影图像里加了一张贴图，并勾选 ☑ 贴图 选项，如图 9-53 所示，此时渲染透视图，效果如图 9-54 所示。

10. "大气和效果"卷展栏

大气和效果 卷展栏如图 9-55 所示，该卷展栏可添加、删除以及设置大气效果。

图 9-53

图 9-54

图 9-55

灯光与摄像机的应用

❑　添加　单击该按钮，打开"添加大气或效果"对话框，可在该对话框中添加 体积光 和 镜头效果，如图 9-56 所示。

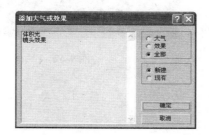

图 9-56

图 9-57

❑　删除　删除列表框中所选定的大气效果。
❑　设置　选择添加的"体积光"或"镜头效果"选项，再单击该按钮，将打开"环境和效果"对话框，在列表框中可以对添加的"体积光"或"镜头效果"进行参数设置，如图 9-57 所示。

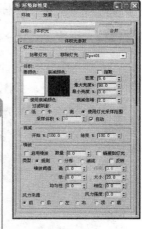

> **提示**
>
> 在 体积光参数 卷展栏中可对当前的"体积光"进行设置，该卷展栏如图 9-58 所示。栏内的 密度:数值设置为"5"和"10"时，观察各自不同的渲染效果。该参数是设置雾的密度，值越大，体积感越强，内部不透明度越高，光线越亮，效果如图 9-59 和图 9-60 所示。
>
> 勾选 启用噪波 选项将打开噪波影响。将 数量 值设置为 1，渲染并观察变化，该参数用来设置噪波强度。并且噪波有 规则 、分形 和 湍流 3 种类型供选择，图 9-61 所示的是值为 0 时无噪波的渲染效果，图 9-62 所示的是值为 1 时，选择 湍流 选项后的噪波渲染效果。

图 9-58

图 9-59

图 9-60

图 9-61　　　　　　　　　　　　　　　　图 9-62

9.1.3　光度学灯光与参数

　　光度学灯光的参数面板与标准灯光基本相同，两者有很多相同的卷展栏，下面以目标聚点光源的参数面板为例对光度学灯光的相关参数进行介绍，首先单击 目标聚光灯 按钮，在前视图中创建一目标点光源，其参数面板如图 9-63 所示。

1. "强度/颜色/分布" 卷展栏

　　 强度/颜色/分布 卷展栏是光度学灯光所共有的参数卷展栏，用于设置灯光强度、颜色和分布类型，如图 9-64 所示。

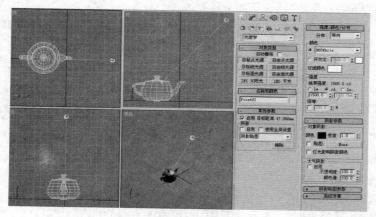

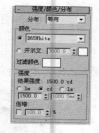

图 9-63　　　　　　　　　　　　　　　　图 9-64

❑　 等向 　"分布" 下拉列表框用于选择灯光的分布类型，该下拉列表框中提供了 3 种分布类型： Web 、 等向 和 聚光灯 ， 等向 为系统默认的分布类型。 等向 分布即以均等的方式在各个方向上分布灯光； 聚光灯 分布即像闪光灯一样投射集中的光束，如在剧院中或桅灯投射下的聚光，以使灯光光束角度、强度衰减到 50%，以使其区域角度、强度衰减到零； Web 分布是使用光域网分布灯光，即在 "Web

参数"卷展栏中加载光域网文件即可。

- ☐ 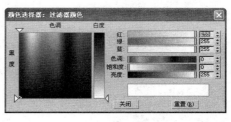 挑选公用灯光，以近似灯光的光谱特征，更新"开尔文"参数旁边的色样，以反映用户选择的灯光。

- ☐ 开尔文： 通过调整色温微调器来设置灯光的颜色，色温以开尔文度数显示。相应的颜色在温度微调器旁边的色样中可见。

- ☐ 过滤颜色： 使用颜色过滤器模拟置于光源上的过滤色的效果。例如，红色过滤器置于白色光源上就会投射红色灯光。单击后面的颜色按钮将打开"颜色选择器"对话框，用于设置灯光的颜色，如图9-65所示。默认设置为白色 (RGB=255,255,255;HSV=0,0,255)。

图 9-65

- ☐ 强度 该选项组用于设置灯光的强度。 lm 测量整个灯光的输出功率，100 瓦的通用灯泡约有 1750 lm 的光通量； cd 测量灯光的最大强度是沿着目标方向进行测量的，100 瓦的通用灯泡约有 139 cd 的光通量； lx：测量由灯光引起的照度，该灯光以一定距离照射在曲面上，并面向光源的方向；勒克斯是国际场景单位，等于 1 流明/平方米。

光度学灯光是一种使用"光能量"数值的灯光，它可以精确地模拟真实世界中灯光的属性，系统默认灯光强度单位为 cd 选项。

2. "线光源参数"卷展栏

若单击灯光类型中的 目标线光源 或 自由点光源 创建灯光，此时面板中有专门的线光源卷展栏控制面板，如图9-66所示。

- ☐ 长度： 该参数框用于设置线光源的长度，系统默认值为1000。

图 9-66

3. "区域光源参数"卷展栏

若单击灯光类型中的 目标面光源 或 自由面光源 创建灯光，此时面板中有专门的区域光源卷展栏控制面板，如图9-67所示。

- ☐ 长度： 用于设置光源的区域的长度。
- ☐ 宽度： 用于设置光源的区域的宽度。

图 9-67

9.2 布光的基础知识

室内装饰空间中灯光的配置，通常采用全局照明与局部照明相结合的方式，如客厅，当家人在谈话或者看电视时，全局照明是必不可少的，而在沙发拐角处的台灯可为阅读等活动进行重点光照，这种照明称为局部照明。因此在布置灯光前应该明确使用它的目的，然后再以此为根据，确定照明的亮度、光源的种类、大小、颜色、位置与方向等。

9.2.1 布置主灯

下面以图 9-68 所示的室内场景灯光效果为例，讲解主灯的布置方法。

操作步骤

01 打开配套光盘中的"源文件与素材\第 9 章\客厅.max"文件，如图 9-69 所示，该场景是一个没有布光的场景。

图 9-68

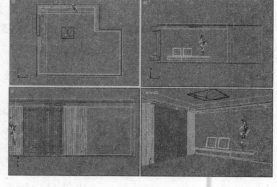

图 9-69

02 单击 （灯光）创建命令面板中的 泛光灯 按钮，在顶灯模型的正下方的位置创建泛光灯 Omni01，用于照亮整个场景，启用阴影，选择 高级光线跟踪 为当前阴影类型，设置倍增:参数为 0.3，颜色为白色，如图 9-70 所示。

03 激活相机视图，并按 F9 键进行渲染，效果如图 9-71 所示。

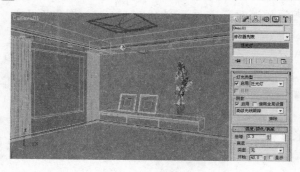

图 9-70

图 9-71

04 通过渲染可看到泛光的照度不够，下面将泛光灯 Omni01 在前视图中沿 Y 轴向下进行移动复制，并在弹出的"克隆选项"对话框中选择 复制选项，在修改命令面板中取消勾选复制的泛光灯的阴影栏中的 启用选项，如图 9-72 所示。

05 激活相机视图，并按 F9 键进行渲染，此时整个客厅场景被照亮了，效果如图 9-73 所示。

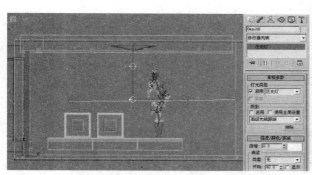

图 9-72   图 9-73

06 通过渲染可看到整个场景没有亮点,下面将泛光灯 Omni02 在前视图中沿 Y 轴向上
    进行移动复制,并在弹出的"克隆选项"对话框中选择 ● 复制 选项,位置如图 9-74
    所示,并在修改命令面板中将灯光颜色修改为淡黄色,参数如图 9-75 所示。

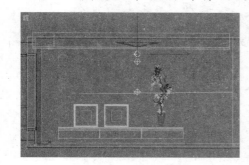
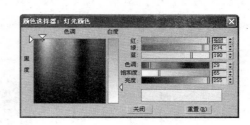

图 9-74   图 9-75

07 再单击 排除... 按钮,在弹出的"排除/包含"对话框中选择 平顶 、[顶灯] 选项,再单
    击 » 按钮,将其放置在右侧框中,并选择 ● 包含 和 ● 二者兼有 选项,如图 9-55 所示。
    设置当前灯只对平顶与顶灯进行照明,如图 9-76 所示。

08 激活相机视图,并按 F9 键进行渲染,此时整个客厅顶灯有了发光效果,这样室内的
    基本照明效果就做好了,效果如图 9-77 所示。

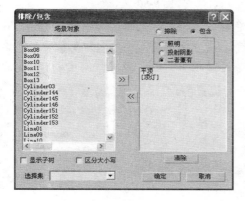

图 9-76   图 9-77

9.2.2 布置局部灯光

下面用以上制作好的基本照明场景，完成如图 9-78 所示的局部灯光的制作。

操作步骤

01 打开配套光盘中的"源文件与素材\第 9 章\客厅基本灯光.max"文件，如图 9-79 所示。

图 9-78

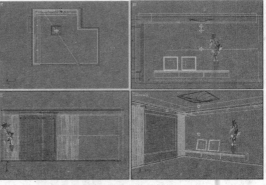

图 9-79

02 首先选择 （灯光）创建命令面板的 标准 下拉列表框中的 光度学 选项，进入 光度学 灯光创建命令面板。单击 目标点光源 按钮，在前视图中筒灯模型正下方创建目标线光源，制作筒灯光照效果。并选择 阴影贴图 选项，设置 - 强度/颜色/分布 卷展栏中的 分布: 类型为 Web ，如图 9-80 所示。

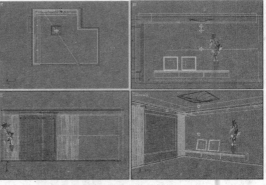

图 9-80

03 确认创建的目标聚光灯为选择状态，在修改面板中单击 过滤颜色 后面的颜色按钮，设置灯光颜色为中黄色 红:255、绿:201、蓝:107，如图 9-81 所示，然后进入 + Web 参数 参数卷展栏，单击 <无> 按钮，在弹出的"打开光域网"对话框中打开"源文件与素材\第 9 章\1.ies"光域网文件，并设置 强度 参数为 1000，如图 9-82 所示。

04 单击工具栏中的 工具按钮，选择创建的目标聚光灯，按住 Shift 键，将灯光在顶视图中按筒灯的分布个数进行关联复制，复制后的位置如图 9-83 所示，这样便完成了局部灯光的布置。

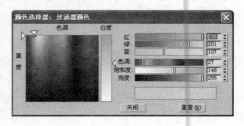

图 9-81

图 9-82

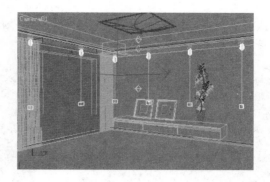
图 9-83

9.3 案例详解——制作室内反光灯带

下面完成客厅场景反光灯带的制作，效果如图 9-84 所示。

操作步骤

01 打开配套光盘中的"源文件与素材\第 9 章\客厅局部灯光.max"文件，如图 9-85 所示。

02 首先单击 ↘ 创建命令面板 光度学 ▼ 灯光类型中的 目标线光源 按钮，在前视图的吊顶上方创建目标线光源，调整灯光的颜色为白色，设置 强度 的参数为 300，设置 长度: 参数为 1500，如图 9-86 所示。

图 9-84

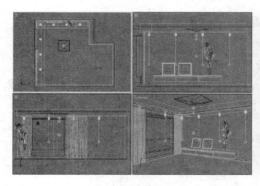
图 9-85

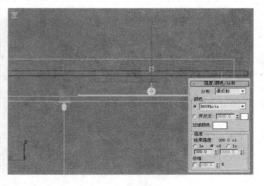
图 9-86

03 在顶视图中选中创建的线光源，将其沿 X 轴向左进行关联复制 3 个，在复制过程中应首尾相连，位置如图 9-87 所示。

04 在顶视图中选中创建的线光源，将其进行移动关联复制 1 个，再单击 ↻ 工具，将复

制的线光源沿 Z 轴旋转 90°，用于制作拐角吊顶的反光灯带，并将其首尾相连进行移动关联复制 4 个，结果如图 9-88 所示。

图 9-87

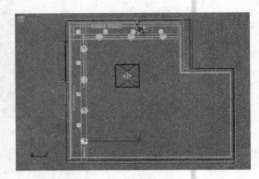

图 9-88

提示

在制作反光灯带时一定要注意首尾相连，这样制作出的灯带才具有连贯性，如图 9-89 所示。

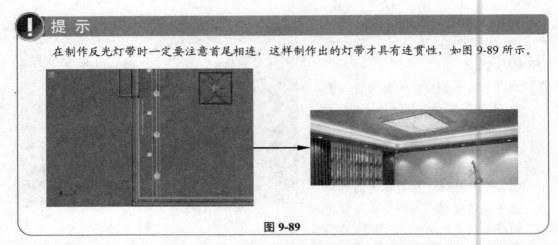

图 9-89

05 通过以上操作，装饰吊顶的反光灯带就做好，位置如图 9-90 所示，最后进行渲染即可。

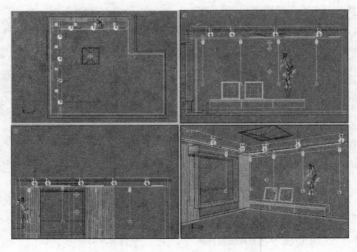

图 9-90

9.4 案例详解——制作通过窗子的光线

下面将制作如图 9-91 所示的阳光效果。

操作步骤

01 打开配套光盘中的"源文件与素材\第 9 章\客厅阳光.max"文件,如图 9-92 所示。

02 单击 创建命令面板中的 标准 下拉列表 类型的 目标平行光 按钮,在顶视图中创建目标平行光 Direct01,再利用工具栏中的 ✛ 工具,调整灯光的位置与角度,如图 9-93 所示。

图 9-91

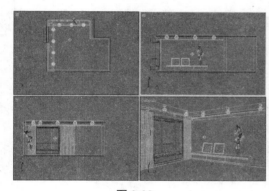

图 9-92

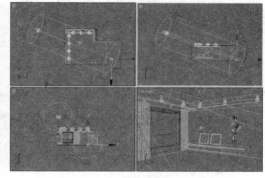

图 9-93

03 进入 命令面板,设置 ☑ 启用 阴影类型为 阴影贴图 选项,单击 排除... 按钮,在弹出的对话框中选择 玻璃 选项,单击 » 按钮,如图 9-94 所示,进行照明排除。在参数面板中设置 倍增:参数为 2.5,同时进入 平行光参数 卷展栏设置聚光区与衰减区参数,设置如图 9-95 所示。

图 9-94

图 9-95

04 激活相机视图，按 F9 键进行渲染，渲染效果如图 9-96 所示。

05 通过以上渲染，可以看到阳光角度与亮度都不错，只是没有阳光的光路效果，下面将通过给灯光添加大气效果来表现光路。确认目标平行光处于选择状态，进入 ▬▬▬ 大气和效果 ▬▬▬ 卷展栏，单击 添加 按钮，在弹出的"添加大气或效果"对话框中选择 体积光 选项，如图 9-97 所示，单击 确定 按钮，将"体积光"添加到 大气和效果 卷展栏中，如图 9-98 所示。

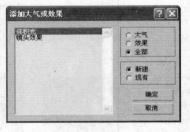

图 9-96 　　　　　　　　　　　图 9-97 　　　　　　　　图 9-98

06 在 ▬▬▬ 大气和效果 ▬▬▬ 卷展栏中选择刚添加的 体积光 选项，单击 设置 按钮，在弹出的"环境和效果"对话框中设置参数，如图 9-99 所示，最后对相机视图进行渲染，效果如图 9-100 所示。这样日光效果就做好了。

图 9-99 　　　　　　　　　　　　　图 9-100

9.5　案例详解——制作灯光阴影

下面将制作如图 9-101 所示的灯光阴影，以表现玻璃材质的透明质感。

操作步骤

01 打开配套光盘中的"源文件与素材\第 9 章\阴影.max"文件,如图 9-102 所示。

02 以上场景中只创建了两盏泛光灯用于辅助照明。下面创建一盏主光灯源,单击 ✨ 创建命令面板中的 [标准 ▼] 类型的 [目标聚光灯] 按钮,在顶视图中创建目标聚光灯,再利用工具栏中的 ✛ 工具,在前视图中调整灯光的位置与角度,如图 9-103 所示。

图 9-101

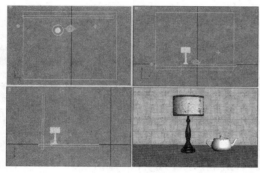

图 9-102

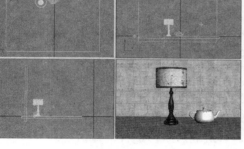

图 9-103

03 激活相机视图,按 F9 键进行渲染,效果如图 9-104 所示,可以看到场景对象没有阴影,这是因为没有开启阴影的原因,其参数面板如图 9-105 所示。

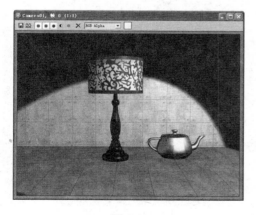

图 9-104

图 9-105

04 确认创建的聚光灯处于选择状态,单击 ✐ 按钮进入命令面板,勾选 [阴影] 选项组中的 [☑ 启用] 选项,启用系统默认的 [阴影贴图 ▼] 阴影类型,并进入 [聚光灯参数] 卷展栏,设置 [衰减区/区域] 参数为 80,设置 [阴影参数] 卷展栏中的 [密度] 为 0.5,如图 9-106 所示。并按 F9 键,对相机视图进行渲染,效果如图 9-107 所示。

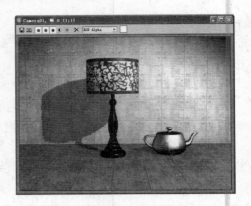

图 9-106   图 9-107

> **(!) 提 示**
>
> **阴影参数** 卷展栏中的 **颜色:** 参数用于调整阴影的颜色，**密度** 参数用于控制阴影的密度。系统默认的参数为 1.0，参数越小阴影密度就越大，阴影的颜色越淡。

05 通过以上渲染，可以看到灯罩阴影没有透空效果，这是因为阴影类型不正确。确认聚光灯处于选择状态，在 **常规参数** 卷展栏中选择 **阴影贴图** 下拉列表框中的 **光线跟踪阴影** 选项，如图 9-108 所示，此时再对相机视图进行渲染，效果如图 9-109 所示。

图 9-108   图 9-109

9.6 摄像机的类型

3ds Max 9 提供了如下两种摄像机。

● 9.6.1 目标摄像机

目标摄像机由两部分组成，摄像机和摄像机目标点，而摄像机表示观察点。创建目标摄像机的步骤如下。

01 打开配套光盘中的"源文件与素材\第9章\摄像机.max"文件，如图9-110所示。

02 单击视图控制区的 🔍 工具按钮，将顶视图缩小，留出创建摄像机的位置，然后在创建命令面板中单击"摄像机"按钮 🎥，进入摄像机创建面板，单击 目标 按钮，在顶视图中拖出一个目标摄像机，并单击视图控制区的 🔲 工具按钮，结果如图9-111所示。

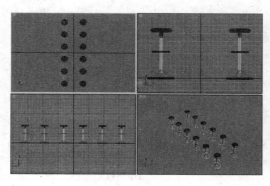
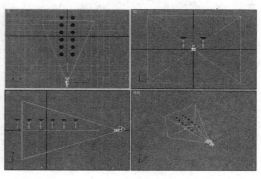

图 9-110   图 9-111

03 激活透视图，按C键，将透视图转换成相机视图，如图9-112所示。

04 单击工具栏中的 ✥ 工具，在各个视图中对摄像机进行调整，直到满意为止，如图9-113所示。

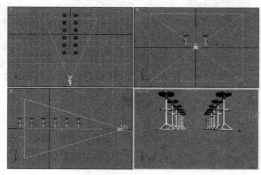

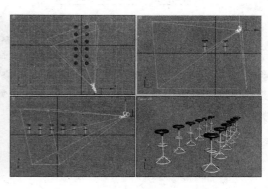

图 9-112   图 9-113

9.6.2 自由摄像机

自由摄像机就是说该摄像机能够被拉伸、倾斜以及自由移动，与目标摄像机最明显的区别是没有摄像机目标点。

3ds Max中包含法线对齐功能，该特性能使摄像机同一个对象的法线对齐，这是唯一真正快速地使一个自由摄像机对齐对象的方法。可使用"移动"或"旋转"变换把摄像机对准对象，更为方便的是使用相机视图控制按钮对摄像机进行变换操作。

创建自由摄像机的步骤如下。

01 新建一个场景，在场景中创建一个茶壶，如图 9-114 所示。

02 单击创建命令面板中的 按钮，打开摄像机创建面板，单击 自由 按钮。

03 在顶视图中单击即创建好一个自由摄像机，并单击工具栏中的 工具，在前视图中调整摄像机的位置，如图 9-115 所示。

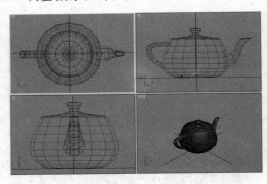

图 9-114

图 9-115

04 激活透视图，按 C 键，把透视图转换成相机视图，如图 9-116 所示。

9.7 摄像机的参数设置

在场景中创建摄像机后，必须通过对摄像机的相关参数进行适当的调整才能达到满意的效果。选中摄像机并单击 按钮进入修改命令面板，摄像机的修改卷展栏如图 9-117所示。

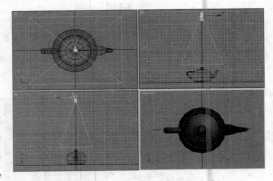

图 9-116

（a）"参数"卷展栏

（b）参数设置面板

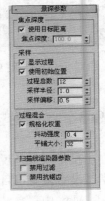

（c）"景深参数"卷展栏

图 9-117

1. "参数"卷展栏

"参数"卷展栏中有 4 个选项组,分别为 备用镜头 、 环境范围 、 剪切平面 和 多过程效果 。

❑ 镜头: /视野: 即镜头长度参数,用来设置摄像机的焦距,系统默认为 43.456 mm。近焦可造成鱼眼镜头的夸张效果,长焦用来观测较远的景色,保证物体不变形。焦距和景深是相关的,改变了焦距自然会改变摄像机的景深。用于控制摄像机的拍摄范围,系统默认为 40°,用户可以利用 ↔ 、 ↕ 、 ↗ 3 个按钮分别用水平、垂直、对角 3 种方式来调整摄像机的视角。

❑ □ 正交投影 勾选该选项时,将去掉摄像机的透视效果,图 9-118 所示的是透视投影,图 9-119 所示的是正交投影。如果使用正交摄像机,则不能使用"大气渲染"选项。

图 9-118

图 9-119

❑ 备用镜头 该选项组中包括 9 种不同焦距的镜头的预设置,不同镜头的效果不同。图 9-120 所示的是镜头为 20mm 的效果,图 9-121 所示的是镜头为 85mm 的效果。

图 9-120

图 9-121

❑ □ 显示圆锥体 设置是否显示摄像范围。
❑ □ 显示地平线 设置是否显示视平线。
❑ 环境范围 该选项组用来控制大气效果,其中"近距范围"是指决定场景从哪个范围开始有大气效果,"远距范围"是指大气作用的最大范围,"显示"复选框用于在视图中是否可以看到环境的设置。
❑ 剪切平面 该选项组用于设置渲染对象的范围,近距剪切和远距剪切是根据到摄像机的距离决定远近裁减平面的,"手动剪切"复选框决定是否可以在视图中看到剪切平面，图 9-122 所示的是没有勾选该选项的效果，图 9-123 所示是勾选复选项的效果（此时"近距剪切"值为 350，"远距剪切"值为 1000）。

图 9-122   图 9-123

❏ 多过程效果　该选项组可以多次对同一帧进行渲染，勾选"启用"选项，使用者可以通过预览或渲染的方式看到添加的效果；勾选"渲染过程效果"选项，表示每次合成效果有变化都会进行渲染。

❏ 目标距离：　用于设置摄像机到目标点的距离。

2. "景深参数"卷展栏

－　　　景深参数　　　卷展栏中有 4 个选项组，分别为 焦点深度 、采样 、过程混合 和 扫描线渲染器参数 ，如图 9-124 所示。

❏ 焦点深度　该选项组用来控制摄像机的聚焦距离，如果勾选"使用目标距离"选项，则是使用摄像机本身的目标距离，不需要手动调节；如果不使用此选项，则可以手动输入距离。当焦距的值设置较小时，有强烈的景深效果；当焦距的值设置较大时，将只模糊场景中的远景部分。

图 9-124

❏ 采样　该选项组中决定图像的最终输出质量。

❏ 过程混合　当渲染多遍摄像机效果时，渲染器将轻微抖动每遍渲染的结果，以混合每遍的渲染。

❏ 扫描线渲染器参数　该选项组中的参数可以使用户取消多遍渲染的过滤和反走样。

归 纳 总 结

通过本章对 3ds Max 中灯光和摄像机的创建与编辑方法的学习，相信大家已经掌握了基本灯光和摄像机的使用和调整方法，可以为场景创建简单的灯光效果。要想为三维场景和动画制作特殊的灯光效果，还需要大量的练习。

互 动 练 习

1. 选择题

（1）采用 3ds Max 9 自带的光能传递渲染场景时，场景中的灯光布置必须是（　　　）。

300

A．按灯光的实际分布位置与数量进行布置

B．按场景的照明效果进行布置

C．可任意布置灯光

D．采用主光与辅助光的方式布置

（2）给光度学灯光添加光域网文件的前提是（　　）。

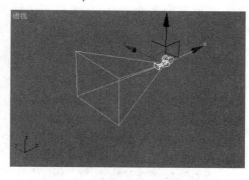

图 9-125

A．灯光分布方式必须是 `Web`

B．灯光分布方式必须是 `等向`

C．灯光分布方式必须是 `聚光灯`

D．灯光分布方式可为任意类型

（3）图 9-125 所示的图标是（　　）。

A．摄像机图标　　　　　　　　　　B．灯光图标

C．目标摄像机图标　　　　　　　　D．自由摄像机图标

（4）下面哪些灯光属于光度学灯光类型？（　　）。

A．`目标点光源` 、 `目标线光源` 、 `目标面光源`

B．`IES 太阳光` 、 `IES 天光`

C．`自由点光源` 、 `自由线光源` 、 `自由面光源`

D．`目标聚光灯` 、 `目标平行光` 、 `天光`

（5）为了提高模型在 Lightscape 中的光能传递速度，在 3ds Max 9 中建模时应删除场景中（　　）。

A．在相机视图中看不到的物体面

B．在相机视图中看不到的局部模型

C．在相机视图中看不到的线

D．所有多余的线，如窗帘模型的放样路径、截面图形等

（6）专用于 mental ray 渲染器渲染场景时使用的灯光是（　　）。

A．`mr 区域泛光灯`　　　　B．`mr 区域聚光灯`　　　C．`IES 太阳光`　　D．`IES 天光`

（7）采用 3ds Max 9 的高级照明——光能传递进行求解时，为了达到更好的光传效果，系统要求场景中的设置必须满足以下哪些条件？（　　）

A．材质类型为"高级照明覆盖"材质

B．灯光类型为"光度学"灯光

C．灯光的分布应按实际光源的位置进行布置

D．灯光类型为"标准"灯光

（8）在 3ds Max 9 中系统提供了以下哪两种高级照明方式？（　　）

A．"光跟踪器"方式　　　　　　　　B．"光能传递"方式

C．mental ray 渲染器　　　　　　　D．Lightscape 渲染器

2．上机题

（1）本练习将创建光度学灯光表现筒灯的照射效果，如图 9-126 所示。主要练习在"Web 文件"通道上添加光域网文件的方法以及灯光颜色与参数的调整技巧。

📷 **操作提示**

01 打开配套光盘中的"源文件与素材\第 9 章\光度学灯光.max"文件，如图 9-127 所示。

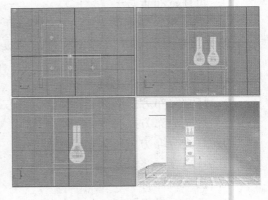

图 9-126　　　　　　　　　　　　　　　　图 9-127

02 在前视图中创建一盏目标点光源，然后在顶视图中调整其位置，如图 9-128 所示，设置参数如图 9-129 所示。

03 进入 Web 卷展栏中，单击 Web 文件:右侧的 None 按钮，在弹出的"打开光域网"对话框中找到并选择配套光盘中的"源文件与素材\第 9 章\光域网.ies"文件，然后单击"打开"按钮，将其指定给"Web 文件"通道，如图 9-130 所示。

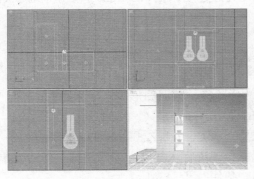

图 9-128　　　　　　　　图 9-129　　　　　　　图 9-130

04 进行渲染，从渲染效果来看，灯光的强度太大了，解决的办法是调整"强度/颜色/衰减"卷展栏中"强度"选项组中的参数，如图 9-131 所示。

05 接下来改变灯光的颜色，然后进行渲染。

06 从上图的渲染效果可以看出灯光已经比较满意了，接下来将目标点光源全部框选，在前视图中将其以"复制"的方式沿 Y 轴向下复制两个，并调整各自的灯光颜色和位置，如图 9-132 所示，然后再渲染透视图。

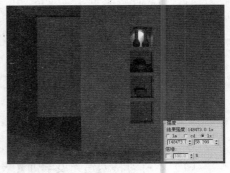

图 9-131

灯光与摄像机的应用

（2）本练习将制作灯光阴影，如图 9-133 所示。主要用于塑造物体的空间感与体积感，无论是玻璃材质物体的阴影还是水纹材质物体的阴影光线跟踪阴影这种类型的灯光阴影都能完美地表现，下面通过实例讲解光线跟踪阴影类型的特点。

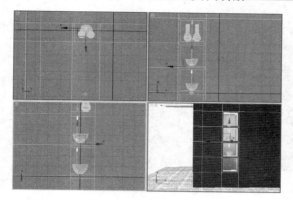

图 9-132

图 9-133

操作提示

01 打开配套光盘中的"源文件与素材\第 9 章\阴影光.max"文件，当前的场景已经布置好灯光。单击工具栏中的 ◎（快速渲染）按钮，渲染相机视图，效果如图 9-134 所示。

02 选中主光源目标聚光灯，为灯光设置阴影类型为光线跟踪阴影类型，如图 9-135 所示。

03 渲染相机视图，此时可看到场景中的物体产生了非常清晰的阴影，玻璃果盘产生了阴影，效果与系统默认的阴影参数如图 9-136 所示。

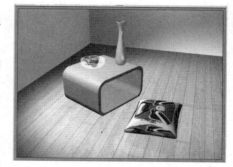

图 9-134

04 设置阴影的颜色为土黄色红:90、绿:55、蓝:0，设置密度参数为 0.5。此时再对相机视图进行渲染，可看到场景中物体的阴影有了颜色变化，阴影也变得更加透明了，效果如图 9-137 所示。

图 9-135

图 9-136

图 9-137

05 不同的阴影类型，其阴影各不相同，区域阴影类型阴影随着灯光衰减范围的变化，阴影逐渐变化，如图 9-138 所示；阴影贴图所产生的阴影边界比较柔和，具有模糊效果，如图 9-139 所示。

图 9-138

图 9-139

第10章 渲染与环境

 学习目标

本章主要讲解渲染与环境，包括多种渲染器的认识、3ds Max 9 的渲染方式、设置渲染参数、3ds Max 9 的渲染器、高级照明、环境设置基本参数、曝光控制、大气效果、大气装置以及效果设置等。

 要点导读

1. 渲染与渲染器
2. 渲染场景
3. 环境设置
4. 效果设置
5. 案例详解——使用光能传递渲染室内效果图
6. 案例详解——山中云雾
7. 案例详解——火焰文字特效

 精彩效果展示

10.1 渲染与渲染器

渲染是生成图像的过程，3ds Max 使用扫描线、光线追踪和光能传递结合的渲染器。随着软件的升级和更新，出现了很多第三方开发的渲染器或渲染软件，如 VRay、MentalRay、FinalRender 和 Brazil 等，这些渲染器为 3ds Max 提供了强大的渲染功能。还有专门的渲染软件——Lightscape。下面简要介绍这些渲染器、渲染软件的特点。

1. Lightscape 渲染软件

Lightscape 渲染是一款使用 Radiosity 光能传递方式产生全局光照的渲染软件，启动画面如图 10-1 所示，该渲染软件能产生逼真的光照效果。

Lightscape 渲染软件不支持建模方面的功能，所以需要在 3ds Max 中做好模型，为带有贴图的对象指定好贴图坐标并为场景布好灯光，然后进行导出，再在 Lightscape 渲染软件中重新对材质和灯光进行参数调整，其工作界面如图 10-2 所示。

图 10-1

由于渲染运算量过大，很占用系统的内存和时间，一般采用该渲染软件进行建筑效果图静帧渲染，而不是较复杂的动态渲染，应用效果如图 10-3 所示。

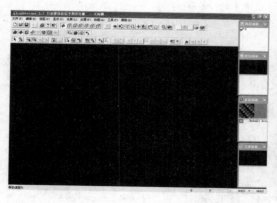

图 10-2

图 10-3

2. MentalRay 渲染器

MentalRay 渲染器在现实中的应用相当广泛，很多电影、游戏都采用该渲染器，如好莱坞著名的电影《星球大战》就采用了该渲染器，其渲染效果如图 10-4 所示。

MentalRay 渲染器渲染速度比较快，主要是针对多帧的动画场景而言，如果用于单帧高质量的建筑效果图渲染，其渲染速度还是略逊色些。

3. FinalRender 渲染器

FinalRender 渲染器是德国的 Cebas 公司于 2001 年中旬发布的，其渲染质量和渲染速度都不错，并被广泛用于商业领域，它不仅可以提供体积光、光能传递等效果，还支持卡通渲染、次表面散射等新技术，如好莱坞著名的电影《蜘蛛侠》中的某些场景就采用了该渲染器进行处理，如图 10-5 所示，目前使用 FinalRender 渲染器的用户也逐渐增多。

图 10-4   图 10-5

4. Brazil 渲染器

Brazil 渲染器是 SplutterFish 公司于 2001 年发布的，它支持光线跟踪、全局光照、焦散等技术，其渲染效果也是非常优秀的，如图 10-6 所示。

Brazil 渲染器惊人的渲染质量是以极慢的渲染速度为代价的，往往渲染一张静帧效果图需要 24 个小时以上，因此该渲染器很少用于影视、游戏等场景的渲染。

5. VRay 渲染器

VRay 渲染器是 Chaosgroup 公司开发的，是一个用于渲染的插件，它不仅支持全局照明，而且还集成了焦散、景深、运动模糊、烘焙贴图等专业功能，其渲染效果如图 10-7 所示。

图 10-6   图 10-7

VRay 渲染器支持 3ds Max 的灯光、材质和阴影，同时也有自带的 VRay 灯光、材质和阴影。该渲染器也被广泛应用于建筑效果图、电影、游戏等方面。VRay 渲染器与 Lightscape 渲染软件在单帧渲染方面都很出色，由于 Lightscape 渲染软件一直没有开发新的技术，所以使用 VRay 渲染器的用户呈几何级倍数增多。

无论使用哪种渲染器进行渲染，其渲染对象时的操作步骤基本如下。

（1）激活要渲染的视图窗口。

（2）在工具栏中的 视图 列表框中选择渲染类型。

（3）单击 按钮或 按钮，进行渲染。

! 提 示

进行渲染时，3ds Max 显示一个进度对话框，如图 10-8 所示，该对话框显示渲染的进度和渲染参数的设置。要停止渲染，可在该对话框中单击 取消 按钮或按 Esc 键。完成渲染后的渲染窗口如图 10-9 所示。

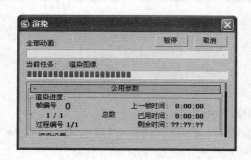

图 10-8

图 10-9

❑ 单击该按钮，可将渲染图片进行保存。

❑ 单击该按钮，可将渲染图片窗口进行复制。

❑ 是渲染通道按钮，默认情况下为 RGB 通道，即 为激活状态。单击 按钮将显示通道效果；单击 按钮将以单色进行显示，即图片显示为黑白灰效果，如图 10-10 所示。

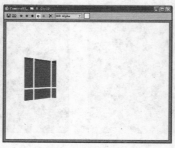

默认 RGB 通道效果

显示通道效果

单色效果

图 10-10

-  单击该按钮，将删除渲染效果，渲染窗口以黑色替换当前图片效果。
- RGB Alpha ▾ 是通道选项列表框，该选项是系统默认的通道选项。

10.2 渲染场景

3ds Max 9 提供了专门用于渲染操作的按钮，分别是工具栏中的 ⬛ 按钮和 ⬤ 按钮，按住 ⬤ 工具按钮不放将显示 ⬛ 按钮。

- ⬛ 渲染场景按钮，单击该按钮可打开"渲染场景"对话框。
- ⬤ 快速渲染按钮，按默认设置快速渲染当前激活视图中的场景。
- ⬛ 动态渲染按钮，单击此按钮将提供一个渲染预览，当对场景中物体的材质和灯光时进行改变后，它将自动再进行渲染，将改变反映到渲染窗口中。

10.2.1 3ds Max 9 的渲染方式

渲染方式位于工具栏中的 视图 ▾ 列表框中，单击该列表框，将显示所有渲染方式选项：视图、选定对象、区域、裁剪、放大、选定对象边界框、选定对象区域 和 裁剪选定对象，如图 10-11 所示，"视图"渲染方式为系统默认选项。

图 10-11

- 视图 该渲染方式为系统默认的渲染方式，用于渲染视图窗口中显示的所有对象。如图 10-12 所示。

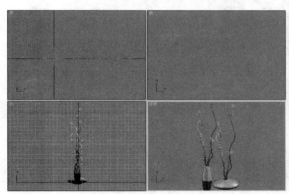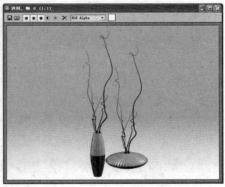

图 10-12

- 选定对象 选择该渲染方式、仅对视图窗口中选择的对象进行渲染，如图 10-13 所示。

> **提 示**
>
> 以上黑色背景的渲染图片是在单击 ✕ 按钮后进行渲染的效果。

- 区域 选择该渲染方式、仅对视图窗口中选择的区域进行渲染，如图 10-14 所示。（单击 ⬤ 按钮时，会在激活视图窗口中显示一个窗口，视口的右下角显示一个 确定

按钮。拖动窗口的控制柄可调整区域大小，要保持窗口的纵横比，可以在拖动
控制柄的同时按住 Ctrl 键）

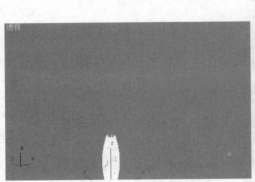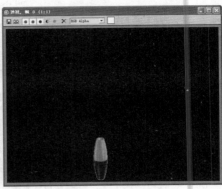

图 10-13

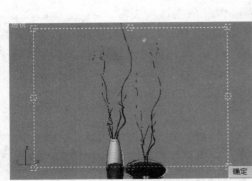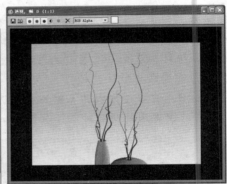

图 10-14

❑ **裁剪** 选择该渲染方式、可以使用显示的"区域和放大"类别的同一个区域框，
指定输出图像的大小，如图 10-15 所示。

图 10-15

❑ **放大** 选择该渲染方式、可渲染激活视图窗口内的区域并将其放大以填充输出
显示，如图 10-16 所示。

图 10-16

❑ **选定对象边界框** 选择该渲染方式、将计算当前选择的选择对象边界框的纵横比，
图 10-17 所示的是选择花瓶后的渲染效果。选择对象，再单击 按钮时，会弹
出"渲染边界框/选定对象"对话框，通过该对话框可以指定渲染的宽度和高度，
并且提供保持纵横比的选项，如图 10-18 所示。

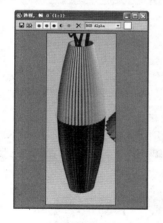

图 10-17   图 10-18

❑ **选定对象区域** 选择该渲染方式，当在视图窗口中选择一个或多个对象时，渲染
在选择边界框内的对象，但不能更改边界框外的渲染。图 10-19 所示的是选择花
瓶后的渲染效果。当没有选定任何对象时，"选定区域"将渲染整个帧。

❑ **裁剪选定对象** 选择该渲染方式，当在视图窗口中选择一个或多个对象时，将渲
染选择边界框内的对象，再由边界框定义的区域周围裁剪渲染。图 10-20 所示的
是选择花瓶后的渲染效果。当没有选定任何对象时，"选定区域"将渲染整个帧
"裁剪选定对象"将渲染整个帧。

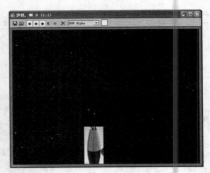

图 10-19

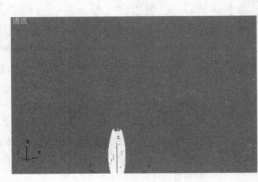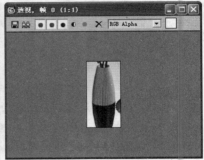

图 10-20

10.2.2 渲染参数

单击工具栏中的 按钮，可打开"渲染场景"对话框，如图 10-21 所示。该对话框中的 ▨公用▨ 面板用于设置渲染参数，它包含适用于任何渲染的控件（不必考虑所选择的渲染器）及用于选择渲染器的控件，分别由 公用参数 、 电子邮件通知 、 脚本 和 指定渲染器 卷展栏组成。

图 10-21

1. "公用参数"卷展栏

这是渲染器共有的面板,用来控制渲染的基本参数,如渲染的是静态还是动态图像。该卷展栏如图 10-22 所示。

（1）"时间输出"选项组

该选项组能定义渲染动画的输出帧。

❑ ⦿ 单帧　渲染当前的帧。

❑ ○ 活动时间段：　通过时间滑块指定渲染帧的范围。

❑ ○ 范围：　通过指定开始帧和结束帧,设置帧的渲染范围。

❑ ○ 帧：　设置渲染部分不连续的帧,帧与帧之间用逗号或短横隔开。

❑ 每 N 帧：　当选择"活动时间段"选项时,该参数可用于设置其渲染范围内每帧之间的间隔渲染帧数。

❑ 文件起始编号：　从当前的帧数增加或减去数字作为每个图像文件的结尾参考数字。

（2）"输出大小"选项组

图 10-22

该选项组定义渲染图像或动画的分辨率。可以在下拉列表中选取预先设置的分辨率,也可以自定义图像的分辨率,这些设置将影响渲染图像的纵横比。

❑ 光圈宽度(毫米)：　是定义摄像机镜头和视图区域之间关系的一项设置,在弹出的"光圈宽度"列表中列出的分辨率在不改变视图的同时修改镜头值。

❑ 宽度：/高度：　设置渲染图像的尺寸。

❑ **预设的分辨率按钮**　系统提供了4个分辨率按钮 320x240 、 720x486 、 640x480 和 800x600 ,单击其中任何一个按钮都将把渲染图像的尺寸改成按钮指定的大小。在按钮上右击,在出现的"配置预设"对话框中可以设置渲染图像的尺寸。

❑ 图像纵横比：　设置渲染图像的长宽比。

❑ 像素纵横比：　设置图像自身的像素长宽比。

（3）"选项"选项组

此选项组包含9个选项,用来激活或关闭不同的渲染选项。

❑ ☑ 大气　勾选该选项,在场景渲染时会对"环境和效果"对话框中建立的大气效果进行渲染。

❑ ☐ 渲染隐藏几何体　勾选此选项,将渲染场景中的所有物体,包括隐藏物体。

❑ ☑ 效果果　勾选该选项,渲染已创建的全部渲染效果。

❑ ☐ 区域光源/阴影视作点光源　勾选该选项,将所有区域光或影都当作发光点来渲染,但是进行了光能传递的场景将不会被影响。

❑ ☑ 置换　勾选该选项,渲染场景时会对应用"置换"贴图并引起偏移的表面进行渲染。

❑ ☐ 强制双面　勾选该选项,可使每个面的双面被渲染。

❑ ☐ 视频颜色检查　勾选该选项,可以检查不可靠的颜色,使这些不可靠的颜色在显示时不失真。

- ☐ ☐ 超级黑 勾选该选项，背景图像都将被渲染成纯黑色。
- ☐ ☐ 渲染为场 勾选该选项，视频动画包括使用每根奇数扫描线场和使用每根偶数扫描线场。

（4）"高级照明" 选项组

此选项组用来设置渲染时使用的高级光照属性。

- ☐ ☑ 使用高级照明 勾选该选项，渲染时将使用光影追踪器或光能传递。
- ☐ ☐ 需要时计算高级照明 用于设置是否需要重复进行高级照明的光线分布计算。

（5）"渲染输出" 选项组

此选项组可以设置渲染输出文件的位置。

- ☐ 文件... 单击该按钮，可指定渲染图像或动画的保存文件类型及位置。指定好后，面板中的 ☑ 保存文件 处于勾选状态。
- ☐ 设备... 单击该按钮可选择已连接的视频输出设备，直接进行输出。
- ☐ ☑ 渲染帧窗口 勾选该选项，在渲染帧窗口中才显示渲染的图像。
- ☐ ☐ 网络渲染 勾选该选项，可以利用网络中的多台计算机同时进行渲染。
- ☐ ☐ 跳过现有图像 勾选该选项，将使 3ds Max 忽略保存在文件夹中已经存在的帧，不对其渲染。

2. "电子邮件通知" 卷展栏

电子邮件通知 卷展栏是用来在网络渲染时发送邮件通知的，如图 10-23 所示。

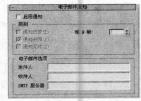

- ☐ ☐ 启用通知 勾选该选项，则渲染器在事件发生时发送邮件通知，其 "类别" 选项组中的各选项可用。

图 10-23

（1）"类别" 选项组

- ☐ ☐ 通知进度(P) 勾选该选项，则在渲染进程时发送邮件进行通知。
- ☐ ☑ 通知故障(F) 勾选该选项，则在渲染失败时发送邮件进行通知。

图 10-24

- ☐ ☐ 通知完成(C) 勾选该选项，则在渲染结束时发送邮件。

（2）"电子邮件选项" 选项组

- ☐ 发件人: 设置启动渲染工作用户即收件人的邮件地址。
- ☐ 收件人: 设置需要了解渲染状态的用户即收件人的邮件地址。
- ☐ SMTP 服务器: 设置邮件服务器的 IP 地址。

图 10-25

3. "指定渲染器" 卷展栏

指定渲染器 卷展栏显示了 产品级: 、材质编辑器: 和 ActiveShade: 以及当前使用的渲染器，在默认情况下为"默认扫描线"渲染器，如图 10-24，单击**产品级**：后面的▢按钮，将打开"选择渲染器"对话框，通过该对话框可指定渲染器，如图 10-25 所示。

● 10.2.3　3ds Max 9 的渲染器

由于 3ds Max 是一个混合的渲染器，因此，可以给指定的对象应用光线追踪方法，而给另外的对象应用扫描线方法，这样可以在保证渲染效果的情况下，得到较快的渲染速度。

"渲染场景"对话框的 渲染器 选项面板包含用于当前激活渲染器的主要控件。其他面板是否可用，取决于哪个渲染器处于当前激活状态。

1．默认扫描线渲染器

当 指定渲染器 卷展栏中的**产品级**：为系统默认的扫描线渲染器时，其对应的 渲染器 选项面板如图 10-26 所示。

图 10-26

> **ⓘ 提 示**
>
> 采用扫描线渲染器渲染场景时，对灯光的类型、布置光源的位置和材质的类型没有严格的要求，但场景常常需要设置辅助灯光才能渲染出很好的效果，图 10-27 所示的是采用扫描线渲染器渲染制作的建筑外观效果图。

图 10-27

2. VUE 文件渲染器

当  卷展栏中的**产品级**：为 VUE 文件渲染器时，其对应的 渲染器 选项面板如图 10-28 所示。

图 10-28

3. mental ray 渲染器

当 指定渲染器 卷展栏中的**产品级**：为 mental ray 渲染器时，其对应的 渲染器 选项面板如图 10-29 所示。

图 10-29

> **提示**
>
> 当使用 mental ray 渲染器对场景进行渲染时，标准灯光和光度学灯光都可以使用。

10.2.4 高级照明

当系统默认的扫描线渲染器处于活动状态时，在"渲染场景"对话框中将显示 高级照明 选项面板，如图 10-30 所示。单击 <无照明插件> 列表框，可展开"高级照明"选项。默认设置为未选择高级照明选项。

图 10-30

- ❏ 光能传递 光能传递是一种渲染技术，它可以真实地模拟灯光在环境中相互作用的方式，其应用效果如图 10-31 所示。
- ❏ 光跟踪器 可为明亮场景（如室外场景）提供柔和边缘的阴影和映色，通常与天光结合使用。与"光能传递"不同,"光跟踪器"并不试图创建物理上精确的模型,而且可以方便地对其进行设置。其应用效果如图 10-32 所示。

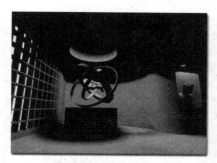

未使用"光能传递"渲染的场景

使用"光能传递"渲染的场景

图 10-31

天光与聚光灯照明的角色

天光照明的室外场景

图 10-32

❑ ☑ 活动 选择高级照明选项时,使用"活动"选项可在渲染场景时确认是否使用高级照明,默认为启用。

10.3 案例详解——使用光能传递渲染室内效果图

下面将采用光能传递渲染方式,制作如图 10-33 所示的室内效果图。

操作步骤

01 打开配套光盘中的"源文件与素材\第 10 章\书房.max"文件,如图 10-34 所示。

02 文件中空间的材质和灯光都已设置好,按 F9 键,在弹出的"渲染场景"对话框中的 高级照明 选项面板中选择 光能传递 选项,设置 初始质量: 参数为 85%,即光能传递运算完成

图 10-33

时将得到能量分配 85% 的精确光能传递结果;设置 优化迭代次数（所有对象）: 参数为 3，这样可整体提高场景中物体光能传递的品质；设置 间接灯光过滤 参数为 3，如图 10-35 所示。

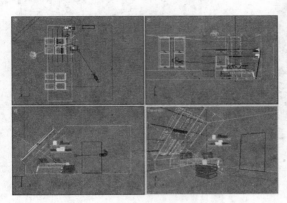

图 10-34   图 10-35

> **提示**
>
> 系统默认的 初始质量: 参数为 85%，也就是当光能传递运算完成时将得到所分配的 85% 的能量；优化迭代次数（所有对象）: 参数用于精细化全部物体，系统默认为 0。一般情况下设置参数为 3 或 4 就可达到很好的光能传递品质。

03 单击对话框中的 设置... 按钮，弹出"环境和效果"对话框，设置背景颜色为白色，再选择 曝光控制 卷展栏中的 对数曝光控制 选项，进入 对数曝光控制参数 卷展栏，设置 物理比例: 参数为 150000，并勾选 ☑ 室外日光 选项，其他参数设置如图 10-36 所示。

> **提示**
>
> 对数曝光控制参数 卷展栏中的各选项含义如下。
>
> （1）亮度: 设置渲染场景的颜色亮度。
>
> （2）对比度: 设置渲染场景的颜色对比度。
>
> （3）中间色调: 设置渲染场景的中间色调值。
>
> （4）物理比例: 设置曝光控制的物理缩放比例。
>
> （5）☐ 颜色修正: 勾选该选项，使用颜色校正功能以颜色样本框中选择的颜色为准对灯光颜色进行调节。
>
> （6）☐ 降低暗区饱和度级别 勾选该选项，降低渲染场景颜色的饱和度。
>
> （7）☐ 仅影响间接照明 在使用标准灯光时，勾选该选项将仅影响间接照明。
>
> （8）☐ 室外日光 勾选该选项，则转换光线颜色使其适合于室外场景。

图 10-36

04 设置好"环境和效果"对话框中的参数后，再进入"渲染场景"对话框中的 高级照明 选项面板，展开 光能传递网格参数 卷展栏，设置 最大网格大小 参数为 200，如图 10-37 所示，再单击 光能传递处理参数 卷展栏中的 开始 按钮，开始进行光能传递运算。

提 示

> 全部重置 和 重置 按钮用于返回光能传递前的状态，停止 按钮用于停止正在进行的光能传递求解操作。

05 当光能传递运算完成后，场景中的物体全部按设置的网格大小进行细分，此时的"渲染场景"对话框与网格效果如图 10-38 所示。

图 10-37   图 10-38

06 按 F9 键，对相机视图进行快速渲染，其效果如图 10-39 所示。

07 通过以上渲染，画面效果整体比较暗，按 F8 键，在打开的"环境和效果"对话框中设置 亮度 参数为 85，对曝光参数进行调整，再单击 渲染预览 按钮，在对话框中预览修改后的效果，结果如图 10-40 所示，发现整个画面比以前明亮了。

图 10-39   图 10-40

08 最后，在"渲染场景"对话框中的 公用 选项面板中设置 公用参数 卷展栏中的 宽度 为 2400，高度 为 1500，并单击 渲染 按钮渲染相机视图，结果如图 10-41 所示。

09 再单击渲染窗口中的 🔳（保存）按钮，在弹出的对话框中将当前渲染效果命名为"书房"，以 TIF 文件格式保存，如图 10-42 所示。

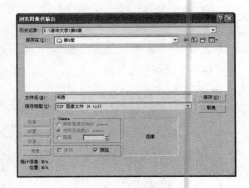

图 10-41   图 10-42

❗ 提 示

当选择 TIF 文件格式保存渲染效果时，系统会弹出如图 10-43 所示的提示对话框，提示用户选择选项进行保存。若要存储通道可选择 ☑ 存储 Alpha 通道 选项再进行保存。

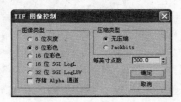

图 10-43

10.4 环境设置

环境设置参数面板用于设置背景颜色、贴图和设置背景颜色动画，还可以在场景中使用大气插件制作火焰、雾、体积雾和体积光等效果。执行"渲染"→"环境"命令或按数字键 9，就会弹出"环境和效果"对话框，如图 10-44 所示，在 环境 选项面板中共有 3 个卷展栏：公用参数 、曝光控制 和 大气 。通过设置 3 个卷展栏的参数可制作不同的环境效果。

10.4.1 环境设置基本参数

公用参数 卷展栏又称为"环境设置基本参数"卷展栏，

图 10-44

通过该卷展栏可设置背景颜色、贴图。还可更改全局照明的颜色和染色，如图 10-45 所示。

❏ **颜色**: 单击下面的颜色按钮可打开"颜色选择器"对话框，如图 10-46 所示，通过设置颜色可改变背景的颜色，在系统默认情况下背景颜色为黑色。在启用"自动关键点"按钮的情况下更改非零帧的背景颜色，可设置颜色效果动画。

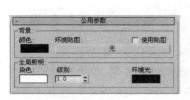 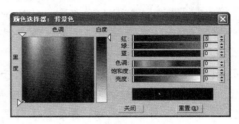

图 10-45   图 10-46

❏ **环境贴图**: 单击环境贴图栏中的 ▭无▭ 按钮，可打开"材质/贴图浏览器"对话框，为环境指定贴图，指定好贴图后会在该按钮上显示贴图的名称，若要对环境贴图进行编辑，将按钮上的贴图拖到"材质编辑器"的材质样本球上再进行参数设置即可。应用效果如图 10-47 所示。

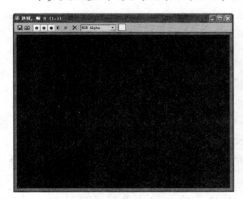 

系统默认参数渲染的效果   添加"环境"贴图的效果

图 10-47

❏ **☐ 使用贴图** 勾选该选项，将使用贴图作为背景而不是背景颜色，在渲染后将看到添加的环境贴图。系统默认为未勾选此复选框，但设置了背景贴图后会自动勾选。

❏ **染色**: 单击下面的颜色按钮可打开"颜色选择器"对话框，用于指定一种颜色对所有的灯光进行染色，系统默认颜色为白色。

❏ **级别**: 通过设置"级别"参数值可增加场景的总体照明。如果级别为 1.0，则保留各个灯光的原始设置。增大级别将增强总体场景的照明，减小级别将减弱总体照明。

❏ **环境光**: 单击下面的颜色按钮可打开"颜色选择器"对话框，用于设置环境光的颜色，系统默认为黑色。如果使用的是光能传递，则不需要调整环境光。环境光的强度会影响对比度和总体照明（环境光的强度越高，对比度越低），这是因为环境光是完全漫反射，所以，所有面的入射角相等。单独使用环境光无法显示深度。

10.4.2 曝光控制

曝光控制 卷展栏用于调整渲染的输出级别和颜色范围的插件组件，就像调整胶片曝光一样。如果渲染使用光能传递，曝光控制尤其有用。"曝光控制"卷展栏如图 10-48 所示。

❑ **找不到位图代理管理器** 该下拉列表框用于选择曝光控制的类型。

❑ ☑ **活动** 勾选该选项，在渲染中使用该曝光控制；禁用时，不使用该曝光控制。

❑ ☐ **处理背景与环境贴图** 勾选该选项，场景背景贴图和场景环境贴图受曝光控制的影响；禁用时，则不受曝光控制的影响。

❑ **渲染预览** 单击该按钮可以渲染预览缩略图。

3ds Max 9 提供了 4 种曝光控制类型：**对数曝光控制**、**伪彩色曝光控制**、**线性曝光控制** 和 **自动曝光控制**。单击 **找不到位图代理管理器** 下拉列表框即可根据需要选择曝光控制类型，如图 10-49 所示。

图 10-48

图 10-49

❑ **对数曝光控制** 使用亮度、对比度以及日光下的室外场景，将物理值映射为 RGB 值。"对数曝光控制"比较适合动态范围很高的场景。

❑ **伪彩色曝光控制** 实际上是一个照明分析工具，它可以将亮度映射为显示转换的值的亮度的伪彩色。

❑ **线性曝光控制** 从渲染中采样，并且使用场景的平均亮度将物理值映射为 RGB 值。线性曝光控制适合动态范围很低的场景。

❑ **自动曝光控制** 从渲染图像中采样，并且生成一个直方图，以便在渲染的整个动态范围提供良好的颜色分离。自动曝光控制可以增强某些照明效果，否则，这些照明效果会过于暗淡而看不清。

10.4.3 大气

在场景中使用大气插件，通过设置 **大气** 卷展栏中的参数，可制作火焰、雾、体积雾和体积光等效果，"大气"卷展栏如图 10-50 所示。

❑ **效果：** 显示已添加的效果队列。在渲染期间，效果在场景中按线性顺序计算。根据所选的效果，"环境"对话框中将添加适合效果参数的卷展栏。

❑ **名称：** 该列表用于给效果自定义名称。

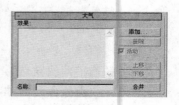
图 10-50

□ <u>添加...</u> 单击该按钮将打开"添加大气效果"对话框，如图 10-51 所示，该
对话框显示了所有当前安装的大气效果。选择效果，然后单击 <u>确定</u> 按钮，可将
效果指定到列表中，如图 10-52 所示。

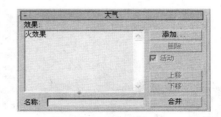

图 10-51 图 10-52

□ <u>删除</u> 单击该按钮，将所选大气效果从列表中删除。
□ ☑ 活动 为列表中的各个效果设置启用/禁用状态。这种方法可以方便地将复杂
的大气功能列表中的各种效果孤立。
□ <u>上移</u> 单击该按钮，将所选项在列表中上移，更改大气效果的应用顺序。
□ <u>下移</u> 单击该按钮，将所选项在列表中下移，更改大气效果的应用顺序。
□ <u>合并</u> 单击该按钮，合并其他 3ds Max 场景文件中的效果。

10.4.4 大气装置

在为场景增加"火效果"和"体积雾"大气特效前，需要创建"大气装置框"，用于
决定大气特效被定位在何处。因为火焰没有具体的形状，所以不能单纯应用建模去模拟
火焰而应用容器来限定火焰的范围。"体积雾"是一种拥有一定作用范围的雾，它和火焰
一样需要一个 Gizmo 作为容器。

要创建大气装置框，单击 面板中的 按钮，进入辅助对象创建面板，选择
<u>标准</u> 下拉列表框中的 大气装置 选项，就可以通过大气创建面板创建大气装置
框，如图 10-53 所示。

大气装置框有 3 种不同的形状态：长方体 Gizmo 、球体 Gizmo 和 圆柱体 Gizmo ，其创建效果如图
10-54 所示。

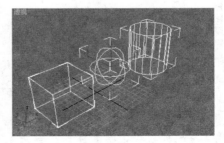

图 10-53 图 10-54

323

10.5　案例详解——山中云雾

下面将制作如图 10-55 所示的山中云雾效果，主要练习大气效果雾的制作方法。

操作步骤

01　打开配套光盘中的"源文件与素材\第 10 章\山脉.max"文件，如图 10-56 所示。

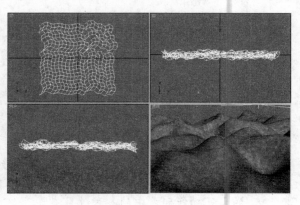

图 10-55　　　　　　　　　　　　　　　　　图 10-56

02　执行"渲染"→"环境"菜单命令，打开"环境和效果"对话框，单击 大气 卷展
　　栏中的 添加 按钮，在弹出的"添加大气效果"对话框中选择 雾 选项，并单击
　　 确定 按钮，将雾添加到列表框中，如图 10-57 所示。

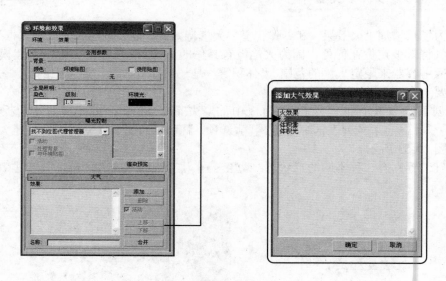

图 10-57

03　此时的 大气 卷展栏面板如图 10-58 所示。

❑ 颜色：单击下面的颜色按钮，可在打开的"颜色选择器"对话框中设置雾的颜色。

- ❑ 环境颜色贴图：从贴图导出雾的颜色。可以为背景和雾颜色添加贴图，可以在"轨迹视图"或"材质编辑器"中设置程序贴图参数的动画，还可以为雾添加不透明度贴图。
- ❑ ☐ 使用贴图 该选项用于切换此贴图效果的启用或禁用。
- ❑ 环境不透明度贴图：更改雾的密度。
- ❑ ☑ 雾化背景 将雾功能应用于场景的背景。
- ❑ ○ 标准 选择该选项，将启用"标准"雾类型。
- ❑ ◉ 分层 选择该选项，将启用"分层"雾类型。

04 在 雾参数 参数卷展栏中选择 ◉ 分层 选项，取消 ☐ 雾化背景 选项，并设置分层选项组中的参数，如图 10-59 所示。

05 单击工具栏中的 🔘 工具，渲染透视图，结果如图 10-60 所示，这样山中云雾效果就做好了。

图 10-58

图 10-59

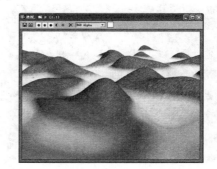

图 10-60

10.6 效果设置

执行"渲染"→"效果"菜单命令，在弹出的"环境和效果"对话框中单击 添加... 按钮，可打开"添加效果"对话框，如图 10-61 所示，通过该对话框可添加各种需要的效果：Hair 和 Fur、镜头效果、模糊、亮度和对比度、色彩平衡、景深、文件输出、

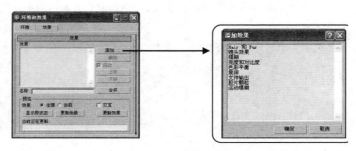

图 10-61

膜片颗粒 和 运动模糊，添加效果后通过设置参数可对渲染的结果进行特殊处理，如发光、柔化、景深等特效处理。

10.6.1 镜头

"镜头效果"是用于创建真实效果（通常与摄像机关联）的系统。这些效果包括光晕、光环、射线、自动二级光斑、手动二级光斑、星形和条纹。应用效果如图 10-62 所示。

具体操作步骤如下。

01 单击 添加... 按钮，选择"镜头效果"选项，把"镜头效果"增加到场景中，其面板如图 10-63 所示。

02 在 镜头效果参数 卷展栏左侧的列表中选择所需的效果。

03 单击 > 按钮将效果移动到右侧的列表中。

04 出现相应的参数卷展栏，根据需要设置参数即可。

图 10-62

图 10-63

提 示

每个效果都有自己的参数卷展栏，但所有效果共用两个全局参数面板，如图 10-64 和图 10-65 所示。

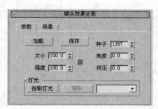

图 10-64

图 10-65

- ❑ 加载 单击该按钮将加载场景不同卷展栏中指定的参数设置，保存"镜头效果"参数设置的文件是以 LZV 为扩展名的文件。
- ❑ 保存 单击该按钮将保存当前场景内指定的参数设置，以后可以通过加载以 LZV 为扩展名的文件来使用保存的参数设置。
- ❑ 大小 设置效果的全面尺寸作为渲染结果的百分比值。
- ❑ 强度 控制镜头效果的亮度和不透明度。值越大越亮越不透明，值越小越暗淡越透明。使用右侧的 🔒 （锁定）按钮，可以把"大小"与"强度"参数值锁定在一起。
- ❑ 种子 设置镜头效果的随机性。改变"种子"参数的值将改变效果渲染时发生变化。
- ❑ 角度 设置效果以默认位置旋转的角度。
- ❑ 挤压 设置镜头效果的挤压尺寸。当取正值时，拉伸水平轴；当取负值时，拉伸垂直轴。
- ❑ 拾取灯光 单击该按钮将拾取需要应用效果的灯，可以通过打开"选择对象"对话框来拾取多个灯光。
- ❑ 移除 单击该按钮将移除灯光中应用的镜头效果。
- ❑ ▾ 在下拉列表框显示或选择应用效果的灯光。
- ❑ ☑ 影响 Alpha 可以使用图像的 Alpha 通道，Alpha 通道包含图像透明度信息。
- ❑ ☐ 影响 Z 缓冲区 设置镜头效果是否影响 Z 缓冲区。Z 缓冲区通常用于设置从摄像机的视角观察到的对象的深度，通过使用 Z 缓冲区，能够产生特殊的镜头效果。
- ❑ 距离影响: 该复选框基于离摄像机的距离改变效果的"大小"或"强度"。
- ❑ 偏心影响: 该复选框与"距离影响"复选框类似，根据偏移中心的距离来改变镜头效果的"大小"或"强度"。
- ❑ 方向影响: 该复选框根据聚光灯与摄像机或视图之间的方向来改变镜头效果的"大小"或"强度"。
- ❑ 内径 使镜头效果和摄像机之间的对象阻塞镜头效果达到最大值。
- ❑ 外半径 设置在镜头效果和摄像机之间的对象阻塞镜头效果的开始位置。
- ❑ ☑ 大小 勾选该选项，当被阻塞时减小镜头效果的尺寸。
- ❑ ☑ 强度 勾选该选项，当被阻塞时减小镜头效果的亮度。
- ❑ ☐ 受大气影响 勾选该选项，允许大气效果阻塞镜头效果。

10.6.2 模糊

使用模糊效果可以通过 3 种不同的方法使图像变模糊：均匀型、方向型和放射型。在动画渲染过程中采用模糊效果真实模拟摄像机移动的幻影感，应用效果如图 10-66 所示。其面板如图 10-67 所示。

1."模糊类型"选项面板

在 模糊参数 卷展栏中有两个选项面板，系统默认 模糊类型 选项面板为首先开启状态。

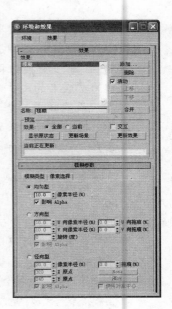

图 10-67

图 10-66

- 均匀型　将模糊效果均匀地指定到整幅渲染图像。
- 像素半径(%)　设置模糊效果的强度。
- ☑ 影响 Alpha　勾选该选项时，将统一模糊效果指定到 Alpha 通道。
- ○ 方向型　在任意方向对渲染图像应用各向异性模糊效果。
- U 向像素半径(%)　设置在 U 轴水平方向渲染图像的模糊效果强度。
- U 向拖痕(%)　设置在 U 轴的模糊痕迹，使摄像机在垂直方向产生快速移动拍摄的效果。
- V 向像素半径(%)　设置在 V 轴垂直方向渲染图像的模糊效果强度。
- V 向拖痕(%)　设置在 V 轴的模糊痕迹，使摄像机在水平方向产生快速移动拍摄的效果。
- 旋转(度)　利用旋转 UV 坐标轴方向的功能，创建图像在任意轴向的模糊效果。
- ☑ 影响 Alpha　勾选该选项时，将方向模糊效果指定到 Alpha 通道上。
- ○ 径向型　由图像边缘向指定的模糊中心进行放射状的模糊处理。
- 像素半径(%)　设置渲染图像应用模糊效果的强度。
- 拖痕(%)　利用由模糊中心向图像边缘增加的模糊行迹，模拟摄像机快速移近拍摄对象的效果。
- X 原点 /Y 原点　设置放射性模糊的中心位置。
- ☐ 使用对象中心　勾选该选项时，将使用当前场景中所选对象作为放射性模糊的中心。
- ☑ 影响 Alpha　勾选该选项时将放射型模糊效果应用于 Alpha 通道。

2. "像素选择" 面板

在 模糊参数 卷展栏中选择 像素选择 选项卡，将展开像素参数面板，如图 10-68 所示。

通过设置应用于各个像素的参数，可以使整个图像变模糊，使非背景场景元素变模糊，按亮度值使图像变模糊，或使用贴图遮罩使图像变模糊。

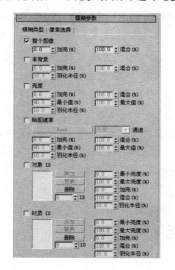

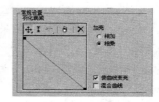

图 10-68

❑ **☑整个图像** 勾选该选项时，模糊效果对整幅图像进行处理。"加亮"选项用于增加整幅图像的亮度；"混合"选项用于将模糊效果和整幅图像的原颜色进行混合。

❑ **☐非背景** 勾选该选项时，对除了场景中的背景图像或背景动画外的所有对象进行模糊处理。

❑ **☐亮度** 勾选该选项时，只对"亮度"参数在指定亮度范围内的像素进行模糊处理。

❑ **☐贴图遮罩** 勾选该选项时，按照选择的通道和指定的贴图遮罩，对图像进行模糊处理。

❑ **通道** 将所选模糊效果指定到贴图通道，有红、绿、蓝、Alpha 和亮度 5 个通道可以选择。

❑ **最小值(%)/最大值(%)** 设置贴图通道中色彩范围的最低值和最高值。

❑ **加亮(%)** 勾选该选项时，只对"亮度"参数在指定亮度范围内的像素增加亮度。

❑ **混合(%)** 将贴图遮罩内像素的模糊效果和整幅图像的原颜色进行混合。

❑ **羽化半径(%)** 利用"羽化半径"参数可对模糊效果与未应用模糊效果之间的边界进行柔化处理。

❑ **☐对象 ID** 对场景中具有指定对象 ID 号的对象进行模糊处理。

❑ **最小亮度(%)/最大亮度(%)** 设置亮度范围的最小值和最大值。

❑ **加亮(%)** 对指定对象 ID 号模糊处理的像素增加其亮度。

❑ **混合(%)** 将具有指定 ID 号的对象进行模糊效果，然后将其模糊效果与整幅图像的原颜色进行混合。

- ❏ 羽化半径(%) 利用"羽化半径"参数可对模糊效果与未应用模糊效果之间的边界进行柔化处理。
- ❏ ☐材质 ID 勾选该选项时,对与编辑框中有相同材质效果通道号的对象材质应用模糊效果。
- ❏ 最小亮度(%)/最大亮度(%) 设置亮度范围的最小值和最大值。
- ❏ 加亮(%) 对具有指定材质 ID 号的对象增加其亮度。
- ❏ 混合(%) 将具有指定材质 ID 号的对象进行模糊效果,然后将其模糊效果与整幅图像的原颜色进行混合。
- ❏ 羽化半径(%) 利用"羽化半径"参数可对模糊效果与未应用模糊效果之间的边界进行柔化处理。
- ❏ ○相加 "相加"加亮比"相乘"加亮更亮、更明显。
- ❏ ◉相乘 "相乘"加亮为模糊效果提供柔化高光效果。
- ❏ ☑使曲线变亮 用于在"羽化衰减"曲线图中编辑加亮曲线。
- ❏ ☐混合曲线 用于在"羽化衰减"曲线图中编辑混合曲线。

10.6.3 亮度和对比度

使用"亮度和对比度"可以调整图像的对比度和亮度。应用效果如图 10-69 所示,其卷展栏控制参数包括亮度、对比度及"忽略背景"选项,如图 10-70 所示。

图 10-69

图 10-70

- ❏ 亮度 设置渲染图像颜色的亮度。
- ❏ 对比度 设置渲染图像颜色的对比度。
- ❏ ☐忽略背景 勾选该选项,只对场景中的所有对象进行亮度和对比度特效调整,会忽略对背景图像的影响。

10.6.4 景深

"景深"模拟在真实摄像机镜头中观看远景时的模糊效果,它通过模糊靠近或远离摄像机的对象来增加场景深度,应用效果如图 10-71 所示,卷展栏如图 10-72 所示。

图 10-71

图 10-72

- ❑ 影响 Alpha ☑ 勾选该选项时，渲染图像的 Alpha 通道将进行景深效果处理。
- ❑ 拾取摄影机 单击此按钮，可以在视图中拾取进行景深效果处理的摄像机。
- ❑ 移除 单击此按钮，删除在下拉列表框中选定的摄像机。
- ❑ ⦿ 焦点节点 选择此选项，可以拾取一个场景对象作为摄像机的焦点。
- ❑ ○ 使用摄影机 使用在场景中拾取的摄像机来确定场景焦点的位置。
- ❑ 拾取节点 单击此按钮，在场景中拾取一个对象或摄像机焦点作为摄像机焦点对象。
- ❑ 移除 单击此按钮，删除当前的摄像机焦点对象。
- ❑ ⦿ 自定义 选择该选项后，通过设置当前选项组的参数来生成景深效果。
- ❑ ○ 使用摄影机 选择该选项后，设置在场景中拾取摄像机的焦点参数来生成景深效果。
- ❑ 水平焦点损失 设置图像在水平轴向的模糊化程度。
- ❑ 垂直焦点损失 设置图像在垂直轴向的模糊化程度。
- ❑ 焦点范围 设置在焦点前后 Z 轴向的距离范围，使模糊化在该距离范围内两侧达到已设置的最大效果。
- ❑ 焦点限制 设置在焦点前后 Z 轴向的距离范围，使模糊化在该距离范围内达到已设置的最大效果。

10.6.5 胶片颗粒

"胶片颗粒"效果使渲染图外观呈现胶片颗粒状，但整个图像却很柔和，应用效果如图 10-73 所示，其卷展栏如图 10-74 所示。
- ❑ 颗粒: 设置渲染图中胶片颗粒的数量。
- ❑ ☐ 忽略背景 勾选该选项，只对场景中所有对象进行胶片颗粒处理，忽略影响场景的背景图像或背景动画。

10.6.6 运动模糊

运动模糊通过模拟实际摄像机的工作方式，可以增强渲染动画的真实感。摄像机有

331

快门速度，如果场景中的物体或摄像机本身在快门打开时发生了明显移动，胶片上的图像将变模糊。应用效果如图 10-75 所示，卷展栏如图 10-76 所示。

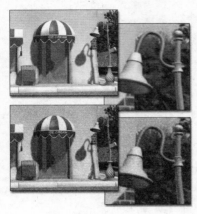

图 10-73

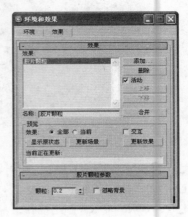

图 10-74

图 10-75

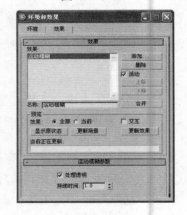

图 10-76

- ☑ 处理透明 勾选该选项，"运动模糊"效果会应用于透明对象后面的对象。禁用时，透明对象后面的对象不会应用"运动模糊"效果。禁用此选项可以加快渲染速度。默认设置为启用。

- 持续时间: 指定"虚拟快门"打开的时间。设置为 1.0 时，虚拟快门在当前帧和下一帧之间的整个持续时间保持打开。值越大，"运动模糊"效果越明显。默认设置为 1.0。

10.7 案例详解——火焰文字特效

下面将采用大气装置制作如图 10-77 所示的火焰文字，练习"火焰"效果的制作方法。

操作步骤

01 单击 面板中的 按钮，进入二维图形创建面板，单击 文本 按钮，在前视图中创建黑体文字，效果与参数面板如图 10-78 所示。

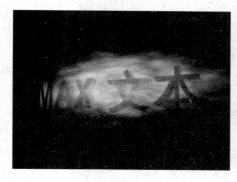

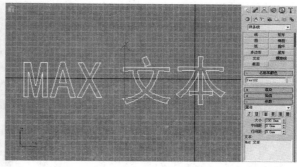

图 10-77   图 10-78

02 单击 ✎ 按钮，进入修改命令面板，选择 修改器列表 ▼ 下拉列表框中的 挤出 选项，添加"挤出"修改命令，将字体拉出厚度，效果与参数设置如图 10-79 所示。

图 10-79

❗ **提 示**

在透视图中，可以看到拉伸的字体中的"文"字没有实体效果，这是因为该字有个曲线不是闭合曲线，下面将进行调整。

---

03 在修改堆栈中选择 Text 命令层级，再选择 修改器列表 ▼ 下拉列表框中的 编辑样条线 选项，单击 ⌒ 按钮，进入样条线次物体编辑模式，如图 10-80 所示。

04 单击 ─ 几何体 卷展栏中的 修剪 按钮，单击"文"字中的相交线，如图 10-81 所示，将其修改掉。

05 单击 ⁞ 按钮，切换为顶点次物体编辑模式，框选修剪线段的开口端点，再单击 焊接 按

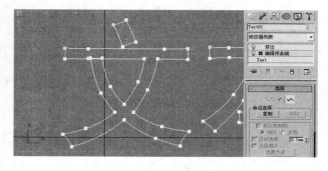

图 10-80

钮，将端点进行闭合，如图 10-82 所示。

06 选择修改堆栈中的 ⊙ 挤出 命令层级，修改后的文字效果如图 10-83 所示。

07 文字创建好后，接下来创建大气装置，单击 （创建）面板中的 （辅助对象）按钮，进入辅助对象创建面板，选择 标准 下拉列表框中的 大气装置 选项，在展开的面板中单击 球体 Gizmo 按钮，在顶视图中创建球体装置，效果与参数如图 10-84 所示。

08 单击工具栏中 下拉工具按钮中的 （非均匀缩放）按钮，分别在顶视图与前视图中挤压球体装置，使其包含整个文字，最终效果与位置如图 10-85 所示。

09 确认球体装置为选择状态，单击 按钮，进入修改命令面板，单击 添加 按钮，在弹出的"添加大气"对话框中选择 火效果 选项，如图 10-86 所示。单击 确定 按钮，将该效果添加到 — 大气和效果 卷展栏中，如图 10-87 所示。

10 选择添加到 — 大气和效果 卷展栏中的 火效果 选项，单击 设置 按钮，在弹出的"环境和效果"对话框中设置参数，如图 10-88 所示。

11 下面设置文字材质，按 M 键打开"材质编辑器"对话框，单击 漫反射: 后面的 按钮，添加 渐变 贴图，再将"环境和效果"面板中的黄色、红色分别拖到"材质编辑"面板中的 颜色 #3 和 颜色 #2 渐变色上进行复制，并选择 ⦿ 径向 渐变类型，如图 10-89 所示。

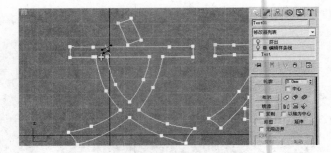

图 10-81

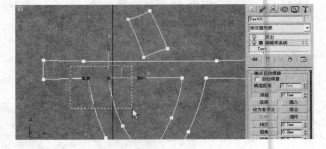

图 10-82

图 10-83

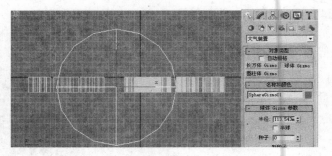

图 10-84

渲染与环境

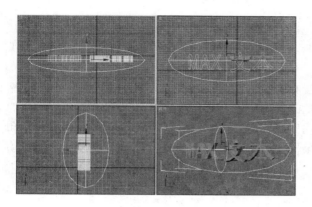

图 10-85

图 10-86

图 10-87

图 10-88

12 单击 ⬛ 按钮，选择视图中的文字，单击"材质编辑"面板中的 ⬛ 按钮，将制作好的文字材质赋给文字，并对透视图进行渲染，结果如图 10-90 所示，这样火焰文字就做好了。

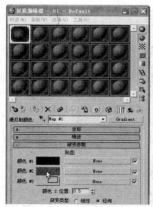

图 10-89

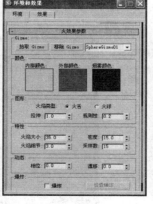

图 10-90

归 纳 总 结

通过本章对 3ds Max 的渲染与环境相关知识的学习，相信大家已经掌握了渲染的相关基础知识。一个优秀的作品除了前期的模型编辑和后期处理之外，渲染是非常重要的一个步骤，如果没有好的渲染方式，输出的作品会显得很平淡，表现不出应有的灯光和材质的真实感，因此，要熟悉不同渲染器的优缺点，掌握渲染常用参数的设置，通过功能强大的渲染器渲染出高质量的作品。希望大家能通过大量的实战练习来体会各种渲染器的强大魅力。

互 动 练 习

1．选择题

（1）使用 3ds Max 自带的光能传递渲染场景时，场景中的灯光布置必须是（　　）。

    A．按灯光的实际分布位置与数量进行布置

    B．按场景的照明效果进行布置

    C．可任意布置灯光

    D．采用主光与辅助光的方式布置

（2）要将场景模型渲染为线框模型，此时应单击工具栏中的 按钮，在弹出的"渲染场景"对话框中，选择"渲染器"选项卡，并勾选以下（　　）选项即可。

    A．☑ 贴图　　　　B．☑ 阴影　　　　C．☑ 启用 SSE　　　　D．☑ 强制线框

（3）在 3ds Max 中，打开"渲染场景"对话框的正确操作方法是（　　）。

    A．执行"渲染"菜单中的"渲染"命令

    B．按 Alt+F10 键

    C．按 Shift+F10 键

    D．按 F10 键

2．上机题

本练习将使用"镜头效果"制作如图 10-91 所示的星空效果，主要练习"镜头发光"效果的参数设置方法。

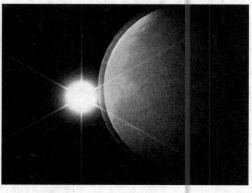

图 10-91

📷 操作提示

01 打开配套光盘中的"源文件与素材\第 10 章\月球.max"文件。制作发光效果，选择视图中的 Omni01，如图 10-92 所示。

02 进入 命令面板并展开"大气和效果"卷展栏，单击 添加 按钮，在弹出的"添加大气或效果"对话框中选择 镜头效果 选

项，然后单击 ▭ 确定 ▭ 按钮，镜头特效就列在"大气和效果"窗口中，如图 10-93 所示。

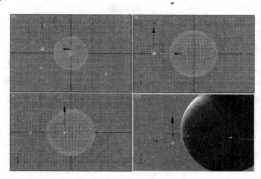

图 10-92   图 10-93

03 设置大气和效果参数，设置 大小 为 14，强度 为 200，阻光度 为 100，使用源色 为 50，混合 为 50，如图 10-94 所示，最后对透视图进行渲染，效果如图 10-95 所示。

04 接下来制作星形光晕效果。返回到 镜头效果参数 卷展栏，选择该卷展栏中的 Star 选项，再单击 ⟩ 按钮，将选择的效果移至右侧列表中，如图 10-96 所示。

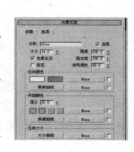

05 在 星形元素 卷展栏中，设置 大小 为 200，宽度 为 1，强度 为 15，并勾选 ☑ 光晕在后 选项。其参数设置如图 10-97 所示，再对透视图进行渲染，效果如图 10-98 所示。

图 10-94

图 10-95   图 10-96

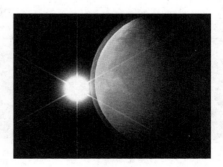

图 10-97   图 10-98

第 11 章　动画制作

 学习目标

　　本章主要介绍三维动画创作的基础知识和基本动画工具的使用方法，包括设置动画时间、关键帧的创建与编辑、运动轨迹、动画约束以及粒子系统等。读者应该通过动画制作实例掌握简单动画的制作方法和技巧。

 要点导读

1. 认识动画
2. 动画制作基础
3. 动画约束
4. 粒子系统
5. 案例详解——制作开放的百合花
6. 案例详解——制作蝴蝶飞舞动画
7. 案例详解——制作大雪纷飞动画

 精彩效果展示

11.1 认识动画

　　动画以人类视觉的原理为基础。当人看到一幅画后，该画面会在人眼中停留 1/24s。动画就是利用这一原理以 24 幅图每秒的速度播放图像，从而在大脑中产生图像"运动"的印象，如图 11-1 所示。因而，动画其实是由连续播放的一系列图像画面组成的，单独的图像称为帧。

　　使用 3ds Max 可以为各种应用创建 3D 计算机动画，可以为计算机游戏设置角色或汽车的动画，或为电影、广播设置特殊效果的动画，还可以创建用于严肃场合的动画，如医疗手册或法庭上的辩护陈述。无论设置动画的原因何在，3ds Max 都是一个功能强大的环境，可以实现用户的各种目的。

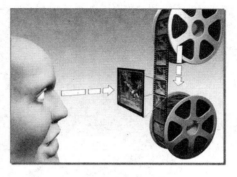

图 11-1

11.1.1 动画制作原理

　　传统动画的制作过程是非常烦琐的，通常需要数百名艺术家绘制上千张静态图像，即画出组成动画的所有关键帧和中间帧，最后通过链接或渲染图像产生最终图像。图 11-2 所示的是一个很简单的张嘴动画，也必须绘制 7 张图像，由此可见，用手来绘制图像是一项非常艰巨的任务。因此出现了一种称为关键帧的技术，然后助手再计算出关键帧之间需要的帧。填充在关键帧中的帧称为中间帧。图 11-2 中标记 1、2 和 3 的是关键帧，其他帧是中间帧。

　　这种关键帧的技术就是采用 3ds Max 软件制作动画。通过该软件，用户可以设置任何对象变换参数的动画，如随着时间改变而改变位置、旋转角度和缩放比例。其设置动画的基本方式也是非常简单的，在创建动画时首先创建记录每个动画序列起点和终点的关键帧。这些关键帧的值称为关键点。设置好后软件会自动计算每个关键点值之间的插补值，从而生成完整的动画。图 11-3 所示的 1 和 2 的对象位置是不同帧上的关键帧模型，中间帧则由计算机自动产生。

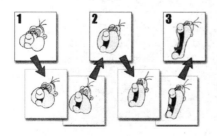

图 11-2

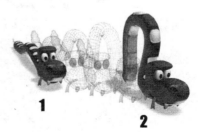

图 11-3

11.1.2 动画制作流程

一般来说，在 3ds Max 中制作动画的流程是：创建动画场景→赋予材质→创建摄像机→创建灯光→制作动画→输出动画→后期合成，如图 11-4 所示。

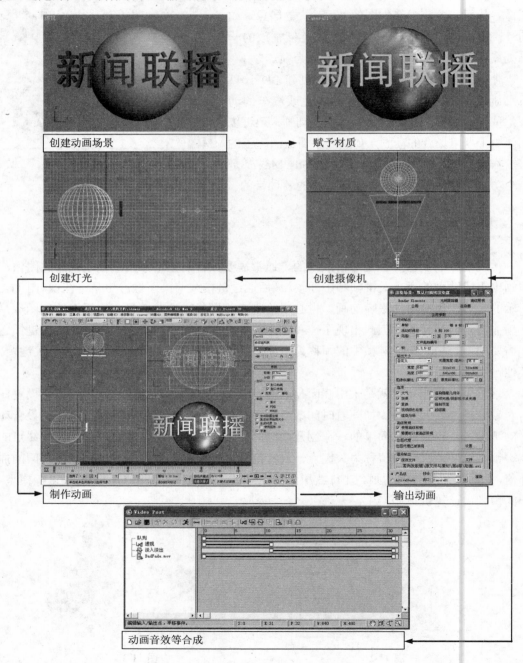

图 11-4

11.2 动画制作基础

场景对象创建好后，在制作动画之前，必须对动画设置的相关面板和工具以及时间的设置、关键点的设置和各种动画设置工具进行了解。

11.2.1 动画设置工具

在设置动画时，最常用的工具位于视图窗口的下方，如图 11-5 所示，这些工具主要控制动画关键点的设置、时间的设置和动画播放预览等操作。

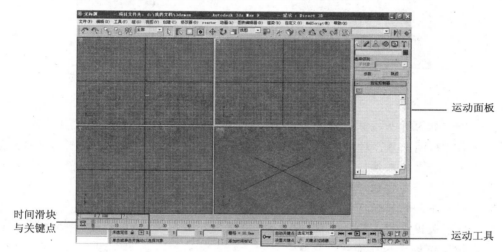

图 11-5

❑ ◄ 0 / 100 ► 时间滑块显示当前帧并可以通过它移动到活动时间段中的任何帧上。当创建了关键点后，右击滑块栏，将打开"创建关键点"对话框，如图 11-6 所示，在该对话框中可以创建位置、旋转或缩放关键点而无须使用"自动关键点"按钮。

❑ 自动关键点 单击该按钮，按钮变成红色的 自动关键点。活动视口的轮廓也是红色的，时间滑块也为红色。此时对场景中的模型进行的所有移动、旋转和缩放的更改都设置成关键帧。当处于禁用状态时，即按钮呈 自动关键点 状态时，这些更改将应用到第 0 帧。

❑ 设置关键点 单击该按钮，将启用"设置关键点"模式。此时可以和"关键点过滤器"混合，以此来为所选对象的独立轨迹创建关键点。与 3ds Max 传统设置动画的方法不同，"设置关键点"模式可以控制关键点的内容以及关键点的时间。它可以设置角色的姿势（或变换任何对象），如果满意的话，单击该按钮将使用该姿势创建关键点。如果移动到另一个时间点而没有设置关键点，那么该姿势将被放弃。也可以使用对象参数进行设置。

❑ √ 新建关键点的默认入/出切线按钮，按住该按钮不放，将显示下拉按钮列表该列表按钮可为新的动画关键点提供快速设置默认切线类型的方法，这些新的关键点是用设置关键点模式或者自动关键点模式创建的。还可以从"关键点信息（基本）"卷展栏和曲线编辑器的"关键点切线"工具栏中访问切线类型。

❑ 关键点过滤器 单击该按钮将打开"设置关键点"对话框，如图 11-7 所示，系统默认位置 ☑、旋转 ☑、缩放 ☑和IK 参数 ☑为选择状态，即系统对位置、旋转、缩放和参数修改都会过滤记录为关键点。

图 11-6   图 11-7

❑ ▐◀◀ 转至开头按钮，单击该按钮可以将时间滑块移动到活动时间段的第一帧。在"时间配置"对话框的"开始时间"和"结束时间"字段中设置活动时间段。

❑ ▶▶▌ 转至结果按钮，单击该按钮可以将时间滑块移动到活动时间段的最后一帧。

❑ ◀▐ 上一帧按钮，单击该按钮，时间滑块将后退到上一帧。

❑ ▐▶ 下一帧按钮，单击该按钮，时间滑块将向前移动到下一帧。

❑ ▐◀▶▌ 关键点模式切换按钮，当单击该按钮时，◀▐ 和 ▐▶ 按钮切换为 ◀▌ 和 ▌▶ 按钮，此时，再单击 ◀▌ 或 ▌▶ 按钮，都将跳转至上一个或下一个关键点。

❑ ▶ 播放按钮，单击该按钮将在视口中播放动画，此时 ▶ 按钮切换成 ▮▮ 按钮。当动画正在播放时，单击 ▮▮ 按钮可结束播放。

❑ ▐◀◀ 55 动画帧参数框，在该参数框中输入参数并按 Enter 键后，时间滑块将滑到参数框中指定的帧位置。

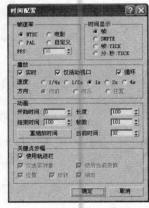

图 11-8

❑ 🗟 时间配置按钮，单击该按钮将打开"时间配置"对话框，如图 11-8 所示，在该对话框中可以设置帧速率、时间显示、播放和动画，还可以使用此对话框来更改动画的长度或者拉伸或重缩放，还可以用于设置活动时间段和动画的开始帧和结束帧。

● 11.2.2 设置动画时间

在 3ds Max 中创建动画，首先应设置动画的时间，这些操作都是在"时间配置"对话框中完成的，如图 11-9 所示。

1．"帧速率"选项组

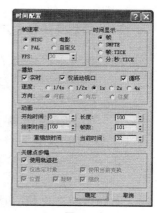

图 11-9

❑ **●NTSC** 是系统默认选项，即视频使用 30FPS 的帧
速率。

❑ **○电影** 勾选该选项，则电影使用 24FPS 的帧
速率。

❑ **○PAL** 勾选该选项，即 Web 和媒体动画使用更低的
帧速率。

❑ **○自定义** 勾选该选项，可通过调整微调器 **FPS:** 后面的
参数来指定自己的 FPS。

2．"时间显示"选项组

❑ **●帧** 为系统默认选项，选择此选项，在界面时间轴上的显示方式为"帧"。

❑ **○SMPTE** 勾选该选项，在界面时间轴上的显示方式为"分、秒和帧"。

❑ **○帧:TICK** 勾选该选项，在界面时间轴上的显示方式为"帧：点"。

❑ **○分:秒:TICK** 勾选该选项，在界面时间轴上的显示方式为"分：秒：点"。

3．"播放"选项组

在该选项组中可设置在视图中如何回放动画。

❑ **☑实时** 勾选该选项，会跳过部分帧以保证播放速度，系统默认选择此选项。

❑ **☑仅活动视口** 勾选该选项，在当前激活视图中播放动画，系统默认选择此
选项。

❑ **☑循环** 勾选该选项，可循环播放，系统默认选择此选项。

❑ **速度:** 该栏用于选择设置在视图中播放动画的速度，不影响渲染效果。

❑ **方向:** 当不勾选 **☐实时** 选项时，该栏中的选项为激活状态，可选择设置动画播放
的方向。**●向前** 是顺序播放；**○向后** 是反向播放；**○往复** 是先顺序播放再
回放。

4．"动画"选项组

在该选项组中可设置场景的动画时间长度。

❑ **开始时间:** 设置时间开始的帧。

❑ **结束时间:** 设置时间结束的帧。

❑ **长度:** 设置动画总时间。

❑ **帧数:** 设置可进行渲染的总帧数。

❑ **当前时间:** 设置和显示当前帧数。

❑ **重缩放时间** 单击此按钮，打开"重缩放时间"对话框，
用于改变时间的长度，如图 11-10 所示。

图 11-10

5. "关键点步幅"选项组

通过该选项组可控制关键点之间的移动。

- ❑ ☑ 使用轨迹栏　　勾选该选项，指定在关键点之间切换，系统默认为选择状态。
- ❑ ☑ 仅选定对象　　当不勾选 ☐ 使用轨迹栏 选项时，该选项才处于激活状态，当不勾选 ☐ 使用当前变换 选项时，才可通过 ☑ 位置 、☑ 旋转 或 ☑ 缩放 复选框过滤在不同变换操作的关键点之间切换。
- ❑ ☑ 使用当前变换　　勾选该选项，关键点的切换只能进行在当前与主工具栏中处于激活状态的变换工具相同的关键点，系统默认为选择状态。

下面讲解在更长的时间范围内延长现有动画的具体操作步骤。

01 单击动画控制工具栏中的 按钮，打开"时间配置"对话框。

02 在对话框中的 动画 组中，单击 重缩放时间 按钮。

03 在弹出的"重缩放时间"对话框中，将 长度: 中的值更改为用户希望动作填充的帧数，本例为 200，如图 11-11 所示。

04 改完后，单击 确定 按钮，返回"时间配置"对话框，此时面板中的 结束时间: 由原来系统默认的 100 变成修改后的 200，如图 11-12 所示。

05 再单击 确定 按钮，可看到时间滑块变成 0 / 200 。

344

图 11-11

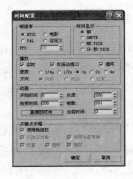

图 11-12

11.2.3　关键帧的创建与编辑

1. 创建关键点

在 3ds Max 中可为不同的对象创建不同的关键点，创建关键点的方式很多，根据不同的情况可选择不同的创建方式进行。

第一种方式：通过 自动关键点 按钮创建关键点，具体操作步骤如下。

01 在场景中选择对象。

02 单击 自动关键点 按钮，启动自动记录关键点模式。

03 将时间滑块拖至非 0 帧处，然后对当前选择对象进行变换或修改，系统将在该帧记录变换或修改后的最终参数，这时第 0 帧和当前帧都属于关键点（0 帧记录的是对象的原始参数）。

第二种方式：利用 设置关键点 模式创建关键点，具体操作步骤如下。

01 在场景中选择对象。

02 将时间滑块拖到 0 帧处，再单击 设置关键点 按钮，激活该按钮。

03 然后单击 ∼ 将其记录成关键点，再单击 设置关键点 按钮，取消激活状态。

04 拖动时间滑动到非 0 帧处，再次单击 设置关键点 按钮，然后变换操作对象。

05 再单击 ∼ 按钮，将当前变换操作结果记录成关键点。

第三种方式：在时间滑块上右击，即在动画记录状态下操作，具体操作步骤如下。

01 在场景中选择对象。

02 在动画记录状态下，在时间滑块 < 30 / 100 > 按钮上右击。

图 11-13

03 弹出"创建关键点"对话框，如图 11-13 所示。

04 在该对话框中可以设置选择对象的"位置"、"旋转"和"缩放"，这种创建关键点的方法不需要打开动画按钮。

> **提 示**
>
> 第三种设置动画关键帧的方法，在动画按钮关闭时改变了一个已经设置动画物体的参数，它会影响这个物体的所有帧。

345

2．播放动画

创建了关键点后，通常需要观察动画。可以通过拖曳时间滑块来观察动画，但是还可以使用时间控制区域的"播放"按钮 ▶ 播放动画。

❑ ▶ 播放按钮，单击该按钮，在视图中播放创建好的动画。

❑ ∥ 暂停动画按钮，单击该按钮，在视图中播放的动画将暂停在当前帧。

❑ ▶ 播放选择对象的动画按钮，是 ▶ 的弹出按钮，能在视图中播放当前所选择对象的动画。

❑ ⏮ 至结尾按钮，单击该按钮，将时间滑块移动到动画范围的开始帧。

❑ ⏭ 至开头按钮，单击该按钮，将时间滑块移动到动画范围的结束帧。

❑ ⏯ 下一帧按钮，单击该按钮，将时间滑块向前移动一帧。

❑ ◀ 前一帧按钮，单击该按钮后，将时间滑块向后移动一帧。

❑ ⏸ 关键点模式按钮，单击该按钮，进入关键点模式，可通过 ▶ 按钮和 ◀ 按钮在关键点之间移动。

11.2.4　运动轨迹

轨迹栏位于时间滑块下方，如图 11-14 所示。利用轨迹栏可以编辑修改对象的所有关键点以及对关键点进行移动、复制等编辑操作。

在关键点上单击 图标,当其变为白色 图标时,表明该关键点为选择状态,图 11-15 中的第 40 帧为选择的关键点,当鼠标移动到选择的关键点标记上时,光标变为双箭头形状表示可以移动关键点。移动到没有选择的关键点标记上时,光标变为十字形状表示可以选择该标记。

用鼠标拖动关键点标记就可以移动关键点,在拖动的同时按住 Shift 键,则会复制关键点。利用轨迹栏还可以改变激活时间段的开始和结束时间,按住 Ctrl 键和 Alt 键的同时在轨迹栏中按住鼠标左键拖动,将改变激活时间段的开始时间;按住 Ctrl 键和 Alt 键的同时按住鼠标右键拖动,将改变激活时间段的结束时间;按住中间键将同时改变开始时间和结束时间。

图 11-14

图 11-15

在轨迹栏上的关键点标记上右击,弹出的菜单中包含选择物体在关键点处所有设置的动画的参数,包括物体的变换、编辑修改器动画参数和材质动画参数等,如图 11-16 所示,

图 11-16

可以对每一个关键点进行修改编辑。

- 控制器属性 当对象被添加动画控制器后,可通过该选项快捷地进入控制器属性编辑。
- 删除关键点 可在当前帧中删除当前选择对象的关键点。
- 删除选定关键点 删除选择对象的选定关键点。
- 过滤器 可通过子菜单过滤显示不同类型的关键点,其下拉子菜单命令如图 11-17 所示。
- ✔ 所有关键点 显示所有的关键点。
- 所有变换关键点 显示所有变换的关键点。
- 当前变换 显示和主工具栏上选定变换相同的所有变换关键点。
- 对象 显示所有进行了修改编辑的对象的关键点。
- 材质 显示所有加入了材质动画的关键点。
- 配置 可通过子菜单对轨迹栏的显示进行配置,其下拉子菜单命令如图 11-18 所示。

346

图 11-17

图 11-18

- ☐ ✔️显示帧编号　可在轨迹栏中显示帧号码。
- ☐ 显示选择范围　在轨迹栏下方将出现一个黑色的选择范围条。
- ☐ 显示声音轨迹　可在轨迹栏下方显示声音的波形图。
- ☐ ✔️捕捉到帧　可将关键点在整数值上进行移动。
- ☐ 转至时间　可将时间滑块移动到光标当前所在时间位置。

11.3　案例详解——制作开放的百合花

本例将制作如图 11-19 所示的百合开花动画，练习使用自动关键帧设置动画的方法。

图 11-19

🖥️ 操作步骤

01　打开配套光盘中的"源文件与素材\第 11 章\百合花.max"文件，如图 11-20 所示。

02　图中的花模型已创建好了，并为开放状态，这时需要将它修改为花苞形态，为后面制作花的开放效果做准备。选择整个花模型，进入 🖊️命令面板，选择 修改器列表▾ 下拉列表框中的

图 11-20

FFD 3x3x3 选项，添加"自由变形"命令，如图 11-21 所示。

03 单击修改堆栈中 ⊞ FFD 3x3x3 的"+"符号，在展开的次物体选项中选择 控制点 次物体选项，在前视图中框选顶部控制点，如图 11-22 所示。

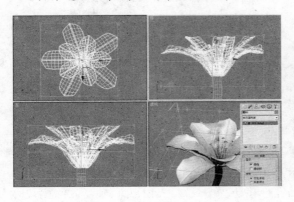

图 11-21

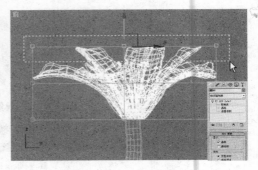

图 11-22

04 单击工具栏中的 工具，并在该工具按钮上右击，在弹出的"缩放变换输入"对话框中设置 偏移:屏幕 参数为 0，如图 11-23 所示，结果如图 11-24 所示。

图 11-23

图 11-24

05 下面开始制作动画，确认当前时间滑块为 < 0 / 100 > 状态，即在 0 帧时花为花苞状态。单击动画工具栏中的 自动关键点 按钮，如图 11-25 所示。

06 将时间滑块拖到第 100 帧的位置 100 / 100 （用"均匀缩放"工具 ），在透视图中，将光标向外移动，放大控制框，如图 11-26 所示，让花苞完全打开。

07 制作好后，单击 自动关键点 按钮，结束设置关键点操作。再单击修改堆栈中的 控制点 次物体选项，退出当前编辑命令，单击动画工具栏中的 （播放）按钮，可对透视图中的动画效果进行预览，图 11-27 所示的是时间滑块播放到 62 帧时的效果。

08 通过预览可看到动画的时间太短，花开放的速度太快，下面将动画时间延长，单击动画工具栏中的 （时间配置）按钮，在弹出的"时间配置"对话框中单击 重缩放时间 按钮，在弹出的"重缩放时间"对话框中设置 长度: 为 200，并按 Enter 键，结果如图 11-28 所示。

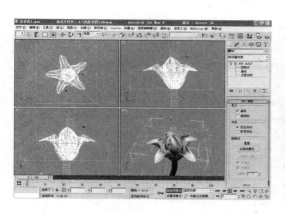

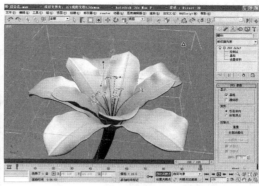

图 11-25

图 11-26

09 单击 确定 按钮，返回"时
间配置"对话框，此时对
话框中的参数发生如图
11-29 所示的变化，单击
确定 按钮，关闭"时间配
置"对话框，这样便完成
了动画时间延长的操作。

10 下面将当前动画输出为
avi 格式。单击工具栏中的
(渲染设置) 按钮，在
打开的对话框中选择
公用参数 卷展栏中的
范围:选项，并设置至为
200，如图 11-30 所示，其
他选项为默认设置，再单
击 文件 按钮，指定文件
保存的位置、文件名，保存类型为 avi 格式，如图 11-31 所示。

图 11-27

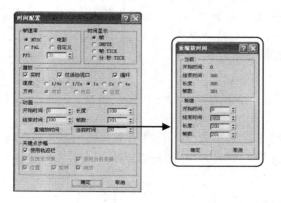

图 11-28

图 11-29

图 11-30   图 11-31

11 设置好后，单击 保存(S) 按钮，在弹出的对话框中单击 确定 按钮返回"渲染场景"对话框，单击 渲染 按钮进行渲染即可。图 11-32 所示的是中间帧的渲染效果。

11.4 动画约束

动画约束通过控制器来控制对象在场景中的运动规律，并能存储动画关键点的数值、动画的参数设置及关键点之间的插值。执行"动画"→"约束"菜单命令，将显示所有子菜单约束选项：附着约束(A)、曲面约束(S)、路径约束(P)、位置约束(O)、链接约束、注视约束 和方向约束(R)，如图 11-33 所示，这些约束方式是动画制作过程中最常用的动画约束方式。

图 11-32

□ 变换控制器(T) 用于设置对象和选择集常规变换（位置、旋转和缩放）的动画。

□ 位置控制器(P) 用于设置对象和选择集位置的动画。

□ 旋转控制器(R) 用于设置对象和选择集旋转的动画。

□ 缩放控制器(S) 用于设置对象和选择集缩放的动画。

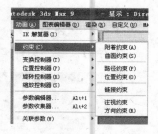

图 11-33

11.4.1 附着约束

执行"动画"→"约束"→"附着约束"菜单命令，将启用附着约束方式，它是一个位置约束控制器，能将一个对象的位置约束到另一个对象的表面，目标对象是必须能塌陷成网格物体的对象。

通过在不同的关键点指定不同参数的附加约束控制器，可以创建一个对象在另一个对象表面移动的效果，如果目标对象表面是变化的，原对象同时也发生相应的变化。应用效果如图 11-34 所示，在运动命令面板中为对象添加该控制器后，可打开其参数面板，如图 11-35 所示。

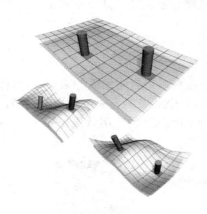

图 11-34

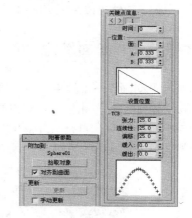

图 11-35

1. "附加到" 选项组

❑ 拾取对象 　单击该按钮，然后在场景中拾取需要结合的目标物体。
❑ ☑ 对齐到曲面 　使结合物体的方向与目标物体的表面对齐，系统默认为勾选状态。

2. "更新" 选项组

❑ 更新 　该按钮只在勾选 ☑ 手动更新 选项时才被激活，单击该按钮将更新视图显示。
❑ ☐ 手动更新 　勾选此选项，激活 更新 按钮，将允许进行手动更新，系统默认为不勾选。

3. "关键点信息" 选项组

❑ 时间:0 　可设置当前关键点所处的时间点。

4. "位置" 选项组

❑ 面:2 　设置结合对象将结合到目标对象指定编号的面上。
❑ A:/B: 　结合到目标面后，设置 A、B 的值可将其在该目标面上定位。
❑ 设置位置 　单击该按钮后，可以在场景中的目标物体上选择要结合到的目标面。

5. TCB 选项组

❑ 张力: 　控制运动曲线的曲率。
❑ 连续性: 　控制关键点的切线属性。
❑ 偏移: 　控制关键点两侧曲线的曲率偏斜。
❑ 缓入: 　设置当运动接近关键点时，减缓运动的速度。

❑ 　缓出：　设置当运动离开关键点时，减缓运动的速度。
❑ 　图形显示框　以图形化的控制器来控制运动，顶端红色的十字代表当前的关键点，关键点左右两侧的十字代表入点时间段与出点时间段的平均细分时间。

11.4.2　曲面约束

执行"动画"→"约束"→"曲面约束"菜单命令，将启用曲面约束方式，"曲面约束"与"附加约束"相似，可以约束一个对象沿另一个对象的表面进行位置变换，不同的是后者只能附着在目标对象表面，不能运动。"曲面约束"的应用效果如图 11-36 所示，其参数面板如图 11-37 所示。

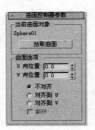

图 11-36　　　　　　　　　　　　　　　　　图 11-37

1．"当前曲面对象"选项组

❑ 　Sphere01　显示当前目标对象的名称。
❑ 　拾取曲面　　单击该按钮，可在视图中拾取对象作为目标约束物体。

2．"曲面选项"选项组

❑ 　U 向位置：　设置当前对象在目标对象表面 U 向位置。
❑ 　V 向位置：　设置当前对象在目标对象表面 V 向位置。
❑ 　不对齐　　选择此选项，当前对象与目标对象不进行对齐。
❑ 　对齐到 U　　选择此选项，将当前对象的 Z 轴与目标表面法线进行对齐，X 轴与 U 向进行对齐。
❑ 　对齐到 V　　选择此选项，将当前对象的 Z 轴与目标表面法线进行对齐，X 轴与 V 向进行对齐。
❑ 　翻转　　当选择了 对齐到 U 或 对齐到 V 选项后，才激活此选项，勾选该选项，当前对象沿自身 Z 轴进行反转。系统默认为不激活状态。

11.4.3　路径约束

执行"动画"→"约束"→"路径约束"菜单命令，将启用路径约束方式，"路径约束"可以使对象沿着指定的路径进行运动，指定的路径可以是一条或多条各种类型的样条曲线，指定后仍然可以对作为路径的曲线进行编辑修改及指定动画等操作。应用效果如图 11-38 所示，其卷展栏参数如图 11-39 所示。

图 11-38

图 11-39

- 单击该按钮，在视图中拾取样条曲线作为约束路径。
- ▢ 删除路径 单击该按钮，从路径列表中删除作为约束路径的对象。
- ▢ 权重 设置路径对于物体运动过程的影响力。

1. "路径选项" 选项组

- ▢ % 沿路径: 设置对象被约束在路径的百分比位置上，默认情况下，物体在动画开始帧处于路径的起点位置，在动画结束帧处于路径的终点位置。
- ▢ □ 跟随 勾选该选项，使对象运动的局部坐标系统与路径切线方向对齐。
- ▢ □ 倾斜 勾选 ☑ 跟随 选项时，该复选框可用，选择该选项使对象的 Z 轴朝向路径的中心，产生倾斜效果。
- ▢ 倾斜量 勾选 "倾斜" 选项，将激活该选项，可设置物体沿路径轴向倾斜的角度，通过正值或负值可控制物体倾斜的方向。
- ▢ 平滑度: 勾选 "倾斜" 选项，激活该选项，可控制对象通过弯曲的动画轨迹、角度变化的速度，值越大运动越平滑。
- ▢ □ 允许翻转 勾选该选项，允许对象可以翻转运动，系统默认不选择。
- ▢ ☑ 恒定速度 勾选该选项，对象以平均速度在路径上运动。
- ▢ ☑ 循环 勾选该选项，对象的运动将在视图中被循环播放。
- ▢ □ 相对 勾选该选项，被约束对象会保持原来位置进行运动。

2. "轴" 选项组

- ▢ ◉ X / ○ Y / ○ Z 指定对象局部坐标轴向对齐到路径曲线。
- ▢ □ 翻转 勾选该选项，将反转物体的对齐轴向。

11.4.4 位置约束

执行 "动画" → "约束" → "位置约束" 菜单命令，将启用位置约束方式，位置约束控制器能使被约束的对象跟随目标对象一起运动，允许有多个目标对象，但此时约束对象的位置就受所有目标对象的权重值影响。应用效果如图 11-40 所示，其卷展栏参数如图 11-41 所示。

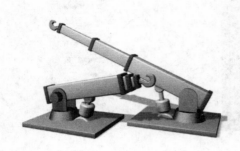

图 11-40   图 11-41

❑　添加位置目标　　　单击该按钮，在视图中拾取对象作为位置约束目标物体。

❑　删除位置目标　　　单击该按钮，在列表框中删除作为位置约束的目标对象。

❑　权重 50.0　　　设置目标对象对被约束对象的影响力。

❑　保持初始偏移　　　勾选该选项，保持约束对象与目标对象之间的原始距离，系统默认不勾选。

11.4.5　方向约束

执行"动画"→"约束"→"方向约束"菜单命令，将启用方向约束方式，方向约束控制器能将被约束对象与目标对象的方向进行匹配，一个对象可以同时被多个目标对象约束，目标对象可以是任何类型的对象，只要进行了约束，原对象将继承目标对象的方向，被约束物体的方向通过旋转目标物体来改变，但是不影响被约束物体位置的移动。应用效果如图 11-42 所示，其卷展栏参数如图 11-43 所示。

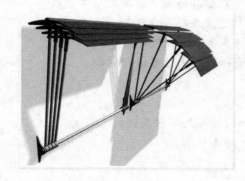

图 11-42   图 11-43

❑　添加方向目标　　　单击该按钮，可在视图中拾取对象作为新的约束目标对象。

❑ 将世界作为目标添加　单击该按钮，被约束对象的局部坐标系将对齐到世界坐标系。

❑ 删除方向目标　单击该按钮，在列表框中删除当前选择的目标约束物体。

❑ 权重 50.0 ⬆⬇ 设置选定目标对象对被约束对象影响的程度，可将权重的变化记录为动画。

❑ ☐ 保持初始偏移　勾选该选项，将保持当前被约束对象的初始方向。

11.4.6　链接约束

执行"动画"→"约束"→"链接约束"菜单命令，将启用链接约束方式，链接约束控制器可将当前选择对象的动画过程链接到另一个对象上，以形成层级，该约束常用来设置动画，应用效果如图 11-44 所示，其参数设置面板如图 11-45 所示。

图 11-44

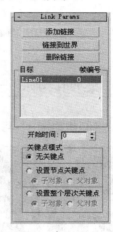

图 11-45

❑ 添加链接　单击此按钮，可在视图中拾取对象作为新的目标物体。

❑ 链接到世界　单击此按钮，可将当前选择对象链接到世界坐标系位置。

❑ 删除链接　单击此按钮后，可以删除列表窗口中选择的目标物体。

❑ 开始时间：　设置目标对象作用于当前对象的开始时间。

❑ ⦿ 无关键点　选择此选项，在链接约束中不创建关键点。

❑ ○ 设置节点关键点　选择此选项，根据指定的子级选项或父级选项创建关键点。

❑ ○ 设置整个层次关键点　选择此选项，根据指定的子级选项或父级选项为层级创建关键点。

11.4.7　注视约束

执行"动画"→"约束"→"注视约束"菜单命令，将启用注视约束方式，注视约束控制器可强迫一个对象始终注视另一个对象。以前是一个变换控制器，现在是一个旋转控制器。应用效果如图 11-46 所示，其参数设置面板如图 11-47 所示。

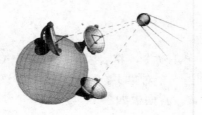

图 11-46   图 11-47

11.5   案例详解——制作蝴蝶飞舞动画

本例将制作如图 11-48 所示的蝴蝶飞舞的动画，练习使用路径约束制作动画的方法。

图 11-48

操作步骤

11.5.1   创建蝴蝶模型

01 首先创建蝴蝶模型，单击 / 创建命令面板中的 平面 按钮，在顶视图中创建一平面，大小如图 11-49 所示。

02 按 M 键打开"材质编辑器"对话框，选择第一个材质样本球，单击 漫反射: 后面的 按钮，在弹出的"材质/贴图浏览器"对话框中双击 位图 选项，打开配套光盘中的"源文件与素材\第 11 章\蝴蝶图片 2.jpg"文件，如图 11-50 所示。

03 此时返回"材质编辑器"对话框，单击 按钮，返回顶层材质编辑面板，材质样本球与参数设置如图 11-51 所示。

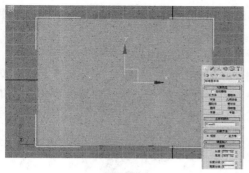

图 11-49	图 11-50

04 选择创建的平面体，单击 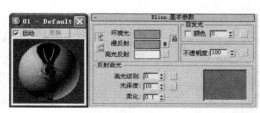 按钮，将材质赋给平面体，再单击 🌐（显示帖图）按钮，在顶视图中的效果如图 11-52 所示。

图 11-51	图 11-52

05 激活前视图，确认平面处于选择状态，按住键盘上的 Shift 键，单击工具栏中的 🔄 和 📐（角度捕捉切换）工具按钮，拖动外侧黄色框将平面沿 Y 轴逆时针旋转 90°，进行旋转复制一个作为参照图，并在弹出的"克隆选项"对话框中选择 ⊙ 复制 选项，如图 11-53 所示，在透视图中的结果如图 11-54 所示。

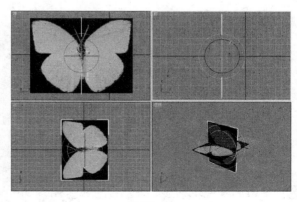

图 11-53	图 11-54

06 接下来创建蝴蝶的身体模型。在 ⚪ 创建面板中选择 标准基本体 下拉列表框中的 扩展基本体 选项，单击扩展基本体创建面板中的 胶囊 按钮，在顶视图中创建胶囊体，如图 11-55 所示。

07 单击 ✎ 按钮，进入修改命令面板，选择 修改器列表 下拉列表框中的 FFD 4x4x4 选项，添加 "变形" 修改命令，单击修改堆栈中 ⊞ FFD 4x4x4 前的 "+" 按钮，在展开的次物体选项中选择 控制点 选项，在顶视图中选择最后一排控制点，用 ✛ 工具对位置进行调整，再用 □ 工具调整顶点的比例，如图 11-56 所示。

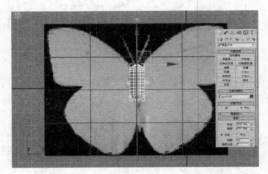
图 11-55

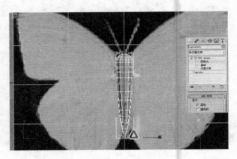
图 11-56

08 选择第二排的控制点，用 □ 工具和 ✛ 工具分别在顶视图与左视图中调整顶点的比例与位置，结果如图 11-57 所示，这样蝴蝶的身体就做好了。

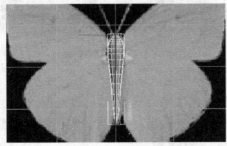

图 11-57

09 下面制作蝴蝶触角。单击 ⚪ 创建面板中的 线 按钮，在顶视图中绘制出蝴蝶的触角，并在左视图中对各个顶点进行调整，结果与参数设置如图 11-58 所示。

10 下面制作蝴蝶翅膀。单击 ⚪ 创建面板中的

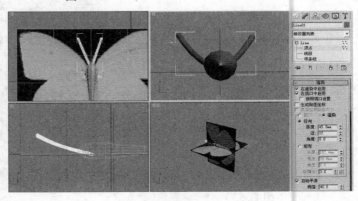
图 11-58

按钮，在顶视图中以贴图为底图沿蝴蝶翅膀轮廓绘出闭合的单侧翅膀样条线，如图 11-59 所示。

11 进入 ✐ 命令面板，选择 修改器列表 ▼ 下拉列表框中的 挤出 选项，添加"挤出"修改命令，设置"数量"参数为 1，如图 11-60 所示。

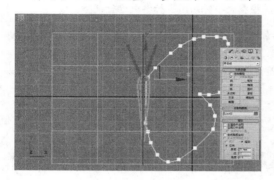

图 11-59

图 11-60

12 确定蝴蝶翅膀轮廓线为选择状态，单击工具栏中的 ⋈ 工具，将其在顶视图中进行镜像关联复制一个，制作左侧翅膀，并在弹出的"镜像"对话框中选择 ⦿ X 和 ⦿ 实例选项，镜像后对位置进行调整，结果如图 11-61 所示。

13 最后将平面体删除。创建好的蝴蝶模型如图 11-62 所示。

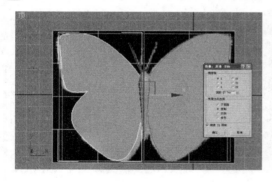

图 11-61

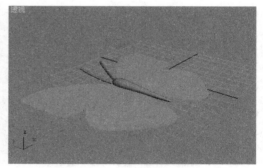

图 11-62

11.5.2 制作蝴蝶材质

01 下面制作材质。按 M 键打开"材质编辑器"对话框，选择第一个制作好贴图的材质样本球，单击 不透明度 后面的 ▢ 按钮，在弹出的"材质/贴图浏览器"对话框中双击 位图 选项，打开配套光盘中的"源文件与素材\第 11 章\蝴蝶图片 1.jpg"文件，如图 11-63 所示。

02 此时返回"材质编辑器"对话框，单击 ⬆ 按钮，返回顶层材质编辑面板，材质样本球与参数设置如图 11-64 所示。

03 选择蝴蝶翅膀模型，单击 ⬚ 按钮，将材质赋给它，并选择其中一个翅膀模型，进入命令面板，选择 修改器列表 下拉列表框中的 UVW 贴图 选项，添加"贴图坐标"命令，效果与参数设置如图 11-65 所示。

> **提 示**
>
> 制作蝴蝶翅膀贴图时，用户可根据自己创建的模型大小对贴图坐标参数进行调整。

04 同样再把材质赋给蝴蝶模型身体，并添加 UVW 贴图 修改命令，设置贴图坐标参数，结果如图 11-66 所示。

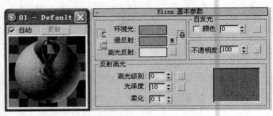

图 11-63 　　　　　　　　　　　　　　图 11-64

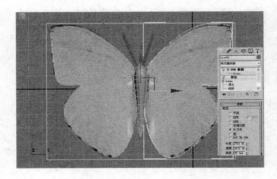

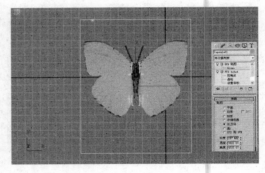

图 11-65 　　　　　　　　　　　　　　图 11-66

05 在"材质编辑器"对话框中选择第二个材质样本球，制作触角材质，单击 漫反射 后面的颜色按钮，在弹出的"颜色选择器"对话框中设置其颜色为棕色，如图 11-67 所示，材质参数如图 11-68 所示。

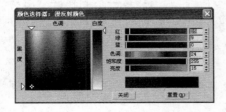

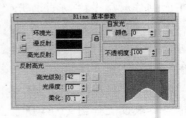

图 11-67 　　　　　　　　　　　　　　图 11-68

06 将制作好的触角材质赋给视图中的触角模型，并对透视图进行渲染，结果如图 11-69 所示，这样材质就做好了。

11.5.3 制作蝴蝶动画

下面将通过合并场景的方式制作蝴蝶在花丛中飞舞的动画。

01 首先将蝴蝶翅膀的角度进行旋转，调整成飞舞形态。在顶视图中选择右侧蝴蝶翅膀模型，单击工具栏中的 🔄 工具，并在该工具按钮上右击，在弹出的"旋转变换输入"对话框中设置 偏移:屏幕 栏中的 Y: 为-40，如图 11-70 所示，在透视图中的结果如图 11-71 所示。

图 11-69

图 11-70

图 11-71

02 在顶视图中选择左侧蝴蝶翅膀模型，在"旋转变换输入"对话框中设置 偏移:屏幕 栏中的 Y: 为 40，如图 11-72 所示，在透视图中的结果如图 11-73 所示。

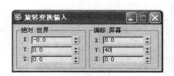

图 11-72

图 11-73

03 完成旋转翅膀操作后，选择整个蝴蝶模型，执行"组"→"成组"命令，在弹出的"成组"对话框中将当前组名命名为"蝴蝶"，如图 11-74 所示，单击 确定 按钮，关闭对话框，结果如图 11-75 所示。

图 11-74

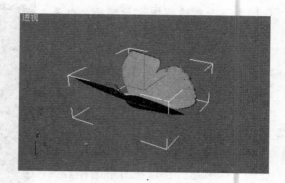

图 11-75

04　执行"文件" → "合并"命令，打开配套光盘中的"源文件与素材\第 11 章\百合花.max"文件，将其合并到当前场景中，如图 11-76 所示。

05　接下来制作蝴蝶飞行的路径。单击 ✏️/⬡ 按钮，进入二维图形创建面板，选择 样条线 下拉列表框中的 NURBS 曲线 按钮，在顶视图中创建如图 11-77 所示的样条线。

图 11-76

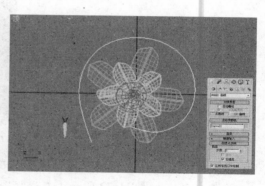

图 11-77

06　单击 ✏️ 按钮，进入修改命令面板，单击修改堆栈 ➕ NURBS 曲线 中的"+"按钮，在展开的次物体选项中选择 点 选项，进入顶点次物体编辑模式，单击工具栏中的 ✛ 工具，在前视图中调整顶点的位置，结果如图 11-78

图 11-78

所示，这样路径就做好了。

07 选择蝴蝶模型，执行"动画"→"约束"→"路径约束"命令，将光标移动到曲线
路径上单击，如图 11-79 所示。这样便完成了蝴蝶按路径飞行的操作。

08 拖动时间滑块到 [25 / 100] 时，可以看到蝴蝶飞行有偏移圆心的现象，如图 11-80
所示，在这儿需要插入一个关键点对角度进行调整。

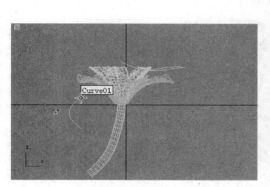

图 11-79

图 11-80

09 单击动画工具栏中的 [自动关键点] 按钮，即在 25 帧处记录关键点，单击工具栏中的 按钮，
在顶视图中将蝴蝶模型沿 Z 轴旋转一定角度，如图 11-81 所示。再单击 [自动关键点] 按钮，
结束自动关键点的设置操作。

10 将时间滑块拖到 [40 / 100] 帧，再单击 [自动关键点] 按钮，即在 40 帧处记录关键点，在顶视
图中利用 工具调整蝴蝶模型的角度，如图 11-82 所示。再单击 [自动关键点] 按钮，结束自
动关键点的设置操作。

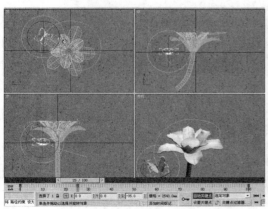

图 11-81

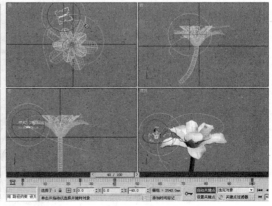

图 11-82

11 同理，将时间滑块拖到 50、60、70、80、90 帧位置，参照以上关键点的设置步骤，
记录角度调整关键点，如图 11-83 所示。再单击 [自动关键点] 按钮，结束自动关键点的设置
操作。

⑫ 最后,将时间滑块拖到 <u>99 / 100</u> 帧处,再用相同的方法调整蝴蝶角度,并进行自动关键点记录,结果如图 11-84 所示,让蝴蝶停留在花瓣上。再单击 自动关键点 按钮,结束自动关键点的设置操作。

⑬ 通过以上操作,动画就做好了,用户还可根据自己的喜爱制作蝴蝶翅膀扇动的关键帧动画,可单击 🖾(时间设置)按钮,在弹出的"时间设置"对话框中设置结束时间为 200,并为蝴蝶添加 FFD2×2×2 变形命令,在 100~200 帧处分别制作蝴蝶两侧翅膀扇动的关键帧动画,这里就不再详细讲述了。

图 11-83

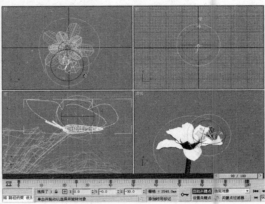

图 11-84

11.5.4 创建相机与灯光

01 单击 📷/📷 按钮,进入相机创建面板,单击 目标 按钮,在顶视图中创建相机,并用 ✛ 工具调整相机的角度与位置,将透视图转换为相机视图,如图 11-85 所示。

02 选择相机,进入 📷 命令面板,单击 参数 卷展栏中的 35mm 按钮,调整镜头,结果如图 11-86 所示,这样相机就创建好了。

03 下面创建灯光。单击 📷/📷(灯光)按钮,进入灯光创建面板,单击 泛光灯 按钮,在花的上方创建用于

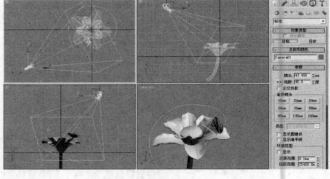

图 11-85

图 11-86

照亮场景的泛光灯灯光 Omni01，位置如图 11-87 所示。

04 选择灯光 Omni01，进入 📝命令面板，在 常规参数 卷展栏中勾选 ☑ 启用 选项，阴影为 阴影贴图 ▼，设置倍增:参数为 1.2，如图 11-88 所示。

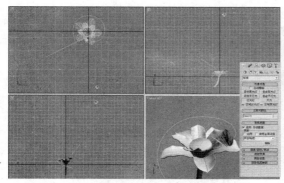

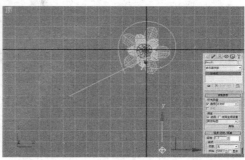

图 11-87　　　　　　　　　　　　　图 11-88

05 在 阴影参数 卷展栏中单击颜色:后面的颜色按钮，在弹出的"颜色选择器"对话框中设置阴影颜色为灰色，参数设置如图 11-89 所示。此时对相机视图进行静帧渲染，灯光效果如图 11-90 所示。

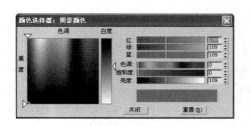

图 11-89　　　　　　　　　　　　　图 11-90

06 通过渲染可看到场景中的蝴蝶比较暗，这是因为照度不够。下面再单击 泛光灯 按钮，创建专用于照亮蝴蝶的灯光 Omni02，设置倍增:为 0.4，位置与参数如图 11-91 所示。

07 确认创建的灯光 Omni02 为选择状态，单击 📝命令面板 常规参数 卷展栏中的 排除... 按钮，在弹出的"排除/包含"对话框中选择[蝴蝶01]选项，单击 》按钮，将其放入右侧框中，并选择 ⊙ 包含 选项，如图 11-92 所示，让灯光只对蝴蝶模型进行照明。单击 确定 按钮，关闭对话框。

08 确认灯光 Omni02 为选择状态，单击工具栏中的 ✛工具，按住 Shift 键，将其在前视图中沿 Y 轴向下移动复制一个，用于照亮蝴蝶模型的腹部，并在弹出的"克隆选项"对话框中选择 ⊙ 复制 选项，位置如图 11-93 所示。

09 此时激活相机视图，按 F9 键对相机视图进行静帧渲染，效果如图 11-94 所示。

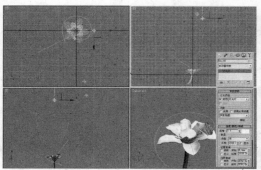

图 11-91

图 11-92

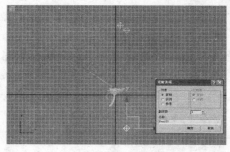

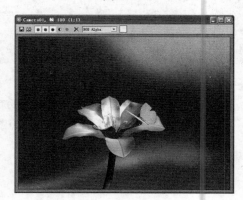

图 11-93

图 11-94

11.5.5　动画输出

01　下面将当前动画输出为 avi 格式。单击工具栏中的 按钮，在打开的对话框中选择 公用参数 卷展栏中的 ⊙ 范围 选项，其他选项为默认设置，再单击 文件 按钮，指定文件保存的位置、文件名，保存类型为 avi 格式，如图 11-95 所示。

02　设置好后，单击 保存(S) 按钮，在弹出的对话框中单击 确定 按钮返回"渲染场景"对话框，单击 渲染 按钮进行渲染即可。图 11-96 所示的是中间帧的渲染效果。

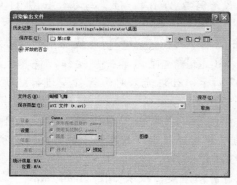

图 11-95

图 11-96

11.6 粒子系统

11.6.1 粒子系统

粒子系统在 3ds Max 中是相对独立的造型系统，常用来制作雨、雪、风、流水等特殊效果，单击 按钮下的 按钮，选择 标准基本体 下拉列表框中的 粒子系统 选项，即可展开粒子创建命令面板，如图 11-97 所示。

图 11-97

11.6.2 创建粒子

创建粒子与创建几何体和二维图形的操作方法基本相同，具体操作步骤如下。

01 单击 按钮下的 按钮，在展开的几何体创建面板中选择 标准基本体 下拉列表框中的 粒子系统 选项，展开粒子创建命令面板，单击面板中相应的粒子按钮，如 暴风雪 按钮，如图 11-98 所示。

02 在顶视图中拖动鼠标创建暴风雪粒子，如图 11-99 所示。

03 在 基本参数 卷展栏中可设置显示图标的尺寸，以及粒子的显示形态和"粒子数百分比"参数，如图 11-100 所示。

图 11-98

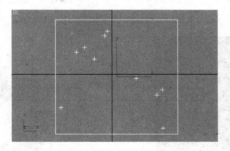

图 11-99

图 11-100

04 拖动时间滑块可见有粒子发散出来，如图 11-101 所示。

11.6.3 粒子系统的分类

粒子系统分为基本粒子系统和高级粒子系统。

1. 基本粒子系统

粒子创建面板中的 喷射 和 雪

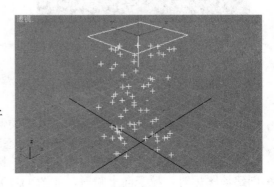

图 11-101

367

是粒子系统中最基础的粒子。 喷射 可模拟水滴效果，而水滴可以设置为"水滴"、"圆点"及"十字叉"，如图 11-102 所示； 雪 可模拟下雪效果，当产生下落效果时，可设置该粒子系统的参数使其能够随机翻滚，如图 11-103 所示。

图 11-102　　　　　　　　　　　　　　　图 11-103

2．高级粒子系统

粒子创建面板中的 暴风雪 、 粒子云 、 粒子阵列 和 超级喷射 是高级粒子系统，它是以 喷射 和 雪 为基础的，对发射源、粒子生成、类型、旋转和物体运动继承性提供了控制项目。高级粒子系统添加了更多的参数控制，如"暴风雪"、"粒子云"、"粒子阵列"等，超级喷射粒子应用效果如图 11-104 所示，粒子阵列应用效果如图 11-105 所示。

图 11-104　　　　　　　　　　　　　　　图 11-105

下面对高级粒子系统进行简单介绍。

（1）超级喷射粒子

此粒子系统与简单的喷射粒子系统类似，只是增加了所有新型粒子系统提供的功能。超级喷射粒子的图标显示为带箭头的相交平面和圆。喷射的初始方向取决于从中创建图标的视口。通常，在正交视口中创建该图标时，粒子向用户的方向喷射，在透视视口中创建该图标时，粒子向上喷射，如图 11-106 所示，其参数面板如图 11-107 所示。

图 11-106

图 11-107

提 示

要设置粒子沿空间中某个路径的动画，应使用"路径跟随空间扭曲"选项。

（2）超级喷射粒子

"粒子阵列"根据粒子发射器将一个三维对象作为阵列分布，效果如图 11-108 所示。"粒子云"限制所有产生的粒子到确定的体积内，效果如图 11-109 所示。

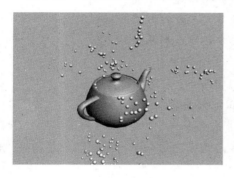

图 11-108

图 11-109

PF Source（粒子流）通过事件来控制粒子的各种变化效果，事件与事件之间可以相互联系、影响，效果如图 11-110 所示。

11.6.4　常见粒子系统参数的设置

1．"喷射"粒子

图 11-110

　喷射　粒子系统用于模拟雨、喷泉、公园水龙带的喷水等水滴效果。粒子从发射器的表面发射出垂直的
粒子流。粒子类型可以是四面体尖锥，也可以是四方形面片粒子，它们总是以恒定的方向迁移。效果如图 11-111 所示，参数面板如图 11-112 所示。

图 11-111   **图 11-112**

（1）"粒子"选项组

❑ 视口计数： 设置在视图中显示出的粒子数量的最大值，默认值为 100，值越大视图刷新速度越慢，该值不影响最终的渲染效果。

❑ 渲染计数： 设置渲染时同一帧的最大粒子数量。

❑ 水滴大小： 设置每个粒子在渲染时的大小。

❑ 速度： 设置粒子的发射速度，且粒子将保持该速度不变。

❑ 变化： 改变粒子的发射范围及总量，值越大，发射效果越猛烈。

❑ ⦿ 水滴/○ 圆点/○ 十字叉 设置粒子在视图中的显示形状。

（2）"渲染"选项组

❑ ⦿ 四面体 选择此选项，粒子渲染效果为四面体。

❑ ○ 面 选择此选项，粒子渲染效果为正方形面片。

（3）"计时"选项组

在该选项组中可设置粒子的产生和消亡速度，其中"最大可持续速率"是根据"渲染数"和"寿命"之间的除值计算而成的。

❑ 开始： 设置粒子开始发射的帧数。

❑ 寿命： 指定粒子发射持续结束的帧数。

❑ 出生速率： 设置在每一帧中新粒子产生的数目，取消对 ☐ 恒定选项的勾选时此选项有效。

❑ ☑ 恒定 勾选该选项，将以"最大可持续速率"作为粒子的产生速度。

（4）"发射器"选项组

❑ 宽度： 设置发射器喷射口的宽度。

❑ 长度： 设置发射器喷射口的长度。

❑ ☐ 隐藏 勾选该选项，将在视图中隐藏发射器。

2."雪"粒子

"雪"粒子用于模拟降雪或投撒的纸屑效果。雪系统与喷射类似，但是雪系统提供了其他参数来生成翻滚的雪花，渲染选项也有所不同。应用效果如图 11-113 所示，参数面板如图 11-114 所示。

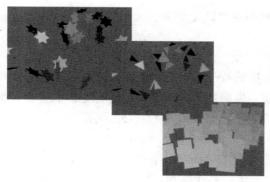

图 11-113

图 11-114

（1）"粒子"选项组

❏ **视口计数：** 设置在视图中显示出的粒子数量的最大值，默认值为 100，值越大视图刷新速度越慢，该值不影响最终的渲染效果。

❏ **渲染计数：** 设置渲染时同一帧的最大粒子数量。

❏ **雪花大小：** 设置每个雪粒子的大小。

❏ **速度：** 设置粒子的发射速度，且粒子将保持该速度不变。

❏ **变化：** 改变粒子的发射范围及总量，值越大，发射效果越剧烈。

❏ **翻滚：** 设置雪花粒子旋转的随机值，数值范围为 0~1，值越大翻滚越剧烈。

❏ **翻滚速率：** 设置雪花旋转的速度，值越大，旋转得越快。

❏ **⦿ 雪花 /⦿ 圆点 /⦿ 十字叉** 设置粒子在视图中的显示形状。

（2）"渲染"选项组

在该选项组中可设置粒子的渲染效果。

❏ **⦿ 六角形** 选中此选项，粒子形状在渲染时为六角星形状，常用于表现雪花。

❏ **⦿ 三角形** 选中此选项，粒子形状在渲染时为三角形形状。

❏ **⦿ 面** 选中此选项，粒子形状在渲染时为正方形面片状。

（3）"计时"选项组

在该选项组中可设置粒子的产生和消亡速度，其中"最大可持续速率"是根据"渲染数"和"寿命"之间的除值计算而成的。

❏ **开始：** 设置粒子开始发射的帧数。

❏ **寿命：** 指定粒子从发射至持续结束帧数。

❏ **出生速率：** 设置在每一帧中新粒子产生的数目，取消对 ▢ 恒定选项的勾选时该选项有效。

❏ **☑ 恒定** 勾选该选项，将以"最大可持续速率"作为粒子的产生速度。

（4）"发射器"选项组

❏ **宽度：** 设置发射器喷射口的宽度。

❏ **长度：** 设置发射器喷射口的长度。

❑ ☐ 隐藏 　勾选该选项，将在视图中隐藏发射器。

3. PF Source（粒子流）

PF Source 功能强大，通过事件来控制粒子各种变化效果，事件与事件之间可以相互联系、影响。默认情况下，粒子流源（发射器）是一个中心有标记的长方形，但是可以使用控制来改变其形状和外形，其参数设置面板如图 11-115 所示。

（1）"设置"卷展栏

该卷展栏可控制是否发射粒子，如图 11-116 所示。

❑ ☑ 启用粒子发射 　勾选该选项，可进行粒子喷射。

（2）"发射"卷展栏

该卷展栏中可控制粒子的发射情况，如图 11-117 所示。

图 11-115

图 11-116

图 11-117

① "发射器图标"选项组。在该选项组中可设置粒子流源的图标大小。

❑ 徽标大小: 　设置粒子流中心徽标的大小。

❑ 图标类型: 　可在下拉列表中为图标选择不同的几何形状，包括矩形、立方体、圆形和球体。

❑ 长度: 　根据不同的几何形体设置长度或直径。

❑ 宽度: 　设置矩形和立方体图标的宽度。

❑ 高度: 　设置矩形和立方体图标的高度。

❑ ☑ 徽标 　勾选该选选项，显示徽标。

❑ ☑ 图标 　勾选该选选项，显示图标。

② "数量倍增"选项组。在该选项组中可设置粒子的显示占粒子总数的百分比。

❑ 视口 % 　设置在视图中显示的粒子占粒子总数的百分比，不影响渲染结果。

❑ 渲染 % 　设置在渲染时显示的粒子占粒子总数的百分比。

（3）"系统管理"卷展栏

该卷展栏用于控制粒子数量的积分，如图 11-118 所示。

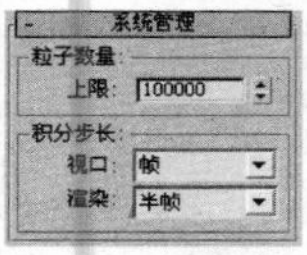

❑ 上限: 　可设置粒子的最大数量。

❑ 视口: 　设置视图中动画播放的综合步长，可在下拉列表中选择不

图 11-118

同帧数。

❏ 渲染： 设置渲染动画时的综合步长，可在下拉列表中选择不同帧数和点数。

4."暴风雪"粒子

暴风雪 粒子系统与 雪 粒子系统相似，但增加了更多的功能，其参数也更为复杂，可以与空间扭曲配合使用，创建复杂的粒子动画。其应用效果如图 11-119 所示，其参数设置卷展栏共有 7 个面板，如图 11-120 所示。

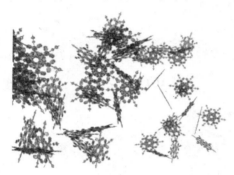

图 11-119

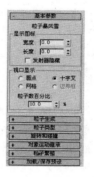

图 11-120

（1）"基本参数"卷展栏

"基本参数"卷展栏用于在"显示图标"选项组中设置发射器的参数，如图 11-121 所示。

① "显示图标"选项组。用来控制粒子喷射器的喷射范围和显示属性。

❏ 宽度： 设置发射器喷射口的宽度。

❏ 长度： 设置发射器喷射口的长度。

❏ □发射器隐藏 勾选该选项，在视图中隐藏发射器的方框和竖线。

② "视口显示"选项组。该选项组可设置粒子在视图中的显示方式。

❏ ○圆点 选择此选项，粒子在视图中以小点显示。

❏ ◉十字叉 选择此选项，粒子在视图中以十字标记显示。

❏ ○网格 选择此选项，粒子在视图中将显示为网格对象。

❏ ○边界框 选择此选项，粒子在视图中显示为关联对象的边界盒。

❏ 10.0 设置视图中粒子显示占粒子总数的百分比，不影响渲染结果。

（2）"粒子生成"卷展栏

用于指定粒子的数目、大小和运动，卷展栏如图 11-122 所示。

① "粒子数量"选项组。该选项组可设置粒子的数量，选项组面板如图 11-123 所示。

❏ ◉使用速率 选择此选项，使每帧粒子发射的数量相同，可在输入框中设置发射数量。

❏ ○使用总数 选择此选项，可在输入框中设置粒子在整个生命周期的总数。

② "粒子运动"选项组。该选项组可控制粒子的运动效果，选项组面板如图 11-124 所示。

图 11-121   图 11-122   图 11-123   图 11-124

❑ **速度**：设置粒子在每一帧中的移动速度。
❑ **变化**：设置单个粒子发射速度变化量的百分比值。
❑ **翻滚**：设置粒子旋转的随机值，数值范围为 0~1，值越大翻滚越剧烈。
❑ **翻滚速率**：设置粒子旋转的速度，值越大，旋转得越快。

③"粒子计时"选项组。该选项组中可控制粒子的发射时间、生命周期及停止时间，选项组面板如图 11-125 所示。

❑ **发射开始**：设置粒子开始发射的帧数。
❑ **发射停止**：设置粒子停止发射的帧数。
❑ **显示时限**：设置粒子不在视图中显示的帧数。
❑ **寿命**：指定粒子从发射至持续结束的帧数。
❑ **变化**：改变粒子的发射范围及总量，值越大，发射效果越剧烈。
❑ ☑ **创建时间**：选择此选项，在时间上进行偏移处理，避免通过时间的变化产生粒子团。
❑ ☑ **发射器平移**：选择此选项，避免发射器指定了位移动画后而产生的粒子团。
❑ ☐ **发射器旋转**：选择此选项，避免发射器指定了旋转动画后而产生的粒子团。

④"粒子大小"选项组。用微调器指定粒子的大小，选项组面板如图 11-126 所示。

❑ **大小**：设置所有粒子的尺寸，可记录为动画。
❑ **变化**：设置粒子尺寸变化的百分比。
❑ **增长耗时**：设置粒子从最小尺寸增长到目标尺寸所持续的时间。
❑ **衰减耗时**：设置粒子从目标尺寸消亡到最小尺寸所持续的时间。

⑤"唯一性"选项组。通过更改此微调框中的"种子"值，可以在其他粒子设置相同的情况下达到不同的效果，选项组面板如图 11-127 所示。

图 11-125   图 11-126   图 11-127

- □ 　新建　 单击该按钮，系统将随机产生新的种子数。
- □ 　种子：　 通过输入框，用户可自行设置种子数。

（3）"粒子类型"卷展栏

该卷展栏共分 5 个选项组，通过这些选项组可选择不同
类型的粒子以及设置各类型粒子的参数，如图 11-128 所示。

①"粒子类型"选项组。在该选项组中可选择不同的粒
子类型，其参数面板如图 11-129 所示。

- □ 　标准粒子　 选择此选项，粒子类型为标准粒子
  类型。
- □ 　变形球粒子　 选择此选项，粒子类型为变形球粒子
  类型，通常用于模拟水滴四溅的效果。
- □ 　实例几何体　 选择此选项，粒子类型为实例几何体
  粒子类型。

图 11-128

②"标准粒子"选项组。在该选项组中可选择标准粒子中每个粒子的不同类型，其
参数面板如图 11-130 所示。

- □ 　三角形　 选择此选项，粒子渲染效果为三角形。
- □ 　立方体　 选择此选项，粒子渲染效果为立方体。
- □ 　特殊　 选择此选项，粒子渲染效果为三个直角平面图形组成的立体交叉
  模型。
- □ 　面　 选择此选项，粒子渲染效果为矩形平面。
- □ 　恒定　 选择此选项，粒子渲染效果为圆点。
- □ 　四面体　 选择此选项，粒子渲染效果为四面体。
- □ 　六角形　 选择此选项，粒子渲染效果为二维的六角星。
- □ 　球体　 选择此选项，粒子渲染效果为球体。

③"变形球粒子参数"选项组。在粒子类型 选项组中选择 变形球粒子 选项时，将激活
该选项组参数，用来控制变形球粒子的类型，选项组面板如图 11-131 所示。

图 11-129

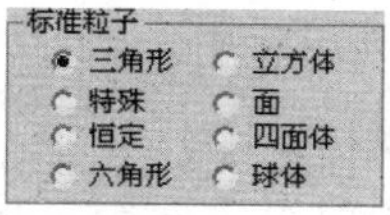

图 11-130

图 11-131

- □ 　张力：　 控制粒子的紧密程度。
- □ 　变化：　 设置张力变化的百分比。
- □ 　渲染　 设置变形球粒子渲染时的粗糙度。
- □ 　☑自动粗糙　 设置变形球粒子在视图中显示的粗糙度。
- □ 　☑自动粗糙　 勾选该选项，系统自动设置粗糙程度。

❑ ☐ 一个相连的水滴　勾选该选项，计算所有粒子。

④"实例参数"选项组。在 粒子类型 选项组中选择 ⊙ 实例几何体 选项时，将激活该选项组参数，用来控制"实例几何体"粒子类型，参数面板如图 11-132 所示。

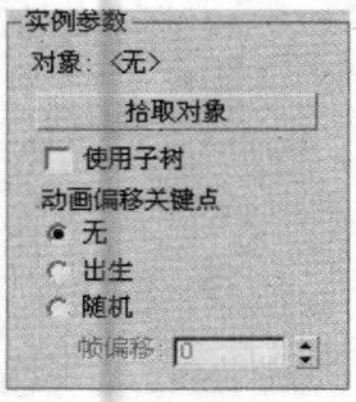

❑ ▭ 拾取对象 ▭　单击此按钮，可在视图中拾取对象与粒子相关联，将所选择对象作为粒子发射。

图 11-132

❑ ☐ 使用子树　当拾取的对象有子物体，勾选该选项，将以该对象的子物体作为与粒子相关的对象。

❑ ⊙ 无　选择此选项，不产生动画偏移。

❑ ○ 出生　选择此选项，从粒子自身产生的帧数开始偏移关键点。

❑ ○ 随机　选择此选项，随机进行帧数偏移。

图 11-133

❑ 帧偏移:　选择 ⊙ 随机 选项时此选项有效，可设置随机偏移值。

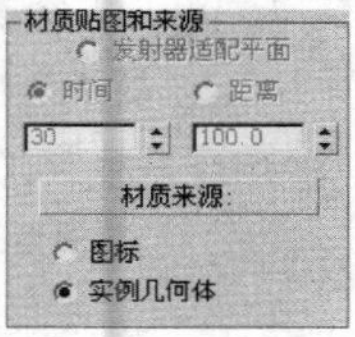

⑤"材质贴图和来源"选项组。在该选项组中可对粒子的材质进行控制、调整，其选项组面板如图 11-133 所示。

❑ ○ 发射器适配平面　选择此选项，将对发射平面进行贴图坐标的指定。

❑ ⊙ 时间　选择此选项，可通过输入框设置粒子表面产生到完成贴图需要的时间。

❑ ○ 距离　选择此选项，可通过输入框设置粒子表面产生到完成贴图需要的距离。

❑ ▭ 材质来源: ▭　单击该按钮，可根据来源类型更新粒子的材质。

❑ ⊙ 图标　选择此选项，使用当前场景中指定到粒子系统图标的材质。

❑ ○ 实例几何体　选择此选项，使用关联几何体的材质作为粒子的材质。

（4）"旋转和碰撞"卷展栏

该卷展栏参数主要用于设置粒子自身的旋转和碰撞参数，还可以为运动的粒子系统指定运动模糊，卷展栏如图 11-134 所示。

①"自旋速度控制"选项组。该选项组中用于设置粒子自身旋转的速度，其选项组面板如图 11-135 所示。

❑ 自旋时间:　设置粒子旋转一周所需的时间。

❑ 变化:　设置旋转速度变化的百分比。

❑ 相位:　设置粒子旋转时的初始角度。

❑ 变化:　设置相位变化的百分比。

②"自旋轴控制"选项组。该选项组主要用于控制粒子自身旋转的轴向，其选项组面板如图 11-136 所示。

❑ ⊙ 随机　选择此选项，粒子将在随机指定的轴向上旋转。

❑ ○ 用户定义　选择此选项，可通过 X、Y、Z 指定粒子旋转的轴向及角度。

❑ 变化:　选择"用户定义"选项后此选项有效，可设置 3 个轴向上旋转角度的变化量。

③"粒子碰撞"选项组。在该选项组中可设置粒子之间的碰撞参数，其选项组面板

如图 11-137 所示。

图 11-134

图 11-135

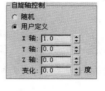
图 11-136

图 11-137

- ❑ □启用 勾选该选项，使用粒子碰撞。
- ❑ 计算每帧间隔: 设置每个渲染间隔的间隔类，期间进行粒子碰撞测试。值越大越精确。
- ❑ 反弹: 设置粒子发生碰撞后的反弹速度。
- ❑ 变化: 设置反弹速度的变化量。

（5）"对象运动继承"卷展栏

该卷展栏可设置粒子对象受发射器运动的影响效果，其卷展栏面板如图 11-138 所示。

- ❑ 影响: 设置粒子受发射器运动影响的百分比值。
- ❑ 倍增: 控制设置发射器运动对粒子的影响，正值加强影响，负值减弱影响。
- ❑ 变化: 设置增效值变化的百分比。

（6）"粒子繁殖"卷展栏

该卷展栏可控制当粒子消亡或碰撞时进行繁殖的方式及参数，卷展栏如图 11-139 所示。

① "粒子繁殖效果"选项组。在该选项组中可设置粒子繁殖的效果，其选项组面板如图 11-140 所示。

- ❑ ◉ 无 选择此选项，粒子不进行繁殖。
- ❑ ○ 碰撞后消亡 选择此选项，可设置粒子在碰撞后的消亡过程。
- ❑ 持续: 设置粒子在碰撞后到消亡的时间。
- ❑ 变化: 设置粒子碰撞后到消亡时间的变化百分比。
- ❑ ○ 碰撞后繁殖 选择此选项，当粒子进行碰撞后开始繁殖。
- ❑ ○ 消亡后繁殖 选择此选项，当粒子消亡后开始繁殖。
- ❑ ○ 繁殖拖尾 选择此选项，将粒子运动的每一帧都进行繁殖。
- ❑ 繁殖数: 设置粒子繁殖的数量。

图 11-138   图 11-139   图 11-140

- ❏ **影响：** 设置所有粒子中将繁殖粒子的百分比。勾选 **碰撞后繁殖** 或 **消亡后繁殖** 选项时此选项才可用。
- ❏ **倍增：** 设置每个粒子繁殖一次所产生的粒子个数。勾选 **碰撞后繁殖**、**消亡后繁殖** 或 **繁殖拖尾** 选项时此选项才可用。
- ❏ **变化：** 指定倍增值在每一帧内发生变化的百分比。勾选 **碰撞后繁殖**、**消亡后繁殖** 或 **繁殖拖尾** 选项时此选项才可用。

②"方向混乱"选项组。在该选项组中可设置繁殖出的新粒子的方向变化，其选项组面板如图 11-141 所示。

- ❏ **混乱度：** 设置繁殖出的新粒子相对于其父粒子运动方向变化的混乱度。

③"速度混乱"选项组。在该选项组中可设置繁殖出的新粒子的速度变化，其选项组面板如图 11-142 所示。

图 11-141   图 11-142

- ❏ **因子：** 设置繁殖出的新粒子相对于父粒子运动速度的变化百分比。
- ❏ **慢** 选择此选项，减慢新粒子的运动速度。
- ❏ **快** 选择此选项，加快新粒子的运动速度。
- ❏ **二者** 选择此选项，随机加快和减慢部分部粒子的运动速度。
- ❏ **继承父粒子速度** 勾选该选项，新粒子的运动速度根据父粒子运动速度变化而变化。
- ❏ **使用固定值** 勾选该选项，指定一个恒定的值作为新粒子的运动速度。

④"缩放混乱"选项组。在该选项组中可设置繁殖出的新粒子的尺寸范围，其选项

组面板如图 11-143 所示。

❑ 因子： 设置繁殖出的新粒子相对于父粒子尺寸范围的变化百分比。

❑ ⊙ 向下 选择此选项，根据因子值缩小新粒子的尺寸。

❑ ○ 向上 选择此选项，根据因子值放大新粒子的尺寸。

❑ ○ 二者 选择此选项，随机缩小和放大部分部粒子的尺寸。

❑ ☐ 使用固定值 勾选该选项，指定一个恒定的值作为新粒子的尺寸。

⑤ "寿命值队列"选项组。在该选项组中可为繁殖出的新粒子重新设置寿命，其选项组面板如图 11-144 所示。

❑ 添加 单击该按钮，可将"寿命值"的值加入到列表框中。

❑ 删除 单击该按钮，可将列表框中所选择的值删除。

❑ 替换 单击该按钮，"寿命值"将替换当前列表框中所选择的值。

❑ 寿命： 为繁殖的新粒子设置新的寿命值。

⑥ "对象变形队列"选项组。该选项组仅对实例几何体粒子类型有效，其选项组面板如图 11-145 所示。

❑ 拾取 单击该按钮，可在视图中拾取将作为繁殖新粒子的关联对象。

❑ 删除 单击该按钮，删除列表框中当前所选择的关联物体。

❑ 替换 在视图中拾取新的替换列表框中所选择的对象。

（7）"加载/保存预设"卷展栏

该卷展栏中参数主要用于保存设置数据，它的参数面板如图 11-146 所示。

❑ 预设名： 可为当前参数设置名称。

❑ 保存预设： 在列表框中列出已保存的参数设置名称。

❑ 加载 单击该按钮，载入在列表框中所选择的参数设置。

❑ 保存 单击该按钮，保存当前设置。

❑ 删除 单击该按钮，删除在列表框中所选择的参数设置。

图 11-143

图 11-144

图 11-145

图 11-146

11.6.5 粒子阵列

粒子阵列通常用于模拟爆裂、喷射等特殊效果，它将一个三维对象作为阵列分布根据及粒子发射器，其参数面板大致可分为以下 8 个卷展栏，应用效果如图 11-147 所示，参数面板如图 11-148 所示。

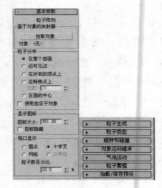

图 11-147   图 11-148

1. "基本参数"卷展栏

此卷展栏参数与"暴风雪"的"基本参数"卷展栏相似,但多出了 基于对象的发射器 和 粒子分布 两个选项组。

（1）"基于对象的发射器"选项组

在该选项组中可选择将要作为发射器的三维对象,其选项组面板如图 11-149 所示。

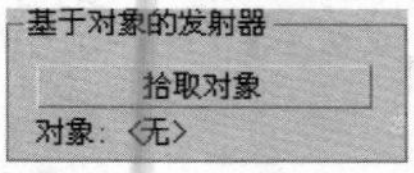

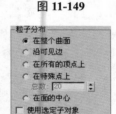

图 11-149

- 拾取对象 单击该按钮,可在视图中拾取将要作为发射器的三维对象。

（2）"粒子分布"选项组

在该选项组中可设置粒子的分布类型,其选项组面板如图 11-150 所示。

图 11-150

- 在整个曲面 选择此选项,在目标对象的所有表面喷射粒子。
- 沿可见边 选择此选项,在目标对象的所有可见的边上喷射粒子。
- 在所有的顶点上 选择此选项,在目标对象的所有顶点上喷射粒子。
- 在特殊点上 选择此选项,在目标对象随机顶点上喷射粒子。
- 总数: 选择 在特殊点上 选项时此选项有效,可设置喷射顶点的总数。
- 在面的中心 选择此选项,在目标对象表面的每个三角面中心喷射粒子。
- 使用选定子对象 勾选该选项,从目标对象的次级结构上喷射粒子。

（3）"显示图标"选项组

在该选项组中可控制发射器在视图中的显示,其选项组面板如图 11-151 所示。

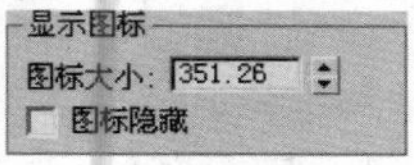

显示图标
图标大小: 351.26
图标隐藏

图 11-151

- 图标大小: 设置发射器图标在视图中显示的大小。
- 图标隐藏 勾选该选项,在视图中隐藏发射器。

（4）"视口显示"选项组

该选项组可设置粒子在视图中的显示方式,其参数面板如图 11-152 所示。

视口显示
圆点   十字叉
网格   边界框
粒子数百分比:
10.0   %

图 11-152

- 视口显示 该组参数与"暴风雪"粒子系统的相应项目的参数完全相同,可参见"暴风雪"粒子系统相应的部分。

2."粒子生成"卷展栏

该卷展栏中大部分参数与"暴风雪"相同，但通过"粒子运动"选项组可设置粒子的运动方式，其卷展栏如图 11-153 所示。

- ❑ 速度：设置粒子在每一帧中的移动速度。
- ❑ 变化：设置单个粒子发射速度变化量的百分比值。
- ❑ 散度：设置单个粒子速度的指定角度变化。

3."粒子类型"卷展栏

该卷展栏中大多参数与"暴风雪"相同，但在"粒子类型"选项组中增加了 对象碎片 类型以及 碎片材质 两个选项组，其卷展栏如图 11-154 所示。

图 11-153

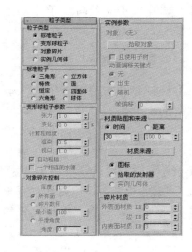

图 11-154

（1）"对象碎片控制"选项组

该选项组针对 对象碎片 类型选项，在该选项组中可设置该种粒子类型的参数，其选项组面板如图 11-155 所示。

- ❑ 厚度：可设置碎片的厚度。

- ❑ 所有面 选择此选项，将目标对象的所有面都炸裂成粒子碎片。

图 11-155

- ❑ 碎片数目 选择此选项，可将目标对象炸裂成大于指定数目的不规则粒子碎片。

- ❑ 最小值：设置目标对象炸裂开的最小碎片数，在选择 碎片数目 选项时此选项有效。

- ❑ 平滑角度 选择此选项，根据表面法线将目标对象炸裂成不规则的粒子碎片，值越大，炸裂开的粒子碎片越少。

- ❑ 角度：设置光滑角度的数值。在选择 平滑角度 选项时此选项有效。

（2）"碎片材质"选项组

在该选项组中可设置碎片的材质 ID 号，在选择 ⊙ 对象碎片 类型时，其选项组面板有效，如图 11-156 所示。

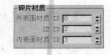

图 11-156

❏ 外表面材质 ID　设置碎片粒子外表面的材质 ID 号。

❏ 边 ID　设置碎片粒子边的材质 ID 号。

❏ 内表面材质 ID　设置碎片粒子内表面的材质 ID 号。

4．"旋转和碰撞"卷展栏

在卷展栏中的"自旋轴控制"选项组中增加了部分参数，其参数面板如图 11-157 所示。

❏ ⊙ 运动方向/运动模糊　选择该选项，将粒子的运动方向作为旋转轴向。

❏ 拉伸：　可设置向粒子运动方向进行拉伸。在选择 ⊙ 运动方向/运动模糊 选项时此选项有效。

5．"对象运动继承"卷展栏

此卷展栏参数与前面介绍的"暴风雪"粒子参数完全相同，可参见"暴风雪"粒子系统相应的部分。

6．"气泡运动"卷展栏

在该卷展栏中可设置产生气泡运动后对粒子晃动的影响，其卷展栏如图 11-158 所示。

❏ 幅度：　设置粒子晃动过程中相对气泡路径的偏移幅度。

❏ 变化：　设置粒子振幅变化的百分比值。

❏ 周期：　设置粒子完成一次晃动所需要的时间。

❏ 变化：　设置粒子周期变化的百分比值。

❏ 相位：　设置粒子在气泡运动曲线上最初的位置。

❏ 变化：　设置每个粒子相位变化的百分比值。

7．"粒子繁殖"卷展栏

此卷展栏参数与前面所介绍的"暴风雪"粒子参数完全相同，可参见"暴风雪"粒子系统相应的部分，其参数面板如图 11-159 所示。

8．"加载/保存预设"卷展栏

此卷展栏参数与前面所介绍的"暴风雪"粒子参数完全相同，可参见"暴风雪"粒子系统相应的部分，其参数面板如图 11-160 所示。

11.6.6　粒子云

用于创建有大量粒子聚集的场景，可以为它指定一个空间范围，并在空间的内部产生粒子效果，图标效果如图 11-161 所示，参数面板如图 11-162 所示。

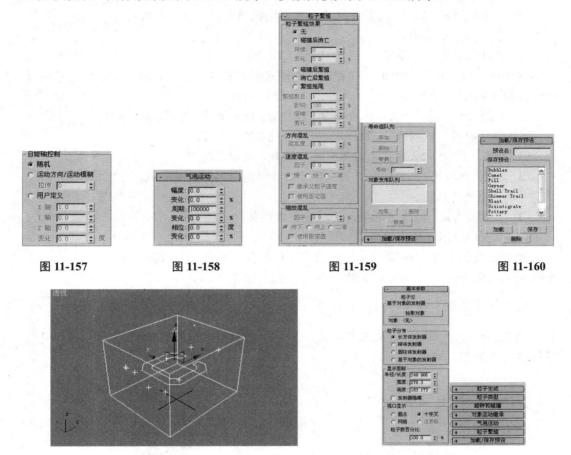

图 11-157	图 11-158	图 11-159	图 11-160

图 11-161	图 11-162

1."基本参数"卷展栏

此卷展栏参数与前面介绍过的"粒子阵列"基本相同，"基于对象的发射器"选项组和"显示图标"选项组中的参数设置有点不同。卷展栏如图 11-163 所示。

（1）"基于对象的发射器"选项组

该选项组参数与"粒子阵列"的相应参数完全相同，可参见"粒子阵列"相应的部分。

（2）"粒子分布"选项组

在该选项组中可选择不同类型的粒子发射器，其选项组面板如图 11-164 所示。

图 11-163

❏ **长方体发射器** 选择此选项，粒子发射器为立方体。

❏ **球体发射器** 选择此选项，粒子发射器为球体。

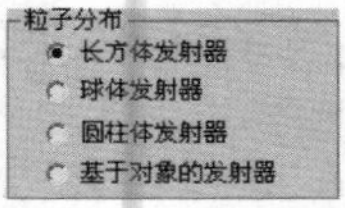

❑ ◯ 圆柱体发射器　选择此选项，粒子发射器为圆柱体。

❑ ◯ 基于对象的发射器　选择此选项，可指定视图中的任意三维对象作为粒子发射器。

图 11-164

（3）"显示图标"选项组

在该选项组中可控制发射器在视图中不同显示方式的大小，其选项组面板如图 11-165 所示。

❑ 半径/长度：　选择"长方体发射器"选项时，设置长度；选择"球体发射器"选项和"圆柱体发射器"选项时，设置半径。

图 11-165

❑ 宽度：　仅对"长方体发射器"选项有效，可设置宽度。

❑ 高度：　仅对"长方体发射器"和"圆柱体发射器"选项有效，可设置其高度。

❑ ☐ 发射器隐藏　勾选该选项，隐藏发射器图标。

（4）"视口显示"选项组

此组参数面板与 暴风雪 粒子的相应项目的参数完全相同，选项组如图 11-166 所示，可参见 暴风雪 粒子系统相应的部分。

图 11-166

2．"粒子生成"卷展栏

该卷展栏与 暴风雪 相应参数一致，只有 粒子运动 选项组和 粒子计时 选项组有所不同，卷展栏对比如图 11-167 所示。

粒子云"粒子生成"卷展栏

暴风雪"粒子生成"卷展栏

图 11-167

（1）"粒子运动"选项组

该选项组可控制粒子的运动效果。

❑ 速度：　设置粒子在每一帧中的移动速度。

❑ 变化：　设置单个粒子发射速度变化量的百分比值。

❑ ◉ 随机方向　选择此选项，随机指定粒子运动方向。

❑ ◯ 方向向量　选择此选项，可分别控制粒子不同轴向上的方向向量。

384

动画制作

- ❑ 　参考对象　　选择此选项，可指定视图中对象的 Z 轴作为粒子的运动方向。
- ❑ 　变化：　设置粒子非随机运动时方向变化的百分比值。选择 参考对象 选项时此选项才有效。

（2）"粒子计时"选项组

与 暴风雪 粒子系统的参数相比较，少了 子帧采样：选项组中的 3 个选项，其余参数相同。

3．其他卷展栏参数

（1）"粒子类型"卷展栏

此卷展栏参数面板与"暴风雪"粒子系统的相应项目参数相同，在 材质贴图和来源 选项组中去掉了 发射器适配平面 选项，可参见 暴风雪 粒子系统相应的部分。

（2）"旋转和碰撞"卷展栏

此卷展栏参数与 粒子阵列 相应项目参数完全相同，可参见 粒子阵列 相应的部分。

（3）"对象运动继承"卷展栏

此卷展栏参数与 暴风雪 相应项目的参数完全相同，可参见 暴风雪 相应的部分。

（4）"气泡运动"卷展栏

此卷展栏参数与 粒子阵列 相应项目的参数完全相同，可参见 粒子阵列 相应的部分。

（5）"粒子繁殖"卷展栏

此卷展栏参数与前面所介绍的 暴风雪 参数相同，可参见 暴风雪 相应的部分。

（6）"加载/保存预设"卷展栏

此卷展栏参数与前面所介绍的 暴风雪 参数相同，可参见 暴风雪 相应的部分。

11.6.7 "超级喷射"粒子

超级喷射 粒子类似于 喷射 粒子，但增加了更多的参数功能，可创建线型或锥形的复杂粒子形态，应用效果如图 11-168 所示，参数面板如图 11-169 所示。

图 11-168

图 11-169

1．"基本参数"卷展栏

此卷展栏参数用于控制超级喷射粒子的基本参数，可设置粒子分布和视图显示的参数。

（1）"粒子分布"选项组

该选项组用于设置粒子发射的方向和偏移角，其参数面板如图 11-170 所示。

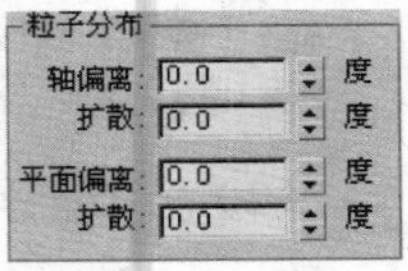

图 11-170

❏ 轴偏离： 设置喷射的粒子流与发射器 Z 轴的偏离角度。

❏ 扩散： 设置喷射粒子后在 Z 轴方向的扩散角度。

❏ 平面偏离： 设置喷射的粒子流与发射器平面方向的偏离角度。

❏ 扩散： 设置喷射粒子后在发射器平面方向的扩散角度。

（2）"显示图标"选项组

在该选项组中可控制发射器在视图中的显示，其参数面板如图 11-171 所示。

图 11-171

❏ 图标大小： 设置发射器图标的大小。

❏ □ 发射器隐藏 勾选该选项将隐藏发射器图标。

（3）"视口显示"选项组

此组参数面板与 暴风雪 的相应项目的参数相同，可参见 暴风雪 相应的部分。

2．其他卷展栏参数

粒子系统中，不同的粒子其自身特点也有不同，但大多参数是相通的，该粒子的其他参数可参照其他粒子。

（1）"粒子生成"卷展栏

此卷展栏参数面板中除了在 粒子运动 选项组中少了一项 速度 参数以外，其他参数与 粒子阵列 相应项目的参数相同，可参见 粒子阵列 相应的部分。

（2）"粒子类型"卷展栏

此卷展栏参数面板与 暴风雪 的相应项目的参数完全相同，在 材质贴图和来源 选项组中去掉了 ○ 发射器适配平面 选项，可参见 暴风雪 相应的部分。

（3）"旋转和碰撞"卷展栏

此卷展栏参数与 粒子阵列 相应项目的参数完全相同，可参见 粒子阵列 相应的部分。

（4）"对象运动继承"卷展栏

此卷展栏参数与 暴风雪 相应项目的参数完全相同，可参见 暴风雪 相应的部分。

（5）"气泡运动"卷展栏

此卷展栏参数与 粒子阵列 相应项目的参数完全相同，可参见 粒子阵列 相应的部分。

（6）"粒子繁殖"卷展栏

此卷展栏参数与前面所介绍的 暴风雪 粒子参数完全相同，可参见 暴风雪 粒子相应的部分。

（7）"加载/保存预设"卷展栏

此卷展栏参数与前面所介绍的 暴风雪 粒子参数相同，可参见 暴风雪 粒子相应的部分。

11.7 案例详解——制作大雪纷飞动画

本例将制作如图 11-172 所示的大雪纷飞动画效果，主要练习"雪"粒子的制作方法。

图 11-172

操作步骤

11.7.1 创建雪粒子

01 新建一个空白场景文件，单击 ✏/○ 创建面板中的 标准基本体 下拉按钮，在下拉列表框中选择 粒子系统 选项，进入 粒子系统 创建面板，单击 雪 按钮，在顶视图中创建雪粒子，设置 宽度:和长度:均为 250，如图 11-173 所示。

02 确认雪粒子为选择状态，进入 ✏ 命令面板，修改其参数，如图 11-174 所示。

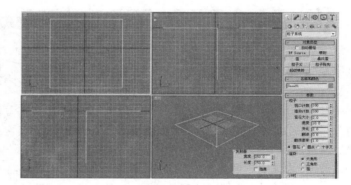

图 11-173

提 示

将雪粒子反射器反射粒子的开始时间设置为-100，目的是让雪粒子从 0 帧开始发射粒子的量便已到达最大数值。

03 设置完成后，激活透视图，按 Alt+W 键，将透视图最大化显示，再单击视图控制区

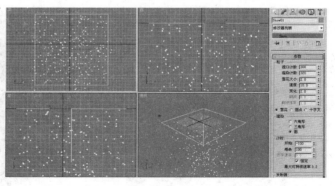

图 11-174

中的 🔍 和 ✋ 按钮，将透视图调整到如图 11-175 所示的视角。

11.7.2 制作雪粒子材质

01 单击工具栏中的"材质编辑器"按钮 ▦，打开"材质编辑器"对话框，选择第一个

材质样本球，单击 不透明度 后面的 ▢ 按钮，在弹出的"材质/贴图浏览器"中双击 ▨渐变坡度 选项，添加"渐变坡度"贴图类型，如图 11-176 所示。

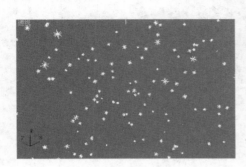

图 11-175

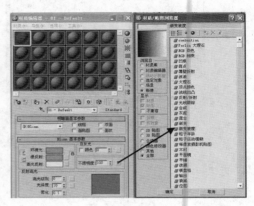

图 11-176

> **ⓘ 提 示**
>
> ▨渐变坡度 贴图类型也可用于制作飞舞的小球、萤火虫等发光粒子的材质效果。

02 单击 渐变坡度参数 卷展栏中 渐变类型: 右侧 线性 ▾ 列表框，选择下拉列表中的 径向 选项，再在"输出"卷展栏中勾选 ☑反转 选项。

03 单击材质编辑器中的 ▨ 按钮，返回顶层材质编辑面板，勾选 自发光 区域中的 ☑颜色 选项，再单击其后面的颜色框按钮，在弹出的"颜色选择器"对话框中设置颜色为灰白色，参数如图 11-177 所示。

04 确认视图中的雪粒子为选择状态，单击材质编辑器中的 ▨ 按钮，将调好的材质赋给它，并对相机视图进行渲染，效果如图 11-178 所示。

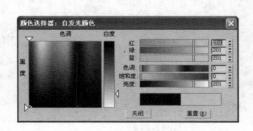

图 11-177

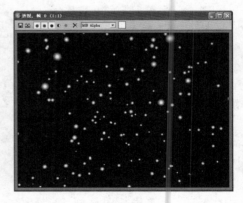

图 11-178

11.7.3　添加环境贴图

01 执行"渲染"→"环境"菜单命令，打开"环境和效果"对话框，单击 环境贴图 下面

的 无 按钮，在弹出的"材质/贴图浏览器"中双击 位图 选项，打开配套光盘中的"源文件与素材\第 11 章\雪景.jpg"文件，将其指定给环境贴图，如图 11-179 所示。

02 指定给环境贴图后，返回"环境和效果"对话框，在 曝光控制 卷展栏中单击 按钮，选择 找不到位图代理管理器 下拉列表框中的 对数曝光控制 选项，单击 渲染预览 按钮，可预览渲染效果，如图 11-180 所示。

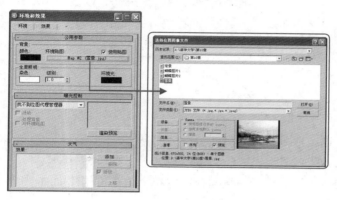

图 11-179

图 11-180

11.7.4 渲染输出动画

01 激活透视图，单击工具栏上的 （渲染场景对话框）按钮，弹出"渲染场景"对话框，选择 范围:选项，其他参数采用系统默认，即时间输出范围为 0 ~ 100 帧，输出大小为 640x480 ，输出视口为 透视 ，如图 11-181 所示。

02 单击 渲染输出 选项栏中的 文件... 按钮，在弹出的"渲染输出文件"对话框中设置动画输出的名称、格式和存放路径，如图 11-182 所示。

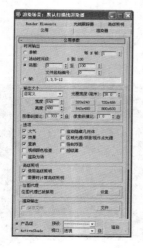

图 11-181

图 11-182

归纳总结

通过本章对 3ds Max 的动画制作的学习，相信大家已经对基础动画制作方法有了一个基本的掌握。动画是 3ds Max 软件最强大的功能之一，通过对 3ds Max 动画控制与编辑面板的熟悉以及实例的演练，主要应该掌握关键帧动画、约束动画以及粒子动画的制作方法和技巧。希望通过大量实战演练进一步掌握相关知识。

互动练习

1. 选择题

（1）单击动画控制区中的哪个按钮可进行自动关键帧的设置？（　　）

    A. ⊶   B. 自动关键点   C. 设置关键点   D. 关键点过滤器...

（2）图 11-183 左图所示的雪山通过粒子系统面板中的哪个命令可创建如右图所示的飘雪效果？（　　）

    A. 喷射   B. 雪   C. 暴风雪   D. 粒子阵列

图 11-183

（3）制作飘雪效果常采用粒子系统中的哪类粒子制作？（　　）

    A. 雪   B. 喷射   C. 暴风雪   D. 粒子云

2. 上机题

（1）本练习将制作"转动的地球"动画。主要练习在自动设置关键点模式下来制作转动的地球动画，完成后的效果如图 11-184 所示。

📋 **操作提示**

01 新建"地球"模型。单击动画控制区中的 自动关键点 按钮，开启自动设置关键点模式，此时轨迹栏呈红色。将轨迹栏中的时间滑块移动到第 100 帧位置并最大化顶视图。

图 11-184

02 右击工具栏中的"旋转"按钮↻,弹出"旋转变换输入"对话框,在对话框的"绝对:世界"选项组中设置 Z 轴参数为 180,此时轨迹栏的第 0 帧和第 100 帧位置都出现两个绿色的小方块,表明刚才对地球的旋转变换已经被系统自动设置为关键帧。

03 制作完成动画后,切换到透视图,播放动画。

04 创建摄像机和灯光。单击动画控制区中的 自动关键点 按钮,关闭自动设置关键点模式。在顶视图中创建一目标摄像机,调整位置并设置其参数,如图 11-185 所示。

05 在顶视图中创建一盏目标聚光灯,调整位置并设置其参数,如图 11-186 所示。

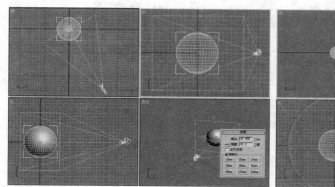

图 11-185

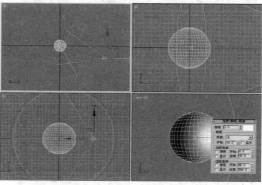

图 11-186

06 赋予地球材质和背景贴图。在材质编辑器中单击"Blinn 基本参数"卷展栏下的"漫反射"右侧的 ▊ 按钮,选择"位图"贴图类型,将其指定给"漫反射"贴图通道。

07 指定环境贴图。在"环境和效果"对话框中指定本书配套光盘中的"背景贴图.jpg"文件(位置:源文件与素材\第 9 章\背景贴图.jpg)。

08 输出动画。在"渲染场景"对话框中的"时间输出"选项组下设置"范围"为 0 ~ 100,在"输出大小"选项组中设置输出大小为 640 × 480,渲染视口为 Camera01。

09 再单击"渲染输出"选项组中的 文件... 按钮,在弹出的"渲染输出文件"对话框中设置名称、格式和存放路径。

(2)本例主要是利用"路径"约束来制作模拟地球围绕太阳转动的动画,完成后的效果如图 11-187 所示。

📝 操作提示

01 创建动画场景。在顶视图中创建 3 个球体,分别命名为"太阳"、"地球"和"月球"。然后调整它们的位置,如图 11-188 所示。

02 指定"路径"约束。单击二维创建命令面板中的 ▊ 圆 ▊ 按钮,在顶视图中创建两个圆形线框,效果如图 11-189 所示。

03 确认选择大圆形线框,设置对齐,效果如图 11-190 所示。

04 制作动画。选择地球,进入运动命令面板,选择"指定控制器"卷展栏下的"位置"选项,然后单击 "指定控制器"卷展栏下的 [?] 按钮,在弹出的"指定位置控制器"对话框中选择"路径约束"选项。

图 11-187

图 11-188

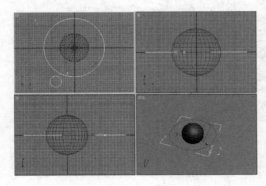

图 11-189

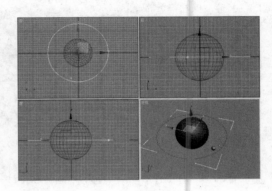

图 11-190

05 在运动命令面板中单击"路径参数"卷展栏下的 添加路径 按钮，将光标移动到大圆形线框上，右击，完成地球路径的指定，如图 11-191 所示。

06 将小圆形线框与对齐地球，对齐效果如图 11-192 所示。

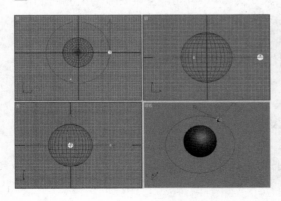

图 11-191

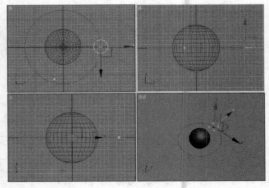

图 11-192

07 使用同样的方法，选择月球，进入运动命令面板，在"指定 位置 控制器"对话框中为月球指定"路径约束"控制器，单击 添加路径 按钮，将小圆形线框作为路径指定给月球，如图 11-193 所示。

08 选择小圆形线框，单击工具栏上的 按钮，如图 11-194 所示，将小圆形线框和地球进行父子链接，播放动画，发现月球、小圆形线框都和地球保持着同一位置并围绕太阳旋转。

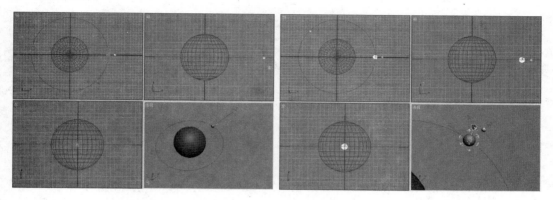

图 11-193　　　　　　　　　　　图 11-194

09 单击动画控制区中的 设置关键点 按钮，开启手动设置关键点模式，移动时间滑块到 100 帧位置，选择月球，进入运动命令面板中的"路径选项"选项栏，设置"%沿路径"参数为 3000，如图 11-195 所示。单击动画控制区中的 ━ 按钮，记录下此次动画的信息，至此，完成动画制作，如图 11-196 所示。

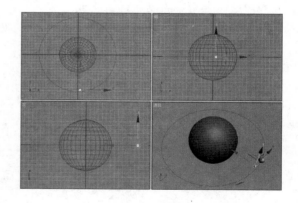

图 11-195　　　　　　　　　　　图 11-196

10 赋予材质和背景贴图。设置地球和月球的位图贴图，然后将材质分别赋予地球和月球，完成材质制作。再设置"环境和效果"编辑器中"曝光控制"卷展栏下的"线性曝光控制"参数，如图 11-197 所示。最后渲染输出。

图 11-197

第 12 章　室内装饰设计与效果图表现

 学习目标

室内装饰效果图表现广泛应用于建筑装饰设计行业，通过 3ds Max 绘制的效果图不仅美观，而且可以将设计装饰的效果很直观地展现在客户面前，让客户对设计有一个直观的感受，从而大大地加强与客户的交流和沟通，起到事半功倍的工作效率。本章将讲解室内装饰设计的一些基础知识，重点讲解"中式茶楼效果图表现"实例的制作方法和表现技巧。

 要点导读

1. 室内装饰设计概念
2. 室内装饰设计流程
3. 室内装饰设计风格
4. 室内装饰设计要点
5. 中式茶楼包间效果表现

 精彩效果展示

12.1　室内装饰设计概念

　　室内设计是指按照不同的空间功能、特点，以及使用目的，从美学角度对建筑物的内部空间进行装饰美化，它是建筑的最后一个阶段，也是一种表现艺术，如图 12-1 所示。室内设计所包含的内容非常广泛，如办公空间、家居空间、展示空间、商业空间、公共空间等，都属于室内设计的范畴，而从事室内设计的专业工作人士则叫做室内设计师。

装饰前的效果　　　　　　　　　　　　　　装饰后的效果

图 12-1

> ❗ **提　示**
>
> 　　建筑物的内部在没有进行任何装饰以前，称为清水房，装饰后的建筑室内，则称为精装房。

12.2　室内装饰设计流程

　　室内设计工作流程分为 5 个阶段：首先与客户讨论明确要求→基本构思→设计→确定方案进场施工→室内装饰，如图 12-2 所示。

构思　　　　　　　　　　　　施工　　　　　　　　　　室内装饰

图 12-2

整个室内装饰的工种由杂工、电工、木工、漆工、水泥工 5 种工种组成，杂工主要负责墙壁打洞、开槽等技术性不是很高的工作，电工主要对室内进行电路布线、灯具与开关的安装工作，木工主要制作室内所有木作工作，如装饰柜、门、木地板基层以及木地板的安装等，漆工主要负责木作表面的油漆喷涂与墙面乳胶漆的刷涂工作，水泥工主要负责地面或墙面瓷砖、石材的安装工作，这 5 个工作相互配合、相互协调共同完成整个室内空间的装饰与装修工作。

1．与客户讨论明确要求

与客户讨论明确要求是设计的前提，只有明确了客户意图才能设计出客户满意的作品，其次还需要到现场进行分析，了解楼层、采光、方位、管道等细微东西的分布情况，为后面的基本构思提供依据。

> **！ 提 示**
>
> 楼层的高低、采光直接影响室内装饰色调的选择，通常三楼以下采光不是很好的楼层在选材上应尽量避开深色调，应以浅色调为主，这样可扬长避短增加室内的亮度，另外对于相对潮湿的低层来说，地面不宜安装木地板，因为木地板受潮后容易变形。而相对于采光很好的高层来说，在色调与材质的选择上设计师可大胆地发挥，同时也要尊重客户的意见。

2．基本构思

在基本构思阶段，要制定一个包括场所、功能、室内特点、预算等内容的计划书，如果做装饰性比较强的简单风格构思，在起草图时，装饰轮廓设计和家具轮廓大概成形，草图起用大方向色彩，不要求精确，用家具配合装饰的传统办法进行构思。在后面的深化设计上，由于前面已经和客户探讨了家具定位，所以先想到了家具，这个时候家具的品牌和款式已经构思到位，所以在轮廓内调节装饰，基本以细节配合家具和其他软装饰的手法。将大方向的色调和空间划分好，再将本该有规律事物做一些调整，使其看上去是有规律但细看又有所变化，在看这有所变化之处时又发现它是通过精确计算取得的，这就使人越看越有味道，越看越有看点。在实际应用中经常将尺寸大于 12 的整除后，在其中需要的地方除 5，然后再除 5，如果需要再除 5，以自己的美术感觉来判断该取什么尺寸，取哪一个合适，多用黄金分割来计算，使用中，发现控制好了这个将改变作品的品位。尺寸基本得到控制了之后，再加以装饰与美化，那么就会得到很有成效的设计，接下来则进入设计阶段。

3．设计阶段

在设计阶段所要做的工作有用 CAD 软件绘制正式的施工设计图，然后制作效果图（用 3ds Max 软件进行前期建模与赋材质、布置灯光、渲染输出，用 PS 软件进行后期的处理），如图 12-3 所示。

4．进场施工阶段

完成以上设计阶段工作后则与客户定稿签订装饰施工合同并进场施工，在进场施工之前应先组织好施工人员，将设计与施工项目经理进行交底，在施工过程中为了确保设

室内装饰设计与效果图表现

计的完美性，设计师还应到施工现场进行验收。

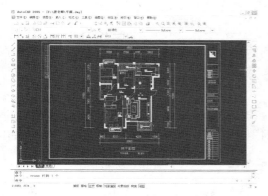

CAD 方案设计图

3ds Max 建模

LS 光能传递渲染

PS 后期处理

图 12-3

5. 室内装饰阶段

等施工结束后，最后则是对室内区域进行装饰品的布置，这将充分体现设计的理念与精华，如图 12-4 所示。

装饰品 1

装饰品 2

图 12-4

12.3 室内装饰设计风格

目前最流行的室内装饰设计风格有现代简约风格、现代前卫风格、雅致风格、新中式风格、欧式古典风格、美式乡村风格和地中海风格等。

1. 现代前卫风格演绎另类生活

比简约更加凸显自我、张扬个性的现代前卫风格已经成为艺术人类在家居设计中的首选。无常规的空间解构，大胆鲜明，对比强烈的色彩布置，以及刚柔并济的选材搭配，无不让人在冷峻中寻求到一种超现实的平衡，而这种平衡无疑也是对审美单一、居住理念单一、生活方式单一的最有力的抨击。随着"80年代"的逐渐成熟以及新新人类的推陈出新，人们有理由相信，现代前卫的设计风格不仅不会衰落，反而会在内容和形式上更加出人意料、夺人耳目，如图12-5所示。

图 12-5

2. 崇尚时尚的现代简约风格

对于不少青年人来说，事业的压力、烦琐的应酬让他们需要一个更为简单的环境给自己的身心一个放松的空间。不拘小节、没有束缚，让自由不受承重墙的限制，是不少消费者面对家居设计师时最先提出的要求。而在装修过程中，相对简单的工艺和低廉的造价，也被不少工薪阶层所接受，如图12-6所示。

3. 雅致风格再现优雅与温馨

雅致主义是近几年刚刚兴起又被消费者所迅速接受的一种设计方式，特别是对于文艺界、教育界的朋友来说，空间布局接近现代风格，而在具体的界面形式、配线方法上则接近新古典，在选材方面应该注意颜色的和谐性，如图12-7所示。

4. 新中式风格勾起怀旧思绪

新中式风格在设计上继承了唐代、明清时期家居理念的精华，将其中的经典元素提炼并加以丰富，同时改变原有空间布局中等级、尊卑等封建思想，给传统家居文化注入了新的气息，如图12-8所示。

图 12-6

图 12-7

5. 欧式古典风格营造华丽

作为欧洲文艺复兴时期的产物，古典主义设计风格继承了巴洛克风格中豪华、动感、多变的视觉效果，也吸取了洛可可风格中唯美、律动的细节处理元素，受到社会上层人士的青睐。特别是古典风格中深沉里显露尊贵、典雅浸透豪华的设计哲学，也成为这些成功人士享受快乐，理念生活的一种写照，如图 12-9 所示。

图 12-8

图 12-9

6. 表达休闲态度的美式乡村风格

美式乡村风格摒弃了烦琐和奢华，并将不同风格中的优秀元素汇集融合，以舒适为导向，强调"回归自然"，使这种风格变得更加轻松、舒适。美式乡村风格突出了生活的舒适和自由，不论是感觉笨重的家具，还是带有岁月沧桑的配饰，都在告诉人们这一点。特别是在墙面色彩选择上，自然、怀旧、散发着浓郁泥土芬芳的色彩是美式乡村风格的典型特征，如图 12-10 所示。

7. 披着神秘面纱的地中海风格

地中海文明一直在很多人心中蒙着一层神秘的面纱，古老而遥远、宁静而深邃。随处不在的浪漫主义气息和兼容并蓄的文化品位，以其极具亲和力的田园风情，很快被地中海以外的广大人群所接受。对于久居都市，习惯了喧嚣的现代都市人而言，地中海风格给人们以返璞归真的感受，同时体现了人们对于更高生活质量的要求，如图 12-11 所示。

图 12-10

图 12-11

12.4 室内装饰设计要点

室内装饰设计的要点主要是对室内主要空间的设计划分，如装饰地面、装饰天棚、装饰墙面等。

1. 装饰地面

装饰地面的材质与手法多种多样（如图 12-12 所示），不同的功能空间所用的装饰手法与材质也完全不同这主要是由材质的属性所确定的。例如，出入口或者玄关等区域的地面材料一般采用大理石、花岗石、水磨石等，因为这类石材坚固、耐久性强；地毯一般用于卧室，因为地毯柔软、静音效果明显；木材可用于休闲厅或卧室，木材经过防潮处理过后还可用于室外的花园，因为木材具有一种自然的美感，冬暖夏凉，耐久性好，可以长时间使用；防滑瓷砖常用于卫生间、厨房、阳台区域，因为防滑瓷砖在水分多的区域安全性很好，不会发生摔倒现象，而且坚固、耐用、容易清洗。

用于花园的木材

用于卫生间的瓷砖

用于卧室的地毯

图 12-12

2. 装饰墙面

在各种室内空间的构成元素当中，墙是人们视线停留最多的地方，因此墙面的装饰尤为重要，它是决定室内空间的最大元素。墙面装饰的材料根据空间功能以及材质属性所用的区域各不相同，一般有墙纸、乳胶漆、文化石、木材、布艺、玻璃、瓷砖等装饰材料，如图 12-13 所示。

用于墙面的布艺　　　　　　用于隔断的玻璃墙　　　　　　用于装饰墙的彩色乳胶漆

图 12-13

3. 装饰天棚

装饰天棚是室内空间层次多样化的重要手法，通过天花的不同造型配合灯光营造出不同光阴效果，在装饰天花材质的选用上因室内风格与功能区域的不同，吊顶的材质与造型都各不相同（如图 12-14 所示），通常铝扣板局限于厨房、卫生间等潮湿空间，因为它防潮、防火性能很好，安装检修也很方便；纱缦材质的吊顶一般用于过道区域，适用于公共空间吊顶装饰，因为纱缦材质的半透明特性可营造出柔和、朦胧的光阴效果；玄空吊顶保留原结构梁的手法适用于个性化餐饮、销售、办公等公共装饰空间。

反光灯槽装饰天花　　　　　　　　　松木板平顶装饰天花

玄空吊顶装饰天花

纱缦吊顶装饰天花

图 12-14

12.5 中式茶楼包间效果表现

本例将制作如图 12-15 所示的中式茶楼包间效果图，主要练习室内装饰效果图的综合建模、材质处理、灯光处理、渲染输出以及后期处理等。其中建模方面常用二维建模、三维建模以及编辑修改命令的综合应用方法。灯光和材质是本章的重点，后期处理主要是对渲染出现的缺陷进行修补以及室内景观的制作。

12.5.1 前期建模

图 12-15

1. 设置系统单位为毫米

启动 3ds Max 9 操作程序，执行"自定义"→"单位设置"命令，在弹出的"单位设置"对话框中选择 公制栏中的 毫米 选项，设置单位为毫米，如图 12-16 所示。

图 12-16

室内装饰设计与效果图表现

> **提 示**
>
> 　　一般室内装饰 CAD 平面图是以毫米为单位绘制的，因此 3ds Max 9 中的单位应与导入的 CAD 平面图的单位统一，这样才能绘制出与实际尺寸相符的模型。

2. 输入 CAD 平面图制作墙体、形象墙与顶

01　执行"文件"→"导入"命令，打开配套光盘中的"源文件与素材\第 12 章\maps\平面.dwg"文件，如图 12-17 所示。

02　单击 打开(0) 按钮，弹出"导入选项"对话框，如图 12-18 所示，再单击 确定 按钮，导入结果如图 12-19 所示。

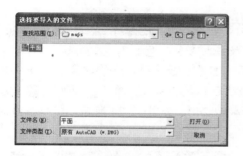

图 12-17

图 12-18

03　在工具栏中的 按钮上右击，在弹出的"栅格和捕捉"设置对话框中设置捕捉方式，如图 12-20 所示。

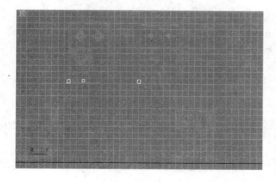

图 12-19

图 12-20

04　接下来制作墙体，激活顶视图，单击视图控制工具栏中的 按钮或按 Ctrl+W 键，全

屏显示顶视图。单击 👁/✋按钮，进入二维图形创建面板，单击 ███线███ 按钮，在顶视图中捕捉平面图墙体内轮廓顶点绘制闭合墙线并命名为"墙体"，如图 12-21 所示。

05 单击工具栏中的✛工具，并按住 Shift 键，在原位置单击"墙体"样条线将其复制两个用于制作顶面和地面，并在弹出的"克隆选项"对话框中选择 ███复制 选项，设置 副本数 为 2，名称:为"顶面"，如图 12-22 所示。单击 ███确定███ 按钮关闭对话框。

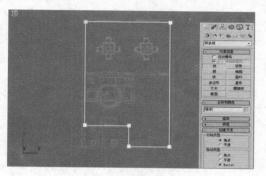

图 12-21

图 12-22

06 在 ✎命令面板中，将当前复制的"顶面 01"重命名为"地面"，选择 修改器列表 ███▾ 下拉列表框中的 挤出 选项，设置 数量:为 1，效果与参数设置如图 12-23 所示。

07 按 H 键，在弹出的"选择对象"对话框中选择 █墙体█ 选项，在修改命令面板中单击 ███选择 卷展栏中的 ⋀ 按钮，进入样条线次物体编辑模式，单击 ███几何体 ███ 卷展栏中的 ███轮廓 ██ 按钮，设置"轮廓线框"参数为 240，如图 12-24 所示，将样条线向外侧偏移出墙厚。

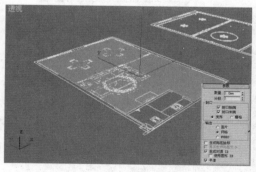

图 12-23

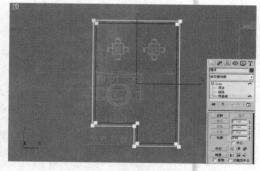

图 12-24

08 选择 修改器列表 ███▾ 下拉列表框中的 挤出 选项，设置 数量:为 3200，效果与参数设置如图 12-25 所示。

09 按 H 键，在弹出的"选择对象"对话框中选择 █顶面█ 选项，选择 修改器列表 ███▾ 下拉列表框中的 挤出 选项，拉伸出厚度，设置 数量:为 10。激活顶视图，确认"顶面"处于选择状态，在✛工具按钮上右击，设置 偏移:世界栏中的 Z:为 3200，效果与挤出参数设置如图 12-26 所示。

室内装饰设计与效果图表现

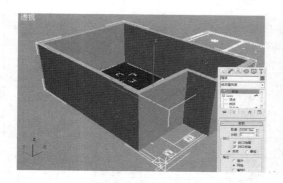

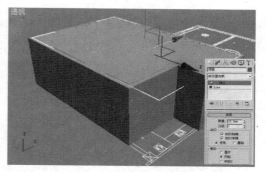

图 12-25　　　　　　　　　　　　图 12-26

3. 创建相机

01 接下来为场景创建相机。单击 面板下的 按钮，进入相机创建命令面板，单击
　　 目标 按钮，在顶视
　　图中创建相机，位置如
　　图 12-27 所示。

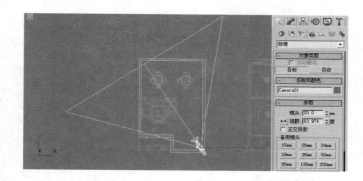

图 12-27

02 选择整个相机，在 工
　　具上右击，在弹出的"移
　　动变换输入"对话框中
　　设 置 偏移:屏幕 栏 中
　　的 Z: 为 1200，如 图
　　12-28 所示，将相机在顶
　　视图中沿 Z 轴向上移动
　　1200 的高度，用于模拟

成人的视线高度，结果如图 12-29 所示。

图 12-28

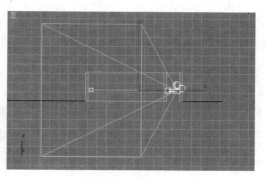

图 12-29

03 相机的位置调整好后，激活透视图，按 C 键，将该视图转换为相机视图，此时相机
　　视图的角度如图 12-30 所示。

04 为了观察整个模型，下面在客厅中间位置创建 1 盏泛光灯，单击 面板下的 创建

面板中的 泛光灯 按钮，在顶视图中客厅模型中央位置创建泛光灯，灯光参数为系统默认值，位置如图 12-31 所示，

图 12-30   图 12-31

4. 创建顶面造型

01 单击 创建面板中的 线 按钮，在顶视图中捕捉天棚平面图墙体内轮廓顶点绘制闭合墙线，并命名为 "造型顶"，再单击 圆 按钮，创建顶部圆，如图 12-32 所示。

02 选择创建的 "造型顶" 闭合样条线，单击 按钮进入修改命令面板，再单击 几何体 卷展栏中的 附加多个 按钮，在弹出的 "附加多个" 对话框选择 Circle01 选项，如图 12-33 所示，单击 附加 按钮，将选择的圆与样条线附加为一个整体，如图 12-34 所示。

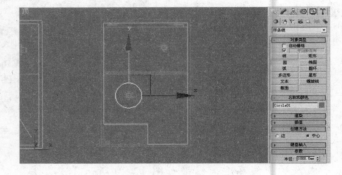

图 12-32

图 12-33

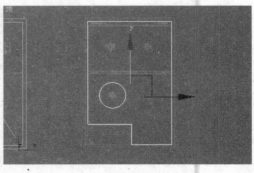

图 12-34

03 确认"顶造型"为选择状态，利用 ✛ 工具并结合 ⟲ 工具，将"顶造型"对象移动到
平面图中，使其外轮廓与墙体内轮廓完全重合，如图 12-35 所示，并选择修改命令
面板 修改器列表 ▾ 下拉列表框中的 挤出 选项，拉伸出厚度，设置 数量: 为 60，参数如
图 12-36 所示。

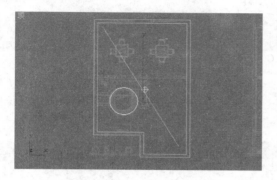

图 12-35

图 12-36

04 在 ✛ 工具按钮上右击，弹出"移动变换输入"对话框，设置 ─偏移:屏幕─ 栏中的 Z: 为
3000，如图 12-37 所示，将"顶造型"对象在顶视图中沿 Z 轴向上移动 3000 的高度，
单击工具栏中的 ☕ 按钮，渲染相机视图，结果如图 12-38 所示。

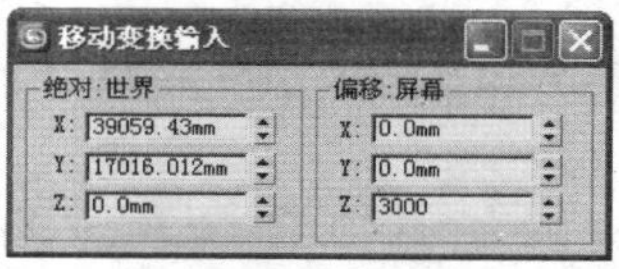

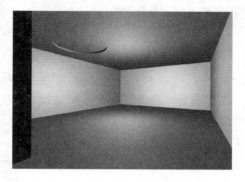

图 12-37

图 12-38

5. 创建地台

01 选择"地面"对象，并按 Alt+Q 键，隔离没被选择的对象，在修改命令面板中选择
修改器列表 ▾ 下拉列表框中的 编辑多边形 选项，添加"编辑多边形"修改命令，单击 ◢
（边）按钮，按住 Ctrl 键，在顶视图中选择"地面"的两侧边，如图 12-39 所示。

02 接着上一步的操作，单击 ─ 编辑边 卷展栏中的 连接 按钮，此时在两选择边
创建了一条连接线，如图 12-40 所示。

03 单击修改堆栈 ◷ ▪ 编辑多边形 前的"+"号按钮，在展开的次物体选项中选择 ┈ 顶点 选
项，切换到顶点编辑模式，并单击 退出孤立模式 按钮，退出隔离模式。选择连线顶点，
利用 ✛ 工具调整顶点的位置使其与参考平面底图的中间地台线重合，如图 12-41
所示。

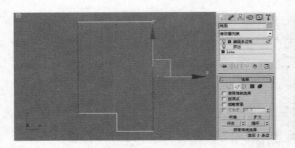
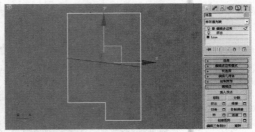

图 12-39   图 12-40

04 选择修改堆栈中的 ⊞ 多边形 选项，切换为多边形次物体编辑模式，选择顶视图中的
上部分面，如图 12-42 所示。

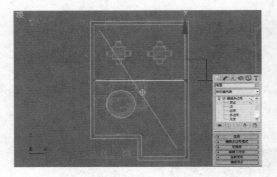

图 12-41   图 12-42

05 接着上一步的操作，单击 ┃－   编辑多边形   ┃ 卷展栏中的 挤出 按钮后面的 □ 按
钮，在弹出的 "挤出多边形" 对话框中，设置 挤出高度: 参数为 100，如图 12-43 所示，
单击 确定 按钮，关闭对话框，挤出后的渲染效果如图 12-44 所示，这样地台就做
好了。

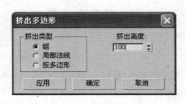

图 12-43   

图 12-44

6. 制作窗户

01 单击 ☜ / ● 按钮，进入几何体创建面板，单击 长方体 按钮，在顶视图中参照平面

室内装饰设计与效果图表现

底图创建 **长度**:为 1600、**宽度**:为 1800、**高度**:为 1900 的长方体,用于后面修改窗洞,位置与参数如图 12-45 所示。

02 利用 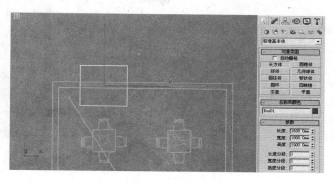 工具,按住 Shift 键,将以上创建的长方体沿 X 轴向右移动复制一个到右侧窗户位置,并在弹出的"克隆选项"对话框中选择 **复制** 选项,如图 12-46 所示,再选择两长方体,在 工具按钮上右击,在弹出的对话框中设置 **偏移:屏幕** 栏中的 **Z:** 参数为 900,使后面修剪出的

图 12-45

窗洞离地高 900,在前视图中的位置如图 12-47 所示。

图 12-46

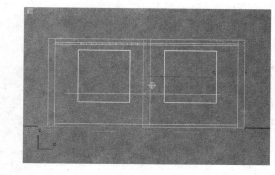

图 12-47

03 选择"墙体"对象,在 创建面板中选择 标准基本体 下拉列表框中的 **复合对象** 选项,进入 复合对象 创建面板,单击 **布尔** 按钮,展开布尔编辑面板,单击 拾取操作对象 B 按钮,如图 12-48 所示,再单击顶视图中创建的长方体,将其修剪掉,并右击,退出 **布尔** 命令。

04 再执行"布尔"命令,单击 **布尔** 按钮,并单击 拾取操作对象 B 按钮,单击剩下

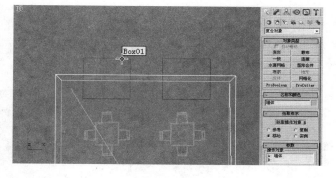

图 12-48

的长方体,将其修剪,如图 12-49 所示,再右击,退出 **布尔** 命令,完成后对相机视图进行渲染,效果如图 12-50 所示。

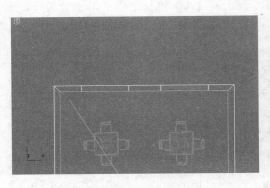

图 12-49　　　　　　　　　　　　图 12-50

7．创建窗框与踢脚线

01 单击/ 按钮，进入二维图形创建面板，单击 矩形 按钮，在前视图中启动 （三维捕捉）模式，捕捉其中一窗洞对角点绘制矩形，并命名为"窗框"，如图 12-51 所示。

02 确认"窗框"为选择状态，进入 命令面板，选择 修改器列表 下拉列表框中的 编辑样条线 选项，添加"编辑样条线"修改命令，单击 选择 卷展栏中的 按钮，进入样条线次物体编辑模式，再单击 几何体 卷展栏中的 轮廓 按钮，设置轮廓线框参数为 60，如图 12-52 所示，将样条线向内侧偏移出窗框厚度。

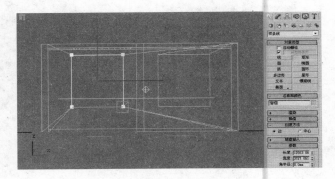

图 12-51

03 选择 修改器列表 下拉列表框中的 挤出 选项，设置 数量：为 280，位置与参数设置如图 12-53 所示。

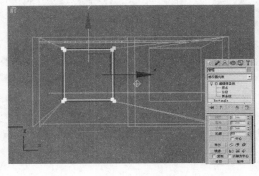

图 12-52

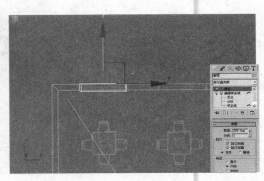

图 12-53

室内装饰设计与效果图表现

04 确认"窗框"为选择状态，利用 ✛ 工具，按住 Shift 键将其在顶视图沿 X 轴向右移动关联复制一个到右侧窗洞，制作右侧窗框，并在弹出的"克隆选项"对话框中选择 ⊙ 实例 选项，如图 12-54 所示，在前视图中的位置如图 12-55 所示。

图 12-54

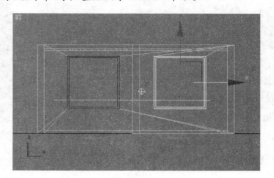

图 12-55

05 下面制作踢脚线。单击 ⬙ 创建面板中的 矩形 按钮，在顶视图中沿墙体内侧轮廓绘出休闲区踢脚线样条线，并命名为"踢脚线"，位置与形态如图 12-56 所示。

06 进入 ✎ 命令面板，单击修改堆栈中的 Line 前的"+"号按钮，在展开的次物体选项中选择 样条线 选项，进入样条线编辑模式，勾选 几何体 卷展栏 轮廓 下的 ☑ 中心 选项，设置"轮廓线框"参数为 40，效果与参数如图 12-57 所示，

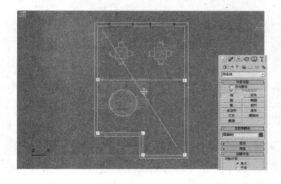

图 12-56

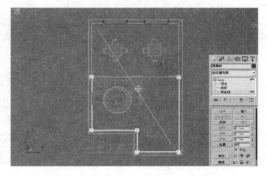

图 12-57

07 接着上一步的操作，选择 修改器列表 下拉列表框中的 挤出 选项，设置 数量: 为 100，效果与参数设置如图 12-58 所示。

08 参照以上制作踢脚线的操作步骤，完成地台上面踢脚线的创建，具体操作步骤这里不再详细讲述，最终完成效果如图 12-59 所示。

8．制作装饰隔断

01 在顶视图中将装饰立面图最大化显示，再单击 ⬙ 创建面板中的 矩形 按钮，并结合 ⬚ 模式在顶视图中捕捉装饰立面外框对象绘制轮廓并命名为"装饰墙"，如图 12-60 所示。

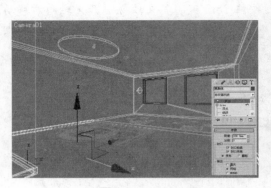

图 12-58   图 12-59

02 接着上一步的操作，取消勾选 开始新图形 选项，按钮变成 开始新图形 状态，再继续捕捉装饰墙体对角点，完成装饰墙轮廓线的绘制，结果如图 12-61 所示。

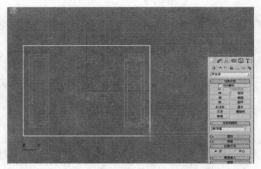

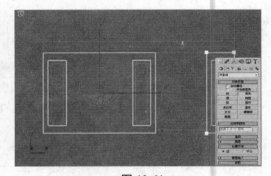

图 12-60   图 12-61

03 勾选 开始新图形 选项，结束绘制附加为一体的图形，单击 圆 按钮，绘制出装饰墙体上的圆轮廓线，如图 12-62 所示，并将绘制的圆复制一个用于后面制作框模型。

04 选择绘制的墙体附加一体的线框，进入 命令面板，单击 - 几何体 卷展栏中的 附加多个 按钮，在打开的"附加多个"对话框中选择 Circle02 选项，将其附加为一个整体。再为其添加 挤出 修改命令，设置 数量：为 100，拉伸出墙体的厚度，效果与参数设置如图 12-63 所示。

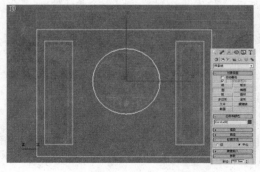

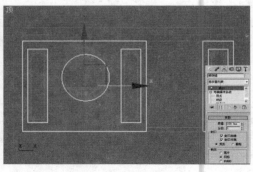

图 12-62   图 12-63

室内装饰设计与效果图表现

05 再单击 ⚪ 创建面板中的 ▭长方体▭ 按钮，并结合 ⚙ 模式，在顶视图中捕捉顶部立面墙体对象点绘制长方体并命名为"梁"，如图 12-64 所示。

06 单击 ⚪ 创建面板中的 ▭矩形▭ 按钮，勾选 ▭ 渲染 ▭ 卷展栏中的 ☑ 在视口中启用 和 ☑ 在视口中启用 选项，设置二维线可被渲染样式在视图窗口中可见。再选择 ⦿ 矩形 选项，线框截面为矩形，设置 长度 为 25、宽为 25，结合 ⚙ 模式在

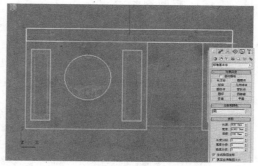

图 12-64

顶视图中捕捉装饰窗框轮廓顶点，绘制轮廓并命名为"装饰框"，效果与参数如图 12-65 所示。

07 接着上一步的操作，取消勾选 ▭开始新图形▭ 选项，按钮变成 ▭开始新图形▭ 状态，再继续捕捉装饰框顶点轮廓，完成装饰框廓线的绘制，最终结果如图 12-66 所示。

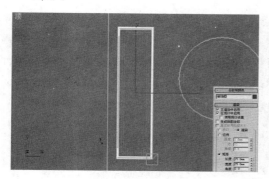

图 12-65

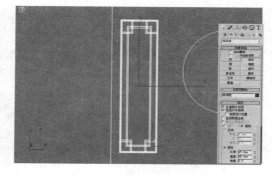

图 12-66

08 确认绘制的"装饰框"处于选择状态，按住 Shift 键，结合 ✛ 工具，将其沿 X 轴向右进行移动关联复制 2 个到花窗处，并在弹出的"克隆选项"对话框中选择 ⦿ 实例 选项，设置 副本数: 为 2，如图 12-67 所示，复制后的位置如图 12-68 所示。

图 12-67

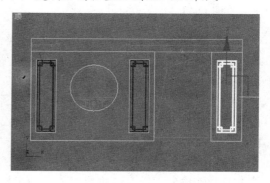

图 12-68

09 选择复制的圆框样条线，进入 ✎ 命令面板，选择 修改器列表 ▾ 下拉列表框中的 编辑样条线 选项，添加"编辑样条线"修改命令，单击 选择 卷展栏中的 ⋏ 按钮，进入样条线次物体编辑模式，设置 几何体 卷展栏中的 轮廓 参数为 60，将其向内侧偏移出圆框的厚度，效果如图 12-69 所示，并为其添加 挤出 修改命令，将"圆框"对象拉伸出厚度，设置 数量: 为 140，参数设置如图 12-70 所示。

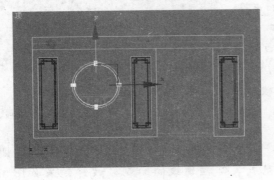
图 12-69

图 12-70

10 激活前视图，确认"圆框"对象为选择状态，单击工具栏中的 ❖ 工具，光标变成"对齐工具"图标，在"装饰墙"对象上单击，在弹出的"对齐当前选择"对话框中选择选项如图 12-71 所示，将选择对象"圆框"与"装饰墙"在 Y 轴上进行中心对齐，对齐后在前视图中的效果如图 12-72 所示。

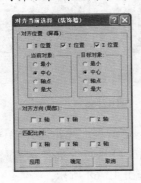
图 12-71

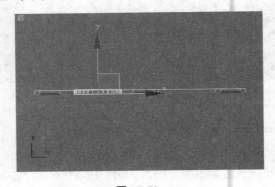
图 12-72

11 参照以上对齐方法，再分别选择"装饰框"、"装饰框 01"和"装饰框 02"对象，使其在前视图中与"装饰墙"分别在 Y 轴上进行中心对齐，对话框选项如图 12-73 所示，对齐后的位置如图 12-74 所示。

12 下面制作装饰隔板。单击 ❖/ ⬤ 按钮，在 标准基本体 ▾ 面板中单击 长方体 按钮，在顶视图中沿装饰隔板轮廓绘制长方体，并命名为"隔板"，效果与参数如图 12-75 所示。

13 再启动 长方体 工具按钮，创建"隔板 1"，效果与参数如图 12-76 所示。

14 单击 ❖/ ⬤ 按钮，进入二维图形创建面板，单击 线 按钮，绘制装饰线，效果与参数如图 12-77 所示。

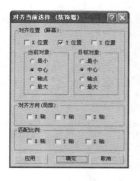

图 12-73

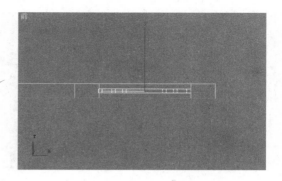

图 12-74

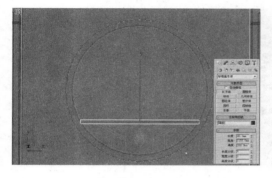

图 12-75

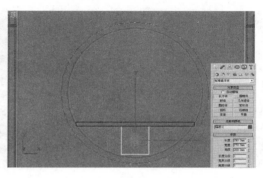

图 12-76

15 最后，再参照"装饰框"
与"装饰墙"的对齐方法，
将创建的"隔板"、"隔板
1"和"装饰线"分别与
"装饰墙"在前视图中进
行 Y 轴中心对齐，效果如
图 12-78 所示，"对齐当
前选择"对话框选项如图
12-79 所示。

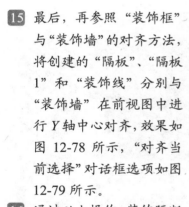

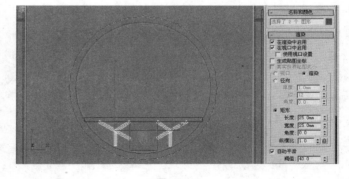

图 12-77

16 通过以上操作，装饰隔断
就做好了，下面将装饰隔断整体选中成组，执行"组"→"成组"菜单命令，在弹
出的"组"对话框中设置组名:为"装饰隔断"，如图 12-80 所示，成组后的效果如
图 12-81 所示。

17 确认当前视图为顶视图，组"装饰隔断"为选择状态，单击工具栏中的 ↻ 工具，并
在 ↻ 按钮上右击，在弹出的"旋转变换输入"对话框中设置偏移:屏幕栏中的 X:为 90，
将组在顶视图中沿 X 轴旋转 90°。并单击 ✛ 工具，将组调整到平面图中的隔断位置，
结果如图 12-82 所示。

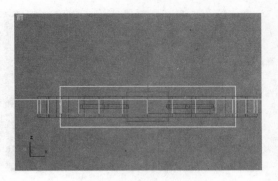

图 12-78   图 12-79

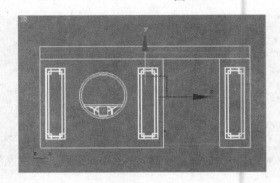

图 12-80   图 12-81

18 激活相机视图，按 F9 键，进行渲染，模型效果如图 12-83 所示。

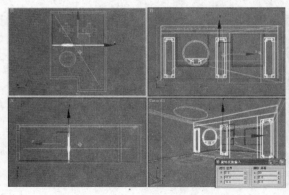

图 12-82   图 12-83

9. 制作阴角线

01 制作阴角线路径。单击 🖊 / 🖊 按钮，进入二维图形创建面板，单击 ___线___ 按钮，启动 🖊 模式，在顶视图中沿休息厅墙体内廓绘制阴角线路径，效果如图 12-84 所示。同样再绘出地台区域阴角线路径，效果如图 12-85 所示。

室内装饰设计与效果图表现

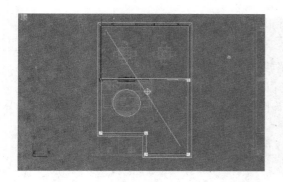

图 12-84

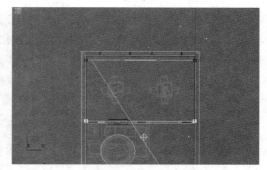

图 12-85

02 在顶视图中选择创建好的两条路径，单击工具栏中的 ✛ 工具，并在该工具上右击，在弹出的"移动变换输入"对话框中设置 偏移:屏幕 栏中的 Z: 为 2800，如图 12-86 所示，使路径高出地面 2800，调整后在左视图中的位置如图 12-87 所示。

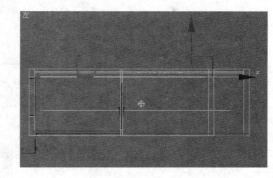

图 12-87

图 12-86

03 下面绘制阴角线截面。单击 ◇ 创建面板中的 ▢ 线 ▢ 按钮，在前视图中绘制阴角线截面图，并对顶点进行编辑，如图 12-88 所示。

04 分别选择创建的阴角线路径，在 ⊘ 命令面板中选择 修改器列表 ▾ 下拉列表框中的 倒角剖面 选项，添加"倒角剖面"修改命令，单击 ▢ 拾取剖面 ▢ 按钮，拾取前视图中创建的截面，如图 12-89 所示。

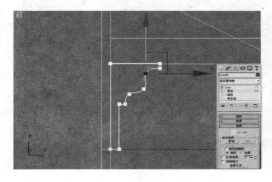

图 12-88

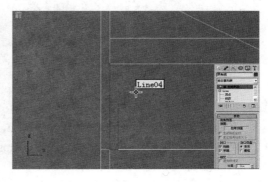

图 12-89

05 生成的阴角线剖面向外翻转，如图 12-90 所示。下面对剖面的角度进行调整以校正此现象。单击修改堆栈中 ⚙ ⊞ 倒角剖面 前的"＋"号按钮，在展开的次物体选项中选择 ⋯⋯ 剖面 Gizmo 选项，进入剖面次物体编辑模式，在顶视图中，剖面以亮黄色线框显示，单击工具栏中的 ↻ 工具与 ⚿（角度捕捉切换）工具，沿 Z 轴-180° 旋转亮黄色线框进行较正，如图 12-91 所示，结果如图 12-92 所示。

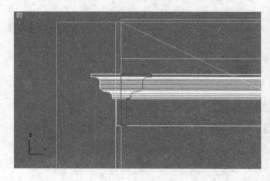

图 12-90

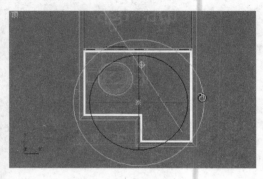

图 12-91

06 再选择地台区域内的阴角线路径，添加 倒角剖面 修改命令，拾取前视图中创建的截面，完成阴角线的制作。参照以上调整剖面的方法对地台阴角线剖面进行调整，完成后对相机视图进行渲染，结果如图 12-93 所示。最后将导入的参照平面图全部删掉即可。

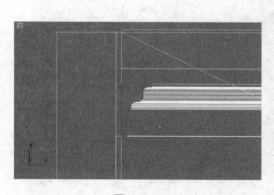

图 12-92

图 12-93

10. 赋材质

01 按 M 键打开"材质编辑器"对话框，将第 1 个材质样本球命名为"木地板"，单击 漫反射： 右侧的 ▨ 按钮，在弹出的"材质/贴图浏览器"对话框中双击 ▨位图 选项，打开配套光盘中的"源文件与素材\第 12 章\maps\木纹.jpg"文件，单击 ⬅ 按钮，材质球与参数设置面板如图 12-94 所示。

02 单击 贴图 卷展栏按钮，在展开的面板中单击 ☐ 反射 ⋯⋯ 后面的 None 按钮，在弹出的"材质/贴图浏览器"对话框中双击 ▨光线跟踪 选项，制作木地板的反射效果，单击 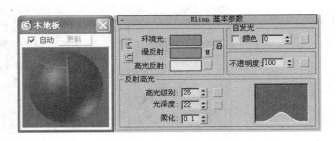 按钮，返回
贴图 卷展栏，设置
☑ 反射 . . . . . 的 数量 参
数为 12，如图 12-95 所示。

图 12-94

03 按 H 键，在弹出的"选择对
象"对话框中选择 地面 选
项，并单击材质编辑面板中
的 按钮和 （显示贴图）
按钮，并对相机视图进行渲染，结果如图 12-96 所示。

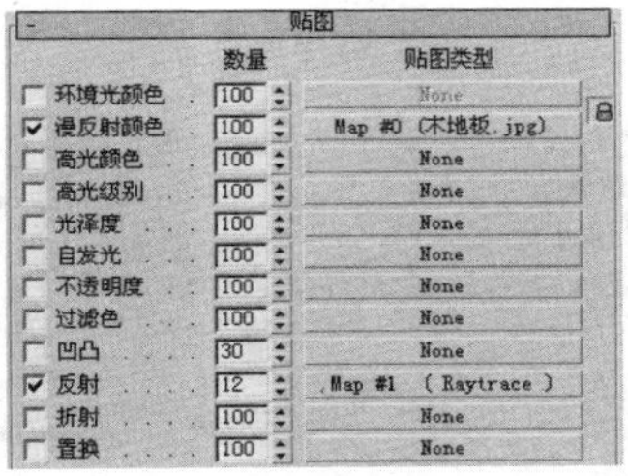

图 12-95

图 12-96

04 通过渲染可看到木地板的贴图与现实比例不符，下面将为其添加贴图坐标命令进行
校正。确认"地面"为选择状态，选择 命令面板中 修改器列表 下拉列表框中的
UVW 贴图 选项，设置贴图
参数，效果与参数如图
12-97 所示。

05 再按 H 键，在弹出的"选
择对象"对话框中选择
踢脚线 选项，将名为"木
地板"的材质赋给踢脚线
模型。

06 下面制作墙纸材质。选择
第 2 个材质样本球并命名
为"墙纸"，单击 漫反射 右
侧的 按钮，在弹出的

图 12-97

"材质/贴图浏览器"对话框中双击 位图 选项，打开配套光盘中的"源文件与素材\
第 12 章\maps\墙纸.jpg"文件，单击 按钮，材质球与参数设置面板如图 12-98
所示。

419

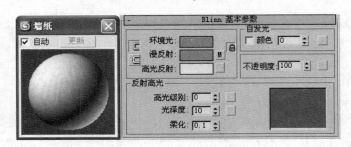

图 12-98

07 按 H 键，在弹出的"选择对象"对话框中选择 墙体 选项，并单击材质编辑面板中的 ⬚ 按钮和 ⬚ 按钮，并对相机视图进行渲染，结果如图 12-99 所示。确认"墙体"对象为选择状态，在 ⬚ 命令面板中选择 修改器列表 ▼ 下拉列表框中的 UVW 贴图 选项，设置贴图参数，效果与参数如图 12-100 所示。

图 12-99

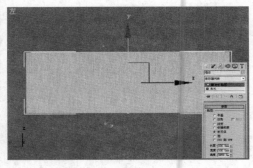

图 12-100

08 制作阴角线材质。选择第 3 个材质样本球并命名为"乳胶漆"，单击 漫反射: 后面的颜色按钮，在弹出的"颜色选择器"对话框中设置颜色为白色，材质与参数效果如图 12-101 所示。

09 按 H 键，在弹出的"选择对象"对话框中选择名为"阴角线"、"顶面"、"梁"、"造型顶"的对象，如图 12-102 所示，再单击材质编辑面板中的 ⬚ 按钮，将材质赋给它们，并对相机视图进行渲染，结果如图 12-103 所示。

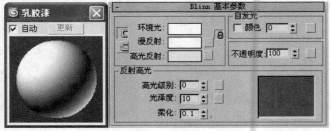

图 12-101

❗ 提示

在给"梁"、"造型顶"对象赋材质时，先选择"装饰隔断"组对象，执行"组"→"打开"菜单命令，打开组对象以便选择对象赋材质。

图 12-102

图 12-103

10 下面制作木纹材质。选择第 4 个材质样本球并命名为"木纹",单击 **漫反射**:右侧的 █
按钮,在弹出的"材质/贴图浏览器"对话框中双击 **位图** 选项,打开配套光盘中的
"源文件与素材\第 12 章
\maps\木纹.jpg"文件,
单击 █ 按钮,材质球与
参数设置面板如图
12-104 所示。

11 按 H 键,在弹出的"选
择对象"对话框中选择
如图 12-105 所示的对象
选项,再单击材质编辑

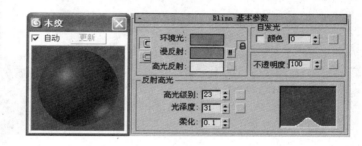

图 12-104

面板中的 █ 按钮和 █ 按钮,将材质赋给它,并对相机视图进行渲染,结果如图 12-106
所示。

图 12-105

图 12-106

12 选择第 5 个材质样本球并命名为"红漆",单击 **漫反射**:后面的颜色按钮,在弹出的"颜
色选择器"对话框中设置颜色为玫瑰红色,**红**:174、**绿**:36、**蓝**:95,如图 12-107

所示，材质参数如图 12-108 所示。

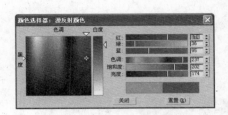

图 12-107

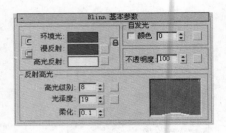

图 12-108

13 选择名为"装饰墙"的对象，如图 12-109 所示，再单击材质编辑面板中的 按钮，将材质赋给它，并对相机视图进行渲染，结果如图 12-110 所示。

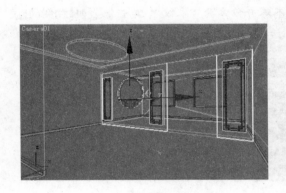

图 12-109

图 12-110

11. 制作装饰框玻璃

01 单击 / 创建面板中的 长方体 按钮，在前视图中结合 工具，捕捉装饰线框对角点绘制长方体并命名为"玻璃"，位置与参数设置如图 12-111 所示。

02 单击工具栏中的 工具，按住 Shift 键，将创建的"玻璃"长方体复制两个到右侧窗框处，并在弹出的"克隆选项"对话框中选择 实例 选项，设置副本数:参数为 2，如图 12-112 所示，复制好后，在顶视图中将"玻璃"调整到装饰框的背面，渲染结果如图 12-113 所示。

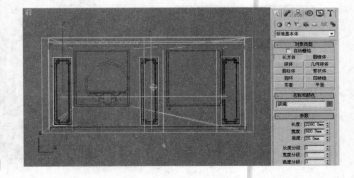

图 12-111

室内装饰设计与效果图表现

图 12-112

图 12-113

03 按 M 键打开"材质编辑器"对话框，选择第 6 个材质样本球并命名为"玻璃"，单击 漫反射 后面的颜色按钮，在弹出的"颜色选择器"对话框中设置颜色为白色，设置 不透明度 参数为 40，材质球效果与参数如图 12-114 所示。

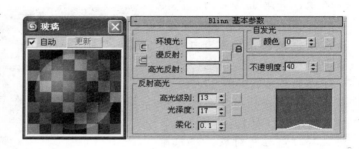

图 12-114

04 按 H 键，在弹出的"选择对象"对话框中选择名为"玻璃"、"玻璃 01"、"玻璃 02"的对象，如图 12-115 所示，再单击材质编辑面板中的 按钮，将材质赋给它，并对相机视图进行渲染，结果如图 12-116 所示。

图 12-115

图 12-116

12. 制作筒灯

01 单击 / 创建面板中的 圆柱体 按钮，在顶视图中绘制 半径 和 高度 均为 50，高度分段 为 1 的圆柱体，并命名为"灯柱"，如图 12-117 所示。

02 单击工具栏中的 工具，在前视图中将其调整到"造型顶"处，使"灯柱"露出下口，位置如图 12-118 所示。

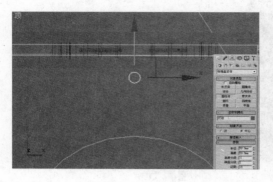

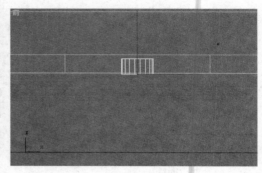

图 12-117 图 12-118

03 按 M 键打开"材质编辑器"对话框，选择第 7 个材质样本球并命名为"灯"，勾选 ☑ 颜色 选项，并单击后面的颜色按钮，在弹出的"颜色选择器"对话框中设置颜色为白色，即自发光颜色为白色，材质球效果与参数如图 12-119 所示。将做好的材质赋给选择的"灯柱"对象。

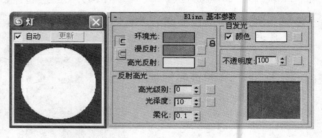

图 12-119

04 选择"灯柱"对象，将其在顶视图中进行移动关联复制，按如图 12-120 所示的分布方式完成筒灯的布置，并对相机视图进行渲染，结果如图 12-121 所示。

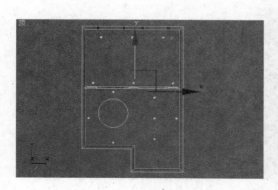

图 12-120 图 12-121

13. 合并家具

01 执行"文件"→"合并"菜单命令，打开配套光盘中的"源文件与素材\第 12 章\maps\窗帘.max"文件，在弹出的"合并"对话框中单击 全部(A) 按钮，如图 12-122 所示，将所有对象合并到当前场景中，并对位置进行调整，结果如图 12-123 所示。

02 按 M 键打开 "材质编辑器" 对话框, 选择第 8 个材质样本球并命名为 "窗帘", 单击 漫反射 后面的 ■ 按钮, 在弹出的 "材质/贴图浏览器" 对话框中双击 位图 选项, 打开配套光盘中的 "源文件与素材\第 12 章\maps\窗帘.jpg" 文件, 单击 按钮, 材质球与参数设置面板如图 12-124 所示。

图 12-122

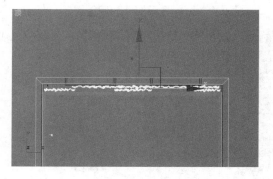

图 12-123

03 选择名为 "窗帘" 的对象, 再单击材质编辑面板中的 按钮和 按钮, 将材质赋给它, 并对相机视图进行渲染, 结果如图 12-125 所示。

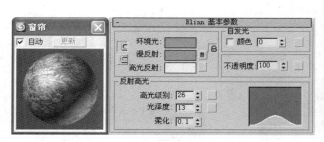

图 12-124

图 12-125

提 示

合并到当前场景中的窗帘已设置好贴图坐标, 在这里只需将材质赋给对象即可。

04 选择第 9 个材质样本球并命名为 "窗纱", 单击 漫反射 后面的颜色按钮, 在弹出的 "颜色选择器" 对话框中设置颜色为白色, 设置 自发光 栏中的 □ 颜色 参数为 15, 不透明度 参数为 40, 材质球与参数设置面板如图 12-126 所示。将

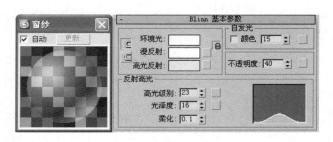

图 12-126

材质赋给"窗纱"对象。

05　按 F9 键对相机视图进行渲染，效果如图 12-127 所示。

06　下面调整背景颜色。执行"渲染"→"环境"菜单命令，在弹出的对话框中单击 背景: 栏中 颜色: 下面的按钮，设置背景颜色为淡蓝色，参数如图 12-128 所示，此时"环境和效果"对话框如图 12-129 所示。

图 12-127　　　　　　　　　　　　　　　　图 12-128

07　按 F9 键，对相机视图进行渲染，此时窗纱透出了蓝色的天光，效果如图 12-130 所示。

图 12-129

图 12-130

08　执行"文件"→"合并"菜单命令，打开配套光盘中的"源文件与素材\第 12 章\maps\家具.max"文件，在弹出的"合并"对话框中单击 全部(A) 按钮，如图 12-131 所示，再单击 确定 按钮，将所有对象合并到当前场景中，并对位置进行调整，结果如图 12-132 所示。

09　下面制作材质。按 M 键，在打开的"材质编辑器"对话框中选择第 10 个材质样本球并命名为"沙发"，单击 漫反射 后面的颜色按钮，在弹出的"颜色选择器"对话框中设置颜色为米黄色 红:255、绿:245、蓝:204，如图 12-133 所示，材质面板参数

室内装饰设计与效果图表现

如图 12-134 所示。

图 12-131

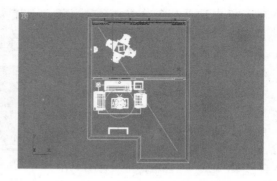

图 12-132

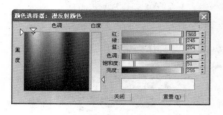

图 12-133

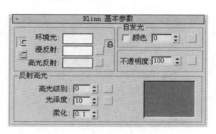

图 12-134

⑩ 按 H 键，在弹出的"选择对象"对话框中选择如图 12-135 所示的对象，并将制作好的"沙发"材质赋给它。

⑪ 在"选择对象"对话框中选择如图 12-136 所示的对象，再单击 按钮进行选择，并在材质编辑面板中选择名为"木纹"的材质赋给它。

图 12-135

图 12-136

! 提 示

以上选择的对象都已设置好贴图坐标，这里就不再进行贴图坐标的设置了。

⑫ 选择第 11 个材质样本球并命名为"金属"，在 明暗器基本参数 卷展栏中选择

(M)金属 为当前明暗器，再单击 漫反射: 后面的颜色按钮，在弹出的"颜色选择器"对话框中设置颜色为灰色 红:、绿:、蓝: 均为 180，材质球与材质面板参数如图 12-137 所示。

13 单击 贴图 卷展栏按钮，在展开的面板中单击 反射 …… 后面的 None 按钮，在弹出的"材质/贴图浏览器"对话框中双击 光线跟踪 选项，制作金属的反射效果，单击 按钮，返回 贴图 卷展栏，设置 反射 …… 的数量 参数为 20，

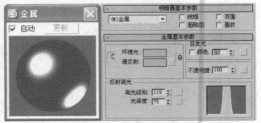

图 12-137

如图 12-138 所示。并将其赋给名为"茶几"的对象，如图 12-139 所示。

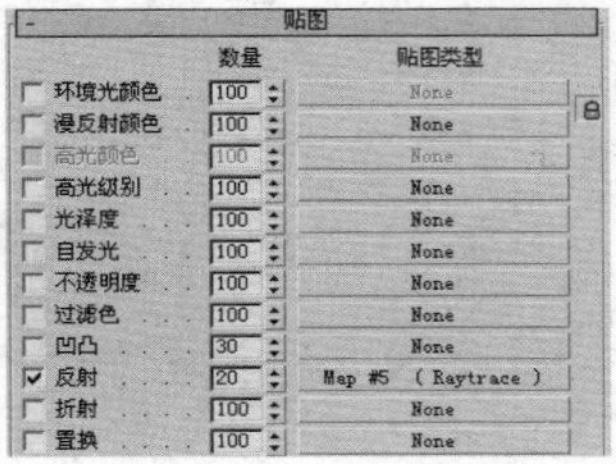

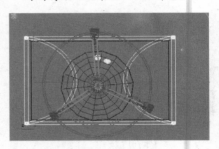

图 12-138

图 12-139

14 选择第 12 个材质样本球并命名为"茶几玻璃"，单击 漫反射: 后面的颜色按钮，在弹出的"颜色选择器"对话框中设置颜色为淡绿色 红:78、绿:156、蓝:163，材质球与材质面板参数如图 12-140 所示。

15 单击 贴图 卷展栏按钮，在展开的面板中单击 反射 …… 后面的 None 按钮，为"茶几玻璃"材质添加 光线跟踪 贴图，制作玻璃的反射效果，设置 反射 …… 的数量 参数为

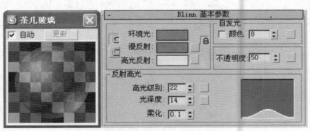

图 12-140

12，如图 12-141 所示。将其赋给名为"茶几玻璃"的对象，如图 12-142 所示。

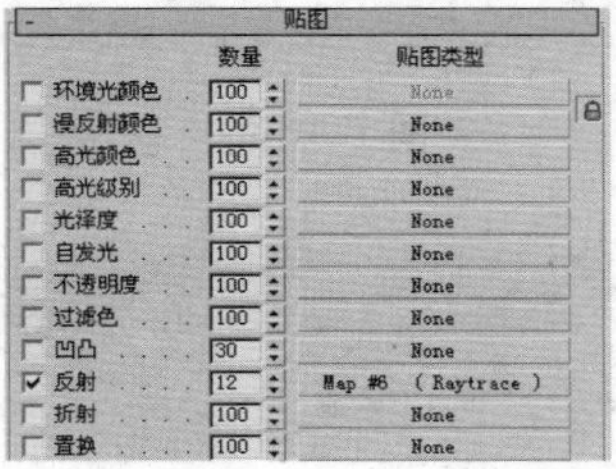

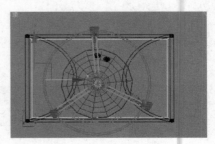

图 12-141

图 12-142

16 选择第 13 个材质样本球并命名为"黄铜"，在 明暗器基本参数 卷展栏中选择 (M)金属 为当前明暗器，再单击漫反射后面的颜色按钮，在弹出的"颜色选择器"对话框中设置颜色为中黄色 红:235、绿:158、蓝:25，材质球与材质面板参数如图 12-143 所示。将材质赋给名为"吊灯架"和"壁灯架"的群组对象。

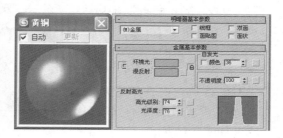

图 12-143

17 选择名为"灯"的材质样本球，将该材质赋给视图中名为"吊灯罩"的对象，如图 12-144 所示。

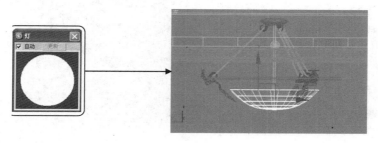

图 12-144

18 再选择第 14 个材质样本球并命名为"地毯"，单击漫反射后面的 按钮，在弹出的"材质/贴图浏览器"对话框中双击位图选项，打开配套光盘中的"源文件与素材\第 12 章\maps\地毯.jpg"文件，单击 按钮，材质球与参数设置面板如图 12-145 所示。

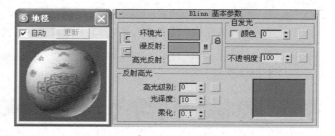

图 12-145

19 在视图中选择名为"地毯"的对象，单击 按钮和 按钮，将材质赋给选择的对象，在顶视图孤立后的纹理效果如图 12-146 所示。

20 激活相机视图，按 F9 键进行渲染，赋好材质后的场景效果如图 12-147 所示。

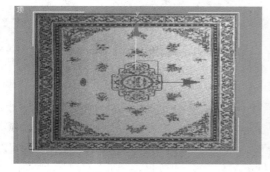

图 12-146

图 12-147

21. 选择材质编辑面板中的第 15 个材质样本球并命名为"壁灯罩",单击 漫反射: 后面的 按钮,在弹出的"材质/贴图浏览器"对话框中双击 位图 选项,打开配套光盘中的"源文件与素材\第 12 章\maps\石材.jpg"文件,单击 按钮,材质球与参数设置面板如图 12-148 所示。

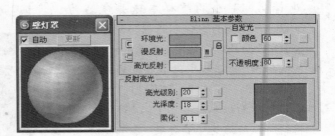

图 12-148

22. 在视图中选择名为"壁灯罩"和"地灯罩"的对象,在前视图中孤立后的纹理效果如图 12-149 所示。

23. 下面制作"麻将椅"的材质。选择其中一个椅子并将其孤立,在 命令面板中单击 (元素)按钮,在视图中单击选中椅子脚,在 曲面属性 卷展栏设置当前选择的椅子脚的 设置 ID: 为 1,如图 12-150 所示。

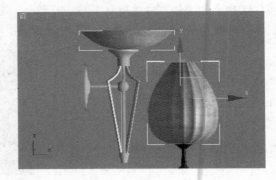

图 12-149

提示

由于视图中的麻将椅子都具有关联性,因此在这只需要设置其中一个椅子的 ID 号就可以了。

24. 接着上一步的操作,再选择椅子靠背对象,在 曲面属性 卷展栏设置 设置 ID: 为 2,如图 12-151 所示。

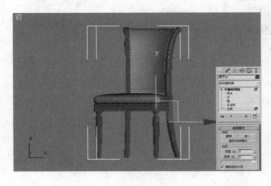

图 12-150

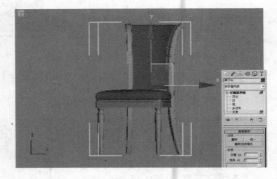

图 12-151

25. 设置好 ID 号后,按 F9 键打开"材质编辑器"对话框,选择第 16 个材质样本球并单击 Standard 按钮,在弹出的"材质/贴图浏览器"对话框中双击 多维/子对象 选项,修改材质类型为"多维材质"类型,并在弹出的"替换材质"对话框中单击 确定 按钮,如图 12-152 所示,此时返回"材质编辑器"对话框,单击 设置数量 按钮,在

430

"设置材质数量"对话框中设置 材质数量:为 2，如图 12-153 所示。

图 12-152 　　　　　　　　　　　　　　　　图 12-153

26 单击"设置材质数量"对话框中的 确定 按钮，多维材质面板如图 12-154 所示。

27 单击 Default（Standard）按钮，进入 ID 为 1 的材质编辑面板，设置材质名为"靠背"，明暗器为 (O)Oren-Nayar-Bli 选项，再单击 漫反射:后面的颜色按钮，在弹出的"颜色选择器"对话框中设置颜色为淡黄色 红:252、绿:253、蓝:209，材质球与材质面板参数如图 12-155 所示。

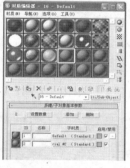

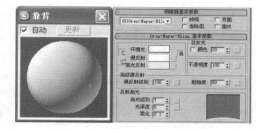

图 12-154 　　　　　　　　　　　　　　　　图 12-155

28 进入 贴图 卷展栏，单击 凹凸 .... 后面的 None 按钮，在弹出的"材质/贴图浏览器"对话框中双击 位图 选项，打开配套光盘中的 "源文件与素材\第 12 章 \maps\凹凸.jpg"文件，单击 按钮返回 贴图 卷展栏，设置 凹凸 .... 的 数量 参数为 400，制作凹凸效果后的材质球与卷展栏参数如图 12-156 所示。

29 单击 按钮返回顶层材质编辑面板，单击 rial #2（Standard）按钮进入 ID 为 2 的材质编辑面板，设置材质名为"椅脚"，单击 漫反射:后面的 按钮，在弹出的"材质/贴图浏览器"对话框中双击 位图 选项，打开配套光盘中的"源文件与素材\第 12 章\maps\木纹.jpg"文件，单击 按钮，返回材质编辑面板，此时 ID 为 2 的材质球效果与参数设置如图 12-157 所示。

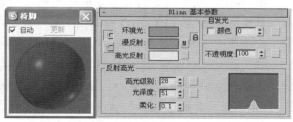

图 12-156 　　　　　　　　　　　　　　　　图 12-157

30 单击 按钮，返回顶层材质编辑面板，并选择视图中的椅子模型将做好的材质赋给它，效果如图 12-158 所示，

31 退出孤立模式，选择所有椅子，将做好的材质赋给它们即可，并对相机视图进行渲染，结果如图 12-159 所示。

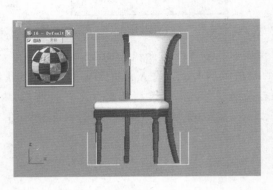

图 12-158

图 12-159

32 再选择麻将桌椅和壁灯将其关联复制一组，位置如图 12-160 所示。

33 再选择吊灯，将其关联复制两个到麻将桌上方顶棚的位置，如图 12-161 所示。

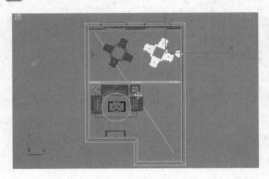

图 12-160

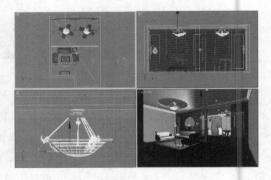

图 12-161

14．布置灯光

01 首先删除视图中事先创建的灯光。再单击 （灯光）创建命令面板中的 泛光灯 按钮，在顶视图中模型的正上方创建泛光灯 Omni01，用于辅助照亮整个场景，设置倍增参数为 0.2，如图 12-162 所示。

02 在顶视图中将创建的 Omni01 在模型的正下方关联复制 1 个，并在弹出的"克隆项"对话框中选择 实例 选项，如图 12-163 所示，位置如图 12-164 所示。

03 选择创建好的两个泛光灯，单击工具栏中的 工具，将其在顶视图中沿 Z 轴旋转 −90° 进行关联复制，如图 12-165 所示，激活前视图，确认两旋转复制的灯为选择状态，再将其在前视图沿 Z 轴旋转 90° 进行关联复制，如图 12-166 所示。

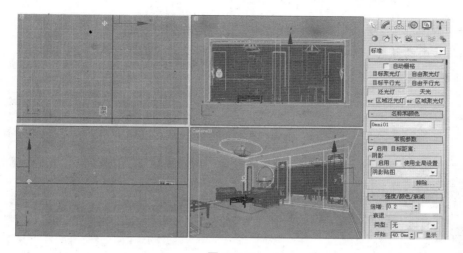

图 12-162

图 12-163

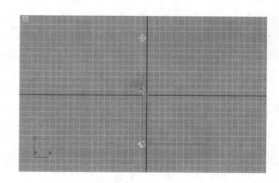

图 12-164

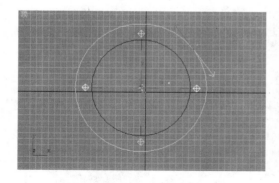

图 12-165

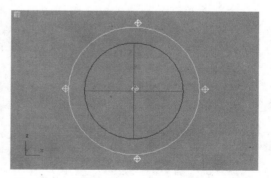

图 12-166

04 通过以上操作，场景中的辅助灯光就设置好了。接着对相机视图进行渲染，结果如图 12-167 所示。

05 下面制作吊灯处的灯光。单击 ⚒ 创建命令面板中的 ⬚⬚泛光灯⬚⬚ 按钮，在前视图休闲厅吊灯模型的正下方创建泛光灯 Omni08，用于模拟吊灯的照明效果，设置阴影为

光线跟踪阴影 类型选项，倍增：参数为 0.4，位置与参数设置如图 12-168 所示。再单击

倍增：后面的颜色按钮，设置灯光颜色参数为 红:255、 绿:255、 蓝:217，如图 12-169 所示。

图 12-167

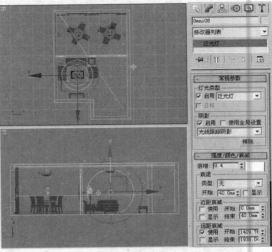

图 12-168

06 接着上一步的操作，将创建的灯光 Omni08 在左视图中沿 Y 轴向上进行复制一个到吊灯灯罩内，用于模拟吊灯照亮顶面的效果，位置如图 12-170 所示，并对相机视图进行渲染，效果如图 12-171 所示。

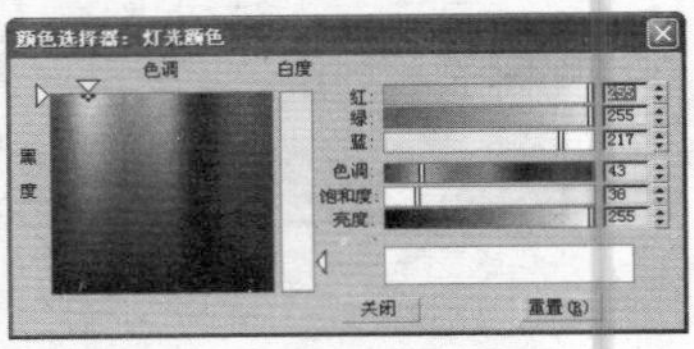

07 在工具栏中选择 L-灯光 选项，选择创建于吊灯处的两盏泛光灯，将其关联复制两组到麻将桌处的吊灯位置，如图 12-172 所示，并将复制到麻将桌处灯罩内的灯光在前视图中沿 Y 轴适当向下移动，位置如图 12-173 所示。

图 12-169

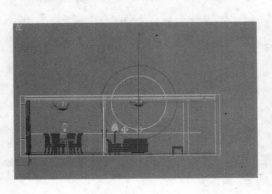

图 12-170

图 12-171

08 激活相机视图，按 F9 键对相机视图进行渲染，效果如图 12-174 所示。

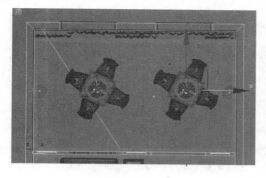

图 12-172

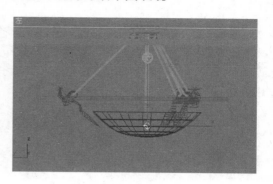

图 12-173

09 下面在窗户处创建灯光，用于模拟天光
通过窗纱射入室内的光照效果。单击 🔧
创建命令面板中的 泛光灯 按钮，在顶
视图的窗纱位置创建泛光灯，设置阴影
为 光线跟踪阴影 ▼ 类型选项，**倍增**:参数为
0.4，并用 🔳 工具对灯光的形状进行调整，
在顶视图与前视图中的位置如图 12-175
所示，灯光的颜色参数如图 12-176 所示。

10 并将以上创建的灯光关联复制一个到右
侧窗纱位置，如图 12-177 所示。对相机
视图进行渲染，效果如图 12-178 所示。

图 12-174

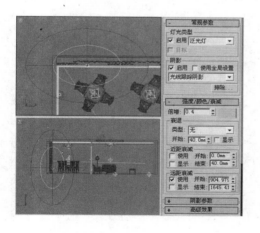

图 12-175

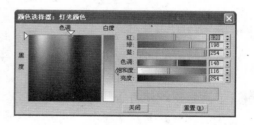

图 12-176

11 下面制作麻将桌地面的光照效果。单击 泛光灯 按钮，在顶视图中创建用于照亮
地台区域的泛光灯，并用 🔳 工具对灯光的形状进行调整，效果与参数设置如图 12-179
所示，灯光颜色为淡黄色，参数如图 12-180 所示。

12 激活相机视图，按 F9 键对相机视图进行渲染，效果如图 12-181 所示。

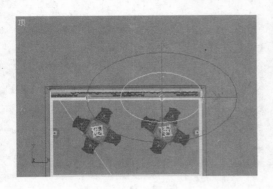

图 12-177

图 12-178

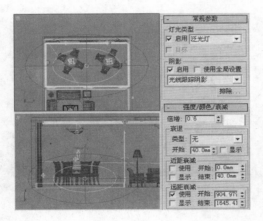

图 12-179

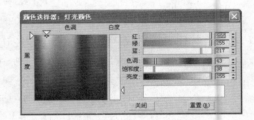

图 12-180

13 下面制作电视机的光照效果。在 创建面板中选择 标准 下拉列表框中的 光度学 选项，进入光度学灯光创建面板，单击 目标面光源 按钮，在顶视图中挂电视机的墙上创建一目标面光源，设置灯光强度为 1500 cd，尺寸栏的 长度: 为 1000、宽度: 为 1900，位置与参数设置如图 12-182 所示。

图 12-181

14 下面将窗纱处用于模拟天光的泛光灯复制一个到电视桌位置，用于制作电视的照明效果。并在弹出的"克隆选项"对话框中选择 复制 选项，用工具栏中的 工具对灯光的形状进行调整，在修改命令面板中将 倍增: 参数改为 0.6 即可，位置与参数设置如图 12-183 所示。

15 激活相机视图，按 F9 键对相机视图进行渲染，效果如图 12-184 所示。

16 进入 创建面板的 光度学 灯光面板，单击 目标点光源 按钮，在左视图中台灯模型处创建目标点光源 Point01，设置 分布: 类型为 Web 选项，如图 12-185 所示。设置灯光颜色为淡黄色 红:255、绿:202、蓝:58，再单击 Web 参数 卷

展栏中的 ⬚ ＜无＞ 按钮，打开配套光盘中的"源文件与素材\第 12 章\maps\台灯.IES"文件，如图 12-186 所示，加载光域网文件，并设置**强度**为 600 ⚙ cd，模拟台灯的光照效果。

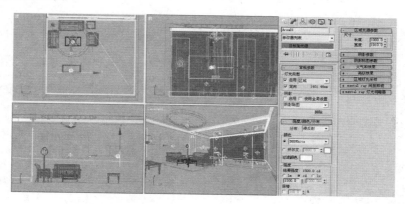

图 12-182

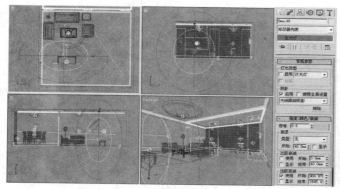

图 12-183

图 12-184

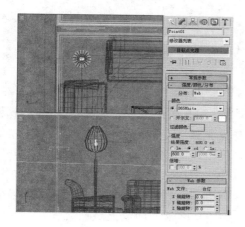

图 12-185

图 12-186

17 将创建的目标聚光灯复制一个到壁灯位置，并在 ✏ 命令面板中单击

- Web 参数 卷展栏中的 台灯 按钮，重新加载配套光盘中的"源文件与素材\第 12 章\maps\壁灯.IES"文件，并修改**强度**为 200 ⊙ cd，位置与参数如图 12-187 所示，加载的壁灯 IES 文件如图 12-188 所示。

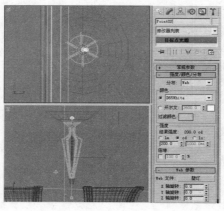

图 12-187

图 12-188

18 最后，在顶视图中将创建在壁灯处的目标聚光灯关联复制一个到另一壁灯处，在弹出的"克隆选择"对话框中选择 ⊙ **实例** 选项，位置如图 12-189 所示，并对相机视图进行渲染，效果如图 12-190 所示。

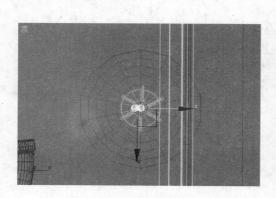

图 12-189

图 12-190

19 接下来制作筒灯灯光。单击 ↖ 创建面板 光度学 ▼ 灯光类型中的 目标点光源 按钮，在前视图中筒灯模型的正下方创建目标点光源 Point04，勾选 ☑ 启用选项，阴影为 阴影贴图 ▼ 选项，设置**分布：类型**为 Web ▼ 选项，设置灯光颜色为淡黄色 **红**:255、 **绿**:214、 **蓝**:103，参数与位置如图 12-191 所示。

20 单击 - Web 参数 卷展栏中的 <无> 按钮，打开配套光盘中的"源文件与素材\第 12 章\maps\射灯.IES"文件，如图 12-192 所示，加载光域网文件，并设置 - 强度/颜色/分布 卷展栏中的**强度**为 500 ⊙ cd，模拟射灯的光照效果，参数如图 12-193 所示。

室内装饰设计与效果图表现

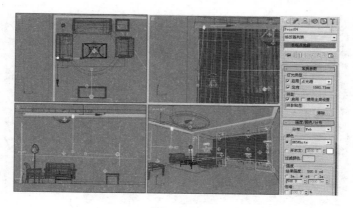

图 12-191

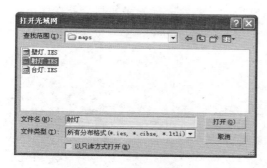

图 12-192

图 12-193

21 在顶视图中选择创建的目标点光源 Point04，将其按筒灯模型的分布位置在休闲区域进行关联复制 3 个，并在弹出的"克隆选项"对话框中选择 ⊙ 实例 选项，如图 12-194 所示，其分布位置如图 12-195 所示。

图 12-194

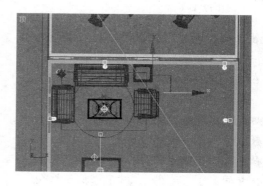

图 12-195

22 再选择目标点光源 Point04，将其移动复制一个到走道位置，并在弹出的"克隆选项"对话框中选择 ⊙ 复制 选项，选择复制的目标点光源，在 ✎ 命令面板中的 - 强度/颜色/分布 卷展栏中修改强度为 200 ⊙ cd，模拟筒灯的光照效果，位置与参数如图 12-196 所示。

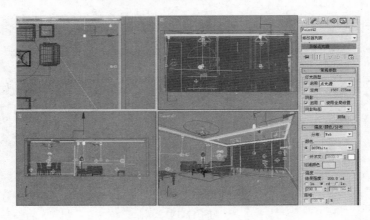

图 12-196

23 将以上复制所得的 强度 为 200 cd 的目标点光源进行关联复制，并在弹出的"克隆选项"对话框中选择 实例 选项，如图 12-197 所示，位置与分布如图 12-198 所示。

图 12-197

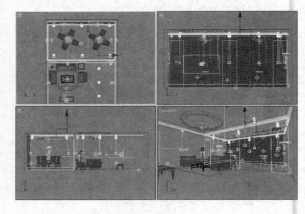

图 12-198

24 激活相机视图，按 F9 键对相机视图进行渲染，效果如图 12-199 所示。

25 在走道地板上方按筒灯的分布创建 3 个参数相同的 泛光灯 ，用于模拟筒灯照在地板上的效果，位置分布与参数设置如图 12-200 所示。

26 在左视图中按吊灯的分布创建 3 个参数相同的 目标点光源 ，用于模拟筒灯向下的光照效果，位置分布与参数设置如图 12-201 所示。

图 12-199

27 激活相机视图，按 F9 键对相机视图进行渲染，效果如图 12-202 所示。此时可看到地面有了筒灯照射的光斑效果。

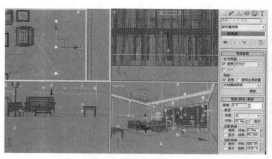
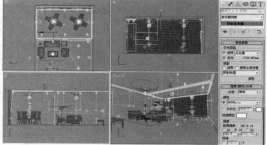

图 12-200　　　　　　　　　　　图 12-201

28 接下来制作圆顶反光灯带。首先单击 ⊙ 创建面板中的 [管状体] 按钮，在顶视图中的圆顶区域创建管状体，制作圆顶内部结构，位置与参数如图 12-203 所示。并将"材质编辑器"对话框中名为"乳胶漆"的材质赋给它。

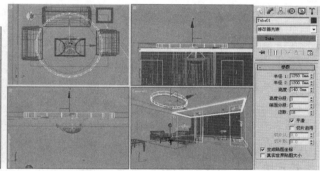

图 12-202　　　　　　　　　　　图 12-203

29 再单击 [目标线光源] 按钮，在左视图圆顶上方创建目标线光源 Linear01，制作灯带，设置灯光颜色为淡黄色 [红]:254、[绿]:255、[蓝]:139，设置[强度]为 100 ◉ cd，在 [　线光源参数　] 卷展栏中设置[长度]为 590，位置与参数如图 12-204 所示。

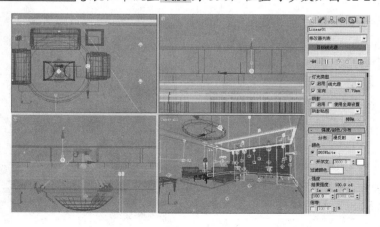

图 12-204

30 在顶视图中选择创建的线光源 Linear01，利用 ✛ 工具与 ↻ 工具，将线光源沿管状体内壁进行关联复制，使其围成一个圆形且首尾相连，如图 12-205 所示，并对相机图进行渲染，效果如图 12-206 所示，这样灯带就做好了。

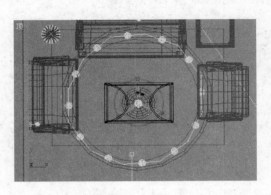

图 12-205

图 12-206

31 通过渲染，可看到画面顶面比较暗，下面再制作一个辅助光源用于提亮画面。单击 ❤ 按钮进入灯光创建面板，选择 标准 ▾ 类型，再单击 泛光灯 按钮，在顶视图模型的中央位置创建泛光灯，设置 倍增：为 0.2，位置与参数如图 12-207 所示。

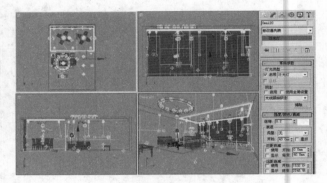

图 12-207

32 激活相机视图，按 F9 键对相机视图进行渲染，效果如图 12-208 所示。

33 通过以上操作，灯光就创建好了。下面在墙上制作挂画，为了便于观察对象，按 Shift+C 和 Shift+L 键隐藏相机与灯光。再单击 ⬚/◯ 创建面板中的 长方体 按钮，在左视图中创建 长度：为 1080、宽度：为 540、高度：为 20 的 3 个长方体并命名为"挂画"，且长方体之间不具有关联性，位置与参数如图 12-209 所示。

34 确认其中一个长方体挂画处于选择状态，进入 🔧 面板，选择 修改器列表 ▾ 下拉列表框中的 编辑网格 选项，添加"编辑网格"修改命令，单击 - 编辑几何体 卷展栏中的 附加 按钮，在左视图中拾

图 12-208

室内装饰设计与效果图表现

取其他两个挂画，将其附加为整体，如图 12-210 所示。单击 附加 按钮退出当前
命令。

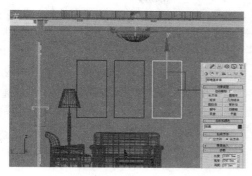

图 12-209

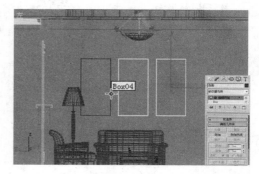

图 12-210

35 下面制作挂画材质。按 M 键打开"材质编辑器"对话框，选择一个材质样本球并命
   名为"挂画"，单击 漫反射:右侧的 按钮，在弹出的"材质/贴图浏览器"对话框中双
   击 位图 选项，打开配套光盘中的"源文件与素材\第 12 章\maps\挂画.jpg"文件，
   单击 按钮，材质球与参数设置面板如图 12-211 所示。

36 选择视图中的"挂画"模型，单击材质编辑面板中的 按钮和 按钮，将材质赋给
   它，并进入 面板，为其添加 UVW 贴图 修改命令，效果与参数设置如图 12-212 所示。

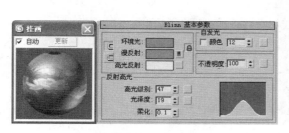

图 12-211

图 12-212

37 单击工具栏中的 工具，在顶视图中将"挂画"调整到沙发背面的墙壁上，并将其
   关联复制一个到对面的墙壁上，如图 12-213 所示，在弹出的"克隆选项"对话框中
   选择 实例 选项，如图 12-214 所示。这样挂画就创建好了。

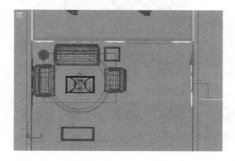

图 12-213

图 12-214

15. 渲染输出

01 激活相机视图，单击工具栏中的 ⬚ （渲染设置）按钮，在弹出的对话框中设置 输出大小 参数（ 宽度：为 3000、 高度：为 2250），再单击对话框中的 渲染 按钮进行渲染，如图 12-215 所示。

02 渲染好后的效果如图 12-216 所示，再单击 ⬚ 按钮保存文件， 文件名(N)：为 "茶楼包间"， 保存类型(T)：为 TIF 格式，并在弹出的 "TIF 图像控制" 对话框中选择相应的选项，如图 12-217 所示，单击 确定 按钮即可。

图 12-215

图 12-216

图 12-217

12.5.2　后期处理

01 打开 Photoshop CS4 应用程序，执行 "文件" → "打开" 菜单命令，打开配套光盘中的 "源文件与素材\第 12 章\茶楼包间.tif" 图片文件，如图 12-218 所示。

02 下面为场景添加配景，增添室内气氛，按 Ctrl+O 键打开配套光盘中的 "源文件与素材\第 12 章\冰花玻璃.psd 文件，并用 ▶⊹ 工具将其拖到当前 "客厅" 场景中，如图 12-219 所示，图层面板自动生成 "图层 1"。

图 12-218

> **！ 提示**
>
> 　当添加到场景中的配景物与场景整体色调不统一时，可利用 "色彩平衡" 命令、"曲线" 命令等对配景物的色调、亮度与对比度等进行调整。

03 执行"编辑" → "自由变换"命令，对冰花玻璃的比例与位置进行调整，如图 12-220
所示，并按 Enter 键，确认变换操作。

图 12-219

图 12-220

! 提示

按 Ctrl+T 组合键，可以执行"自由变换"命令。按住 Ctrl 键，拖动自由控制点，可进行透视
变形操作时。同时按 Ctrl++键或 Ctrl+-键，可对视图进行放大或缩小显示。

---

04 确认当前图层为 图层1，按 Ctrl+J 组合键将 图层1 复制，图层面板自动生成复制图层
图层1副本，如图 12-221 所示，按 Ctrl+T 组合键对 图层1副本 中的冰花玻璃进行自由变形，
将其放到中间的装饰框位置，如图 12-222 所示。按 Enter 键确认变换操作。

图 12-221

图 12-222

05 按住工具栏中的 工具不放，在展开的浮动工具按钮中选择 （多边形套索）工具，
选择装饰框和角几轮廓，如图 12-223 所示，执行"选择" → "反选"菜单命令，再
按 Del 键，将反选区内的多余部分删除，结果如图 12-224 所示。

06 参照以上操作方法，按 Ctrl+J 组合键将 图层1副本 复制，图层面板自动生成 图层1副本2，如
图 12-225 所示，再单击 工具，调整图片到左侧装饰框位置，并按 Ctrl+T 组合键

对  中的冰花玻璃进行自由变形，并修剪多余的图形，完成后的效果如图 12-226 所示。

图 12-223　　　　　　　　　　　　　　图 12-224

图 12-225

图 12-226

07　打开配套光盘中的"源文件与素材\第 12 章\配景.psd"文件，如图 12-227 所示，再用 工具将每个图层中的配景拖到当前"茶楼包间"场景中，并对位置进行调整，结果如图 12-228 所示，关闭"配景"文件。

图 12-227

图 12-228

室内装饰设计与效果图表现

08 通过以上操作，配景就制作好了，下面对窗帘的颜色进行调整。在图层面板中选择 ▇▇ 为当前图层，再单击工具栏中的 ▽ 工具，选择窗纱轮廓，如图 12-229 所示。

09 执行"编辑"→"拷贝"菜单命令，再执行"编辑"→"粘贴"菜单命令，此时图层面板自动生成 ▇▇，同时将选区内的图片复制并贴粘到该层，此时复制的图片与原图片重合，且选区取消，如图 12-230 所示。

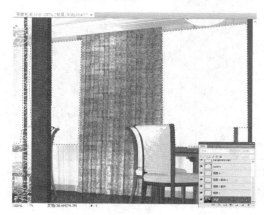

图 12-229

图 12-230

提示

　　按 Ctrl+C 组合键，可对选择区域内的图片进行复制，再按 Ctrl+V 组合键，可对复制的图片进行粘贴。

10 执行"图像"→"调整"→"曲线"菜单命令，打开"曲线"对话框，在对话框中的调整线上单击，插入调整点，在输入(I)下面的参数框中输入 190，如图 12-231 所示。将图片色调深些，单击 确定 按钮，结果如图 12-232 所示。

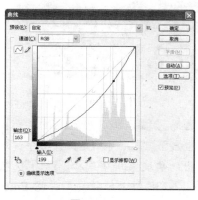

图 12-231

图 12-232

11 在图层面板中设置 不透明度 参数为 80，适当降低图片的透明度，再单击工具栏中的 ◢ （橡皮擦）工具，单击顶部水平工具栏 ● 右侧的黑三角形按钮，选择直径为 300 的画笔，并设置画笔的 不透明度 参数为 50，然后在视图中拖动光标，将复制的窗纱下部擦除去，这样擦除后的图片边缘产生柔和的渐变效果并与以前的窗纱融为一体，完成后的效果如图 12-233 所示。

12 下面在麻将区域放置一盆植物。打开配套光盘中的"源文件与素材\第 12 章\植物.psd"文件，如图 12-234 所示，再自动生成 图层6 ，并设置该图层的 不透明度:参数为 40。

图 12-233   图 12-234

13 在"茶楼包间"场景中，用 工具将植物调整到右侧装饰框位置，再单击工具栏中的 工具，选择装饰窗上的植物图片，如图 12-235 所示，并按 Del 键将其删除，这样植物就放到装饰框后面了，效果如图 12-236 所示。

图 12-235   图 12-236

14 下面制作植物在地板上的倒影。在图层面板中选择 图层6 ，将其拖动到图层面板中的 （复制）按钮上，复制植物图层，面板自动生成 图层6副本 ，按 Ctrl+T 组合键对复制的植物进行自由变形，在控制框中右击，在弹出的快捷菜单中选择 垂直翻转 选项，如图 12-237 所示。移动控制框，调整图片到如图 12-238 所示的位置，并按 Enter 键，在图层面板中设置当前图层的 不透明度:参数为 40。

15 执行"滤镜"→"模糊"→"高斯模糊"菜单命令，弹出"高斯模糊"对话框，设置半径(R):参数为 20，如图 12-239 所示，单击 确定 按钮，模糊后的效果如图 12-240 所示。

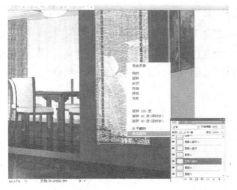

图 12-237

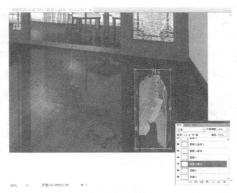

图 12-238

图 12-239

图 12-240

16 为了使画面构图更加完美，下面对图片进行裁剪。首先单击工具栏中的 ⼞（裁剪）
工具按钮，在视图中框选如图 12-241 所示的区域，按 Enter 键确认裁剪操作。

17 通过以上操作，"茶楼包间"效果图后期处理就完成了，结果如图 12-242 所示，最
后将文件存为 PSD 格式，以便日后调用修改。

图 12-241

图 12-242

归 纳 总 结

通过本章对室内装饰设计的相关基础知识和"中式茶楼效果图表现"实例制作的学

习，综合应用了 3ds Max 在建筑装饰设计中的应用技能，熟悉了效果图制作流程、掌握了室内装饰效果图的材质、灯光的表现方法以及效果图后期处理的核心技术，为今后在实际应用工作中打下了坚实的基础，希望大家能通过大量建筑效果图的实战演练掌握不同风格效果图的表现方法和技巧，从而轻松快捷地制作出高质量的效果图作品。

互 动 练 习

1．选择题

（1）下面属于整个室内装饰流程的工种有（　　）。

    A．水电工

    B．木工

    C．水泥工

    D．漆工

（2）下面哪些活动属于室内装饰？（　　）

    A．改造水电线路

    B．对室内布局规划

    C．装饰品的布置

    D．绘制建筑效果图

（3）室内装饰设计的具体内容包括（　　）。

    A．室内空间的设计

    B．装饰地面

    C．装饰墙面

    D．装饰天棚

2．上机题

本练习将制作"建筑外观"效果图。主要练习建筑外观效果图的制作方法与灯光设置，完成后的效果如图 12-243 所示。

图 12-243

操作提示

01 执行"文件"→"导入"菜单命令，导入"平面图.dwg"文件，用 线 工具描出墙体轮廓，如图 12-244 所示。

02 利用 线 工具与 矩形 工具，通过 挤出 、编辑网格 、 布尔 等修改命令，制作出别墅的基本造型，如图 12-245 所示。

室内装饰设计与效果图表现

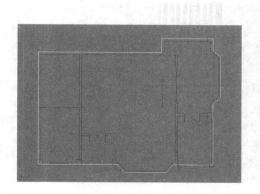

图 12-244

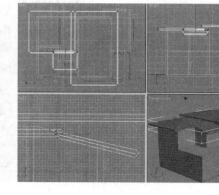

图 12-245

03 为建好的模型赋材质并进行渲染，效果如图 12-246 所示。

04 制作飘窗，并用 ███布尔███ 命令修剪出窗洞与门洞，效果如图 12-247 所示。

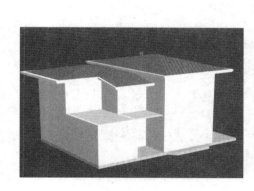

图 12-246

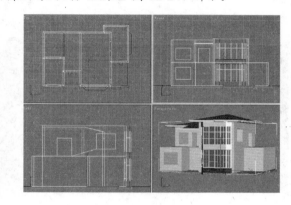

图 12-247

05 用 █晶格█ 修改命令制作窗框，效果如图 12-248 所示。

06 制作阳台与装饰部件，最后赋材质，效果如图 12-249 所示。

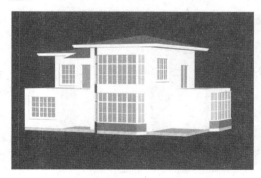

图 12-248

图 12-249

07 合并灯具与制作花园并赋材质，效果如图 12-250 所示。

08 创建相机与灯光，效果如图 12-251 所示。

图 12-250

图 12-251

09 渲染输出，效果如图 12-252 所示。

10 在 Photoshop 中添加配景与调整图片色调，效果如图 12-253 所示。

452

图 12-252

图 12-253